中国科协创新战略研究院智库成果系列丛书·译著系列

科学博物馆的幕后

［英］麦夏兰（Sharon Macdonald） 著

李 响 楚惠萍 译

刘 萱 审订

中国科学技术出版社

·北京·

图书在版编目（CIP）数据

科学博物馆的幕后 /（英）麦夏兰著；李响，楚惠萍译 . -- 北京：中国科学技术出版社，2024.8

ISBN 978-7-5046-9366-2

Ⅰ.①科… Ⅱ.①麦… ②李… ③楚… Ⅲ.①科学馆–研究 Ⅳ.① N28

中国版本图书馆 CIP 数据核字（2021）第 246261 号

Behind the Scenes at the Science Museum
By Sharon Macdonald / ISBN: 1-85973-571-1
Copyright © 2002 by Routledge
Authorized translation from English language edition published by Routledge, part of Taylor & Francis Group LLC; All Rights Reserved. 本书原版由 Taylor & Francis 出版集团旗下 Routledge 出版公司出版，并经其授权翻译出版。版权所有，侵权必究。
China Science and Technology Press is authorized to publish and distribute exclusively the Chinese (Simplified Characters) language edition. This edition is authorized for sale throughout Mainland of China. No part of the publication may be reproduced or distributed by any means, or stored in a database or retrieval system, without the prior written permission of the publisher. 本书中文简体翻译版授权中国科学技术出版社独家出版，并仅限在中国大陆地区销售。未经出版者书面许可，不得以任何方式复制或发行本书的任何部分。
Copies of this book sold without a Taylor & Francis sticker on the cover are unauthorized and illegal. 本书贴有 Taylor & Francis 公司防伪标签，无标签者不得销售。

著作权合同登记号：01-2022-1169

策划编辑	王晓义
责任编辑	王　琳
封面设计	中文天地
正文设计	中文天地
责任校对	焦　宁
责任印制	徐　飞

出　版	中国科学技术出版社
发　行	中国科学技术出版社有限公司
地　址	北京市海淀区中关村南大街 16 号
邮　编	100081
发行电话	010-62173865
传　真	010-62173081
网　址	http://www.cspbooks.com.cn

开　本	720mm×1000mm　1/16
字　数	267 千字
印　张	18
版　次	2024 年 8 月第 1 版
印　次	2024 年 8 月第 1 次印刷
印　刷	河北鑫兆源印刷有限公司
书　号	ISBN 978-7-5046-9366-2 / N・328
定　价	99.00 元

（凡购买本社图书，如有缺页、倒页、脱页者，本社销售中心负责调换）

中国科协创新战略研究院智库成果系列丛书编委会

编委会顾问 齐 让 方 新

编委会主任 任福君

编委会副主任 赵立新 周大亚 阮 草 邓 芳

编委会成员（按姓氏笔画排序）

王国强 邓大胜 石 磊 刘春平 刘 萱 杨志宏

张 丽 张丽琴 武 虹 赵正国 赵 宇 赵吝加

施云燕 徐 婕 韩晋芳

办公室主任 施云燕

办公室成员（按姓氏笔画排序）

王寅秋 刘伊琳 刘敬恺 齐海伶 杜 影 李金雨

钟红静 高 洁 薛双静

总　　序

2013年4月，习近平总书记首次做出建设"中国特色新型智库"的指示。2015年1月，中共中央办公厅、国务院办公厅印发了《关于加强中国特色新型智库建设的意见》，成为中国智库的第一份发展纲领。党的十九大报告更加明确指出要"加强中国特色新型智库建设"，进一步为新时代我国决策咨询工作指明了方向和目标。当今世界正面临百年未有之大变局，我国正处于并将长期处于复杂、激烈和深度的国际竞争环境之中，这都对建设国家高端智库并提供高质量咨询报告、支撑党和国家科学决策提出了新的更高的要求。

建设高水平科技创新智库，加强为全社会提供公共战略信息产品的能力，为党和国家科学决策提供支撑，是推进国家创新治理体系和治理能力现代化的迫切需要，也是科协组织服务国家发展的重要战略任务。中共中央办公厅、国务院办公厅印发的《关于加强中国特色新型智库建设的意见》，要求中国科协在国家科技战略、规划、布局、政策等方面发挥支撑作用，努力成为创新引领、国家倚重、社会信任、国际知名的高端科技智库，明确了科协组织在中国特色新型智库建设中的战略定位和发展目标，为中国科协建设高水平科技创新智库指明了发展目标和任务。

科协系统智库相较于其他智库具有自身的特点和优势。其一，科协智库能够充分依托系统的组织优势。科协组织涵盖了全国学会，地方科学技术协会、学会及基层组织，网络体系纵横交错、覆盖面广，这是科协智库建设所特有的组织优势，有利于开展全国性的、跨领域的调查、咨询、评估工作。其二，科协智库拥有广泛的专业人才优势。中国科协业务上管理210多个全国学会，涉及理科、工科、农科、医科和交叉学科的专业性学会、协会和研究会，覆盖绝大部分自然科学、工程技术领域和部分综合交叉学科及相应领域的人才，在开展相关研究时可以快速精准地调动相关专业人才参与，有效支撑决策。其三，科协智库具有独立第三方的独特优势。作为中国科技工作者的群团组织，科协不是政府行政部门，也不受政府部门的行政制约，能够充分发挥自身联系广泛、地位超脱的特点，可以动员组织全国各行业各领域广大科技工作者，紧紧围绕党和政府中心工作，深入调查研究，不受干扰独立开展客观评估和建言献策。

中国科协创新战略研究院（以下简称"创新院"）是中国科协专门从事综合性政策分析、调查统计以及科技咨询的研究机构，是中国科协智库建设的核心载体，始终把重大战略问题、改革发展稳定中的热点问题、关系科技工作者切身利益的问题等党和国家所关注的重大问题作为选题的主要方向，重点聚焦科技人才、科技创新、科学文化等领域开展相关研究，切实推出了一系列特色鲜明、国内一流的智库成果，其中包括完成《国家科技中长期发展规划纲要》评估，开展"双创"和"全创改"政策研究，服务中国科协"科创中国"行动，有力支撑科技强国建设；实施老科学家学术成长资料采集工程，深刻剖析科学文化，研判我国学术环境发展状况，有效引导科技界形成良好生态；调查反映科技工作者状况诉求，摸清我国科技人才分布结构，探索科技人才成长规律，为促进人才发展政策的制定提供依据。

为了提升创新院智库研究的决策影响力、学术影响力、社会影响力，经学术委员会推荐，我们每年遴选一部分优秀成果出版，以期对党和国家决策及社会舆论、学术研究产生积极影响。

呈现在读者面前的这套《中国科协创新战略研究院智库成果系列丛

书》，是创新院近年来充分发挥人才智力和科研网络优势所形成的有影响力的系列研究成果，也是中国科协高水平科技创新智库建设所推出的重要品牌之一，既包括对决策咨询的理论性构建、对典型案例的实证性分析，也包括对决策咨询的方法性探索，既包括对国际大势的研判、对国家政策布局的分析，也包括对科协系统自身的思考，涵盖创新创业、科技人才、科技社团、科学文化、调查统计等多个维度，充分体现了创新院在支撑党和政府科学决策过程中的努力和成绩。

衷心希望本系列丛书能够对科协组织更好地发挥党和政府与广大科技工作者的桥梁纽带作用，真正实现为科技工作者服务、为创新驱动发展服务、为提高全民科学素质服务、为党和政府科学决策服务，有所启示。

中文版序

  博物馆是一所没有围墙的大学校。它承载历史，连接未来，记录着人类观察自然、思考世界的探究历程，横亘于不同民族、文化和疆域之间，以独特的语言沟通彼此，架设桥梁。

  麦夏兰教授的《科学博物馆的幕后》，22年前在英国出版，一直为研究和关注科学博物馆发展的读者所喜爱。这本专业著作以新颖的叙事方式，呈现了世界知名科学博物馆展厅背后的精彩故事。通过展厅这一窗口，读者得以身临其境地感受名馆呈现的科学之美。作者以跨学科的视角，将人类学、民族志学等研究方法引入博物馆研究中，又突破了传统研究方法把人类作为"单一对象"考察的局限，运用"行动者网络"理论，把更多的要素纳入对博物馆展厅的观察。因此，读者可以在更广阔的视野中感受科学博物馆的兴起，体验工业革命浪潮对国家创新力崛起的引擎轰鸣，科学也具有了更加明显的意义。

  科学博物馆的背后是人对自然的理性思考和阶段性结论。将这种思考和结论以多元化的方式展示给公众，启发更广泛和深入的思考，则是博物馆生命力和吸引力的源泉。科学博物馆的创生与发展史，正是不断变化的科学（观念）与公众之间复杂关系的历史。一座优秀的博物馆，必须始终因应时代大势，与科技产业浪潮同频共振。

  脱胎于百年工业化和信息化创新大潮的新一轮科技革命和产业变革，向极宏观拓展、向极微观深入、向极端条件迈进、向综合交叉发力，以前所未有的渗透、融合、辐射、带动能力推动世界进入一个创新密集的崭新时代。我们看到的事实是：科学与技术的边界在逐渐消失，科技与经济的融合推动生产力的快速飞跃，引发的社会系统变革力量在不断蓄积。参与其中的，不仅是科学家、工程师、企业家们，更有越来越大的公众力量在汇聚。近20年来，科学与文化变革几乎重塑了世界发展形态，科学博物馆行进在又一个"十字路口"。

人工智能作为这一轮变革的"头雁"，更是跑出了推进社会互联互通的惊人加速度，数据已然成为科学发现的源泉，驱动了知识生产、知识传播的效能变革和人类认知的革命。泛在社会感知网络加速形成，将物理世界、主观世界和信息世界融为一体，我们必须以系统观念审视当下和未来发展，深刻把握贡献者、策源者、供给者才是处于中心的万物互联时代规律。博物馆的现代化，首要在于突破传统之墙、以万物互联重新定义未来空间的智能社会基础设施重要组成部分，这是驱动科技教育人才体制机制一体创新变革、改变"学习秩序"的"社会实验室"，是拥抱新科技产业变革、推进科技展教研一体化创新策源的"开放型、枢纽型、平台型"博物致知通道。

万物互联不仅是学科、区域、国家的界面重塑，更是文化的连接与发展。麦夏兰教授所关注的文化变革，今天正以新科学文化的形态萌发。当代科学文化从量变到质变的趋势，正叩击"割裂还是融合"的"时代之问"，人工智能也必将驱动产生新的文化形态和生产模式，进一步释放、激发人的创新与创造力。人类社会将在尚未弥合信息鸿沟的同时又面临智能鸿沟，机械式、还原式的认识观念已经远不能够"包打天下"。从中华文化中寻找新时代科学文化的给养，在崇尚理性，提倡质疑、批判、创新，追求实证和普遍确定性规律的过程中，观照人类文明发展纵深，坚持"以人为本"追求真理，在更广阔的时间、空间框架中推动科学文化对系统、整体、联系、辩证的尊崇，将是焕发科学文化的时代感召力、凝聚力、传播力、影响力，积极主动适应和引领新一轮科技革命和产业变革，不断创造先进文化新形态的现代科技博物馆的贡献。

有力的推动者，不仅仅是象牙塔里的科学家，还必须有拥抱科学的芸芸大众。现代科学体系的建立带来的不仅是科学的理论和突破，更多是对民众的思维、民族的精神的系统性塑造。智能社会中，个人、组织、各类创新主体，都能够成为与科技、经济和社会双向耦合的"投射者"，每个人都可以参与创造社会的未来，成为社会最大的价值源泉。基于此，当代的中国科技馆无疑肩负着传播大众科学的重要使命，在经历规模快速增长之后，必须立足于人民大众日益增长的科学文化需求，努力适应日新月异、"分新秒异"的变革时代，破壁升维、跨界协同，在策源、辐射能力上实现新的飞跃，带动泛在智能的科学场馆网络不断形成，构建扎实的中国式现代化的社会基础设施，树立起中华民族伟大复兴的科学文化地标。

是为序。

郭 哲

2024 年 7 月 15 日于中国科学技术馆

写给《科学博物馆的幕后》中文版读者

近十年来，中国的科技馆数量大幅增加，目前已超过400座。它们很受欢迎。据报道，在2012—2022年，有超过8.5亿人次参观了这些场馆。科技馆是公民学习科学技术的一个重要场所，是正规教育之外的重要补充。但是，那些举办展览的人是如何做到的呢？他们最关注的事项和基本的假设是什么？他们如何构想他们的观众？来访的观众们又希望得到什么？

我的这本《科学博物馆的幕后》基于科学博物馆的经验提供了一些答案。科学博物馆的全称是"国家科学与工业博物馆"。它是世界上建立较早的科学博物馆之一，也非常重要。作为一名民族志学者，我很幸运能够在科学博物馆里待上几个月，看着博物馆工作人员工作，和他们讨论，然后和观众做同样的事情。这使我可以亲眼观察到工作人员和观众做了什么，又是如何做的，而不仅仅是依靠他们事后的回忆——尽管这也很重要。作为一名人类学家，我也曾接受严格的学术训练，懂得要仔细关注那些参与其中的人自身可能没有注意到的行为和动因。

这本书是20多年前出版的，其中所讨论的内容则更加久远。对于科学博物馆而言，那是一段重要的时期，它从注重于自身藏品的展示——并且经常是通过学术的方式——转向更加注重观众。而且如同当时的其他博物馆，科学博物馆被要求展现它的价值，如果展现不充分的话它就有可能面临财政削减的风险。从那以后，关于价值观的争论基本上没有停歇，而我的这本书呈现了展示什么的决定是如何与这些争论发生关联的。但它同时呈现了更多正在发生的事，以及其中的利害关系——涉及博物馆工作人员和观众。例如，工作人员往往热情地投入他们承担的任务，既关心展品（我创造了"展品之爱"一词来描述他们的行为），也关心公众。他们之中许多人都在仔细考虑如何吸引那些对科学不太了解甚至可能有一些担忧的公民。而观众，我发现他们带着自己的计划和兴趣点来到博物馆，这些计划和兴趣点可以帮助他们把展品串联在一起并形成自己所理解的故事，而这些故事并不一定是策展人所预期的。在这本书的最后，我强调了一些主要的驱动因素，它们经常向不同的方向推进，塑造了我所目睹的行为，而我没有将其视为需要解决的矛盾。我写下："我对幕后工作留下的最深刻的印象之一就是许多科学博物馆工作人员的活力、激情和敬业精神。这……在这个地方创造了一种能量，并使它足够复杂多样，好去抵制那些想把它框得过于狭窄的企图。出框才是它的魔力。"我非常喜欢最后的这句话！它具有更广泛的理论意义，尤其是在这样一个人们很容易将其归结为机械论或功利主义原则的领域中——这个主题本身就是博物馆的议题，在书中亦有讨论。

这本书得到了广泛的阅读和引用。我希望这是基于对以上那些方面的欣赏。在某种程度上，本书对于它所描述的时代具有历史意义。但它同时也讲述了关于如何在今天保持活力的积极努力。科学博物馆工作人员需要具备什么程度的科学专业技能？他们又该传递多少内容给博物馆的受众？就对任务本质的思考而言，试图建立一种"传输模型"是最佳方式吗？本书也被视为针对一家文化机构开展人类学、民族志学研究的一个案例，呈现了可以从这种研究进路中得到什么。它在出版的时候，是当时为数不多的关于博物馆的民族志学研究成果之一，并且至今仍然是极少数由关心科学技术的人类学家所开展的民族志学研究之一。因此，这是对"人类学回归"呼声的相当早的回应了。也就是说，将人类学的凝视转向那些通常认为自己在研究"他者"的群体。还有什么地方比一个既属于国家又与科学技术相关的机构更适合进行这样的人类学回归呢？——所有这些都是以前的人类学家鲜有涉及的。这样一来，我就能写出一本对人类学和民族志学，以及对传播学和博物馆研究都具有更广泛意义的书；它可能还会引起博物馆专业人士和学者们的兴趣，正如我多年来所了解到的以及许多联系我的人所说过的那样。

因此，我希望中国的读者能够发现，一瞥科学博物馆的幕后是一件有趣的事；同时也希望中国的学者和博物馆专业人士可以通过这本书开启新的视角来思考他们自己的研究。当然，就像其他所有国家一样，中国的情况也在一定程度上与众不同，但是这些差异使我们可以就共性和特性展开丰富的思考。这正是人类学专著的工作方式——将专注于一个特定的地点和时间作为一种切入现实的方式，同时处理更多的长期问题和主题，并提出发现和解决问题的方法。这也是我后续（以及之前一些）研究的特征之一。我莫大的荣幸之一在于能够获得允许进入一些人的生活并向他们学习，同时也在于从研究本身所引发的对话中发现更多，因为读者分享了他们自己的经历和思想。

我对李响、楚惠萍和刘萱翻译并校对《科学博物馆的幕后》的中译本深表感激，我感到十分荣幸，同时感谢他们艰辛的工作。我期待着接下来进一步的深入交流。

麦夏兰
2023 年 8 月于柏林

引　论

"国家级博物馆和各类展厅受到了前所未有的关注。资金和管理方面的变化显然是不可避免的，现在越来越多的董事认为这些变化必须是彻底的和迅速的……就传统博物馆事业的中心地带来说，前景仍然模糊。市场将成为战场，而受害者将是那些在19世纪不再被公众所欣赏的博物馆……文化必须改变。"[科学博物馆馆长，《泰晤士报》(*The Times*)，1988年5月1日][1]

"科学博物馆正处于一场文化的变革之中。"[科学博物馆策展人，《科学博物馆年度评论》(*Science Museum Annual Review*)，1989年]

"我很欣慰地发现(科学博物馆)迈出了第一步。它不仅要成为当代科学技术领域最佳的展示场所，而且在促进公众更广泛地了解这些重要问题方面也在发挥着日益广泛的作用……工业的成功取决于国家对科学、工程和制造业的态度。"[时任总理致科学博物馆理事的信，发表在1987年《科学博物馆评论》(*Science Museum Review*)上]

"这是自新馆长上任以来第一次真正意义上的展览，是的，这意味着所有人都在注视着我们。我们是试验品！"(食品展览项目经理，1988年)

"仅仅因为我们是一个女性团队，所以我们只能被假设为：我们所做的就只是展示一些烹饪技术。"(食品团队[2]成员，1990年)

---

[1] 如非特别说明，本书提到的"科学博物馆"均特指伦敦科学博物馆。——译者注

[2] "食品团队"是科学博物馆内人员对负责食品展览的成员的非正式称呼。见本书第四章。——出版者注

"它不像我想象的那么生动。""它看起来和其他地方没有太大的不同。""它有点平淡。"（食品团队在展览开幕后的讨论，1989年）

"这个展厅有着超市的逻辑。"[第四电台《美食节目》(*The Food Programme*)，1989年]

"看到人们可以与展品互动，参与其中并触摸展品，真是耳目一新。这与我童年时代的科学博物馆截然不同，那时所有的东西都被装在玻璃柜里，任何事情你都必须读很多很小的字才能了解。""我不认为食品真的是……科学……嗯，一定是因为它被放在科学博物馆里面吧……愤世嫉俗地说，我曾经有点怀疑麦当劳和英佰瑞①等公司会向你们施加多少压力——但你们还是这么做了。""但是，你知道，我想他们会借助专家力量的吧。"（科学博物馆的观众们，1990年）

---

① 英佰瑞（Sainsbury's）是英国一家大型食品连锁超市，属于本书正文提到的塞恩斯伯里家族。——译者注

目 录

第一章 门票：进入 …………………………………………… 1
  定位与跟踪 ……………………………………………… 4
  输入与解读 ……………………………………………… 6
  独特、相似与重叠 ……………………………………… 7
  名称与身份 ……………………………………………… 11
  跟进展览 ………………………………………………… 12
  本书的结构 ……………………………………………… 14

第二章 南肯辛顿的文化变革 ……………………………… 21
  关于南肯辛顿 …………………………………………… 22
  科学博物馆大楼 ………………………………………… 23
  "给知识的进步带来不可估量的好处" ………………… 24
  观众的视角 ……………………………………………… 26
  危机与责任 ……………………………………………… 29
  营销、形象管理和竞赛 ………………………………… 33
  挑战与博物馆复兴 ……………………………………… 36
  科学博物馆的新任"大祭司"与"文化变革" ………… 39
  重组与重现 ……………………………………………… 42
  公众理解科学 …………………………………………… 46

第三章 21世纪的新视野：重构博物馆 ······· 59
 概念 ······· 60
 过去的科学博物馆 ······· 63
 重来 ······· 68
 主题和变化 ······· 74
 明确的斗争 ······· 76
 余波 ······· 81

第四章 为新的公众而生的"烫手山芋"：食品"旗舰"展览 ······· 90
 一项关于原创作者的难题 ······· 92
 任务 ······· 94
 "美食家们" ······· 97
 设计师和其他参与者 ······· 104
 性别与团队结构 ······· 107
 设计师与艺术处理 ······· 111
 为什么是食品？ ······· 114
 食品展览的可行性研究 ······· 117
 简介和观众 ······· 117
 展览内容 ······· 119
 "产业合作"和预算 ······· 124
 批准和赞助 ······· 124

第五章 "现实来临"：付出的努力与梦想的实现（以及协商的噩梦） ······· 131
 科学与"重组" ······· 132
 痛苦之前的快乐——扩充 ······· 135
 设计与"撤退" ······· 139
 削减展项 ······· 142
 重新思考：信息，信息，信息 ······· 143

应对"强行插手" 148

第六章 虚拟消费者与超市科学 157
　　构想公众 158
　　"选择并组合"：作为活跃消费者的观众 162
　　消费者友好型科学 166
　　管理"真实的"观众介入 169
　　国家饮食 171
　　食品生产中的巴氏杀菌法 176
　　"你应该经常洗手"：食物中毒 178
　　观众、政治和超市科学 180
　　事实与社会责任 184
　　公民身份、选择权以及企业 186

第七章 开幕与余波：仪式、回顾与反思 193
　　倒计时 197
　　大日子 199
　　仪式程序 202
　　纠缠的各种身份与著作权 204
　　回应与反思 209

第八章 活跃的观众与实用政治 216
　　获取文化解读 219
　　参观："在列表上" 221
　　"阅读"展览：线索与关联 225
　　选择、越界和困惑 229
　　科学、确定性和常识 232
　　悬疑小说？作者、赞助和有眼光的消费者 235

第九章　展览幕后与展厅之外 ·················· 244
　　特殊性和超越性 ························· 245
　　社会戏剧和热点形势 ····················· 248
　　框架、包含与透明 ······················· 250
　　企业、消费者和作者主权 ················· 252
　　科学与公民身份 ························· 255

附　录　观众调查问卷 ······················ 262

译后记 ···································· 266

第一章

门票：进入

在科学博物馆中进行民族志学研究的目的，是研究馆内展览中的科学构建，探索为公众打造科学所涉及的各项议程和假设。1988年10月3日，即我开始实地考察的那一天，科学博物馆开始收取门票费。这是英国第一批开始实行收费的国家博物馆之一。这种做法后来变得非常普遍，但是在本书完成之时仍然备受争议。[1]检票员和媒体记者站在科学博物馆的正门，许多（尽管不是全部）科学博物馆工作人员还戴着"科学博物馆停止收费！"的牌子。

尽管我读到过有关博物馆可能会"商品化"或"迪士尼化"的辩论文章，并且阅读了前几个月媒体上出现的有关博物馆收费的文章，但我并没有完全理解收费带来的情绪所蕴含的民族和历史意义，或者它所导致的博物馆的其他变化，以及推而广之对民族文化的影响。我也没有预料到这种情绪及其所引起的变化会在科学博物馆内部引起多大的争论。这似乎是公共文化历史上的一个重要时刻，这一时刻与国家机构以及公众与政府之间关系的普遍转变息息相关。关于公共问责、消费主义、国家文化机构的角色、知识、权威和作者身份等问题的辩论——其中许多酝酿已久——此时变得格外尖锐。被允许在科学博物馆这样一个处于两难困境而且一言一行都被视为具有象征意义的机构中从事现场工作，我感到非常荣幸。这项工作令人兴奋、着迷，却又十分费时费力，有时，它甚至是一场政治噩梦。

当时，关于博物馆及其变化的争论很吸引人，从民族志学角度来看也让人无法抗拒，但有时会让人觉得偏离了民族志学研究的主要既定目标——调查那些为公众服务的科学建设。像其他致力于公众理解科学的研究人员一样，我有时担心"科学"本身正在从这项研究中消失。[2] 然而，正如我后来发现的那样，围绕科学博物馆的这些辩论和变化完全与"科学"被想象出来的公开展示方式有关（尽管不是单纯的决定性作用）。

在实地考察的第一天，环线地铁的一次延误（我对这种情况简直太习以为常了）导致我与科学博物馆新成立的公共服务部的主管特里·萨瑟斯（Terry Sutbers）先生会面时迟到了。因此，我没有从科学博物馆正门冲进去，而是按照萨瑟斯先生前一周给我的电话指示，溜进了隔壁的邮局，那里有一个入口通往科学博物馆的一些办公室。警卫确认了部门主管还能见我，并给我指示了去他办公室的路——通过科学博物馆后面的"秘密"楼梯。萨瑟斯先生是一个留着胡子的和蔼可亲的约克郡人。他没有戴"科学博物馆停止收费！"的牌子，穿着很讲究，站起来和我握手。当我为自己的迟到道歉并坐下时，我瞧见他宽阔而整洁的桌子上放着装水果的大玻璃碗和瓶装矿泉水。"这很健康。"我说。他咧嘴一笑："嗯，我们喜欢给人留下好的印象。"

作为公共服务部负责人，萨瑟斯先生负责博物馆中被定义为要与"公众"打交道的事务。其任务从教育服务、举办展览到餐厅和洗手间的管理，不一而足，在某种程度上也可以被定义为"形象管理"。[3] 公共服务部致力于管理和维护科学博物馆的"前台"。顾名思义，科学博物馆的另一个主要部门馆藏管理部则涉及科学博物馆的文物收藏，其工作重点是那些对公众来说大多属于"后台"的工作：文物的获取、保护、修复、存储、研究与分类。将科学博物馆组织的这些部分命名为"部门"是非常合适的，因为据我所知，在关于科学博物馆的大部分论述里，始终贯穿着"展品"与"观众"之间的区分。展品和观众产生了不同的需求，而这些需求有时无法轻易协调。

萨瑟斯先生向我解释了公共服务部的作用,并且概述了科学博物馆最近的管理重组。当时,我并不能真正理解是什么被整合成了什么,也没有认识到重组的意义。他告诉我:"别担心,你会听到更多关于重组的消息的。你很快就会掌握个中诀窍。"他是对的。重组是科学博物馆里反复出现的话题,尤其是在我早期的工作中,这通常是科学博物馆的工作人员首先向我解释的事情之一。它被认为是了解科学博物馆里——事实上,更广泛地说,是"博物馆界"——正在发生的其他事情的关键。特别是,它还被认为是理解展览的关键,而展览的制作过程正是我研究的重点。

我第一天到科学博物馆的时候,也见到了其他一些负责人。他们大多数似乎走路和说话都很快,常常开玩笑,办公桌上的书和报纸垒得高高的,还摆着一些有趣的小物件和咖啡杯。(就像有人说的那样)他们看起来是富有想法、"生活在有趣年代"的一群人。他们很多人在讨论"馆长""之前""以后""守旧者"以及公众理解科学。一位策展人告诉我,这将会"最终落脚在一个派系斗争模式上";另一个则说,"策展人是一群顽固的家伙——可能是你见过的最固执的人——我们都认为自己是正确的"。萨瑟斯先生则描述自己的工作"90% 都像在灭火"。这是一个我没有预料到的幕后世界,就像是大卫·马梅(David Mamet)的戏剧《科学与工业博物馆的故事》(*Museum of Science and Industry Story*,1988 年)中的世界那样:在戏剧中,芝加哥科学与工业博物馆内的小团队冲突一夜之间成为现实——在运输展区里生活的铁路工人、煤矿展区中的矿工、致力于研究一个地区的"原始科技"的"帕塔瓦米人",在对博物馆的主题和角色进行讽刺性评论的同时,他们也在寻求保护自己的领地和利益。我的任务是走进科学博物馆幕后的世界,去发现它是怎么运作的,是什么样的激情和想法激励着博物馆实践,以及它们是否渗透到了公开的科学展览中去,又是如何渗透的。

定位与跟踪

这项调查属于公众理解科学这一更广泛的研究项目的一部分,后者旨在调查不同公共环境中人们对科学的理解。[4]研究科学展览的策划者和消费者是一种对过程进行跟踪的方法。该过程涉及将专业科学知识"转化"为非专业公众能够理解的信息。这项调查的特别旨趣之一是思考博物馆展览的具体需求将如何塑造呈现给公众的东西,以及观众又将如何看待它们。在早期关于科学电视节目制作的研究中,罗杰·西尔弗斯通(Roger Silverstone,正是他设计了这项对科学博物馆的研究)展示了电视节目的需求(例如,对好的故事和戏剧性画面的需求)是如何"框定"并塑造科学的表现形式的。[5]那么一项三维的展览,一项将会存在十年甚至更久的展览,会对科学的表现形式和人们对它的理解方式提出什么样的要求呢?通过观察展览策划所涉及的日常活动和谈判,人们希望这些要求会变得更为明确——事实上他们的确做到了。

正如我已经指出并将在接下来的章节中更加全面描述的,博物馆研究已超越了上述这种对媒介性质的关注,扩大到对更为广泛的文化"转折点"之本质的关注。鉴于科学博物馆内部正在发生的变化已经引起了馆内人员的广泛关注,而我正在仔细观察的展览正是以这些变化为框架的,结合我在许多博物馆会议上和在参观其他博物馆时听到的反馈,我觉得这些转变是不可避免的。这意味着接下来的叙述是一个关于特定时间和地点的故事。这种特定性很重要,不仅仅是因为特定性本身就很重要,更是因为它让一些更悠久的历史特色与博物馆的野心和实践之间的矛盾得到了缓和。就像维克多·特纳(Victor Turner)所写的那些"社会戏剧"一样,在我看来,这个"时空"话题值得一提,以便谈论并触及更广泛的政治文化问题。[6]

由于民族志学研究人员会去努力了解当地的优先事项并掌握合适的观察方式,因此民族志学研究的结果通常会超越原始的研究目标并对最初使用的某些模型进行重新构建。除了传播范围更广,民族志学还表明,研究开始时使用的"交流模型"——博物馆借以从科学世界中提取科学知识并转化为公众可以"回应"的东西——在实践中看来是过于简单了。通过对观众的混乱现状的观察可以发现,很明显,科学家有时进行干预的时间比这个模型提出的时间要晚,而观众则更早介入。此外,这一过程本身虽然在某些方面是转译的问题,但也具有多面性,并不是简单地以"科学"开始或结束。事实上,"科学""科学家""公众"或"博物馆工作人员"也不一定都是同类群体或同一类别。进行民族志学研究凸显了其中的一些重要差异——这些差异对已构建的展示类型和知识形式具有重大影响。

跟随本地研究对象并试图了解他们的关注点以及他们看待事物的方式和行为方式,是这种民族志学研究的主要目标,从很多方面来说也是其传统目标。虽然民族志学研究通常具有重新定义自身并超越其最初设定范围的实用能力,但它确实不可避免地需要从某个地方和特定对象开始进行。大多数情况下,这些对象都是人类。然而,对科学技术的社会研究有一个重要分支,即所谓的"行动者网络理论"(actor network theory),它认为我们不应该只赋予人类这样的身份。[7]相反,我们应该认识到非人类(例如特定的技术或物体)也可能是行动者和活动主体。在我看来,虽然这种观点有时似乎对语言和分类关注得太少,但它同时考虑到了人类和非人类的情况,比只考虑人类更能从经验角度公正地处理问题。此外,在一个相对"常规"的环境中工作的民族志学家,可能面临的问题之一是如何使熟悉的事物变得陌生。[8]我尝试着克服自己对代理(agency)的预设以及对社会和技术离散性的理解,这是一种有用的陌生化策略,它帮助我以一种新的方式看待或构建事物。在下面的叙述中,我的出发点是一项关于食品的展览,后来被称为"引人深思的食品",位于英佰瑞(Sainsbury)展厅。在主要行动者方面,我每天都特别关注一群负责展览策划的科学博物馆工作人员,但除此之外,我还试图跟随无数不同类型的行动者,伴随着各种博弈,他们也参与了这次展览的筹备工作。[9]

输入与解读

正如汉德勒（Handler）和盖博（Gable）在他们对威廉斯堡殖民地的卓越研究中指出的那样，"大多数关于博物馆的研究都忽略了其中发生的许多事情"[10]。相反，这些研究通常基于已完成的展览，倾向于假设将研究者的解释以某种方式映射到文化生产者所"输入"的含义。此外，谁（或什么）是"文化生产者"也是相当容易指定的。被指定的"文化生产者"有时是直接参与其中的某个特定的人，有时则是一般的机构、国家、"主流意识形态"或"企业资本主义"（这些机构有时被认为是互斥的）。民族志学，尤其是结合了历史和政治经济分析的民族志学，可以提供的是对生产的本质和复杂性更全面的描述，即文化生产中所涉及的析取、分歧和"意外结果"。它可以突出那些没能幸存下来而成为最终结果的事物，正如那些幸存下来的事物一样，以及一些特定角度或差距的成因所在。正如民族志学在这里所呈现的，代理与作者权归属（代理身份的社会分配）是有争议和可协商的，这对文化产品的性质和它的某些解释方式都有影响。

在第四章中，我将更详细地阐述构成本书主要情节的"作者之谜"。简而言之，事实上食品展览在某些重要方面与科学博物馆展览团队的期望不同。对于展览团队来说，这是一个创造民主化氛围、增强观众主动性的机会。然而，最终产品却被认为远非自由企业文化的代表，在这种企业文化中，公众被期望做出选择，但同时却被剥夺了一些能够据以做出选择的手段。一场展览是如何在政治意义上背离最初目的的，这就是从民族志学角度所讲述的故事之一。它向我们表明，在文化研究中有时被称为"编码"的过程与观众的"解码"过程一样，可以是多面的、与文化环境脱节的。[11]

正如我们将在下面章节中看到的，展览团队成员自己解释了他们最初的目标和最终完成的展览之间的差距。然而，我的解释与此不同。这并非因为他们的解释不够诚实（尽管考虑到像科学博物馆这样的机构中形象管理的重要性，任何解释都有可能是经过精心设计的），相反，这是因为事件是需要根据特定的惯例和环境来理解、描述甚至感知的。民族志学家试图理解这些，并提请人们注意那些可能被观众认为是理所当然的或者没有引起注意的假设和细节。[12]

我在这里的叙述也得益于我能够在时间轴上来回移动，能够利用来自观众的见解反观有关展览、展品的素材，或者反过来增进理解。我还应该指出，虽然我对仅仅从"文本"中"解读"生产和意图（或者实际上是消费）的文化产品分析持批评态度，但我也认为，从理论上讲，对文化产品的批判性阅读有助于理解，而且往往产生有见地的理解。这些分析尝试通过理解意义建构的更广泛的文化实践来探索特定表征的可能含义。[13] 有时，在科学博物馆里或在其他博物馆会议的讨论中，我会听到这样的评论，大意是这样的：分析是多余的，重要的是"观众的想法"。虽然我同意研究观众很重要（本书第八章详细讨论了这一点），但这与考虑更多关键信息的叙述是相辅相成的。任何受众调查的任务都不是简单地支持观众或读者所做或所说的，还要考虑他们没有做什么、不会说什么以及这取舍之间的原因。此外，对观众的"解读"不加批判的追捧，加上对所谓"深度专业知识"的摒弃，是与特定的文化相呼应的（这一点在本书中进行了探讨），其中就包含着消费者的特权（"顾客总是正确的"）和对某些特定形式的专业知识以及复杂性的不信任。这种文化观点在公共生活的各个领域逐渐成为一种道德准则，但这样的观点是有问题的，民族志学的目的之一就是指出它的一些容易被忽视的副作用。

独特、相似与重叠

当我开始这项研究时，对我来说科学博物馆是既熟悉又陌生的。像许多英国人特别是中产阶级一样，我以前也参观过这家博物馆。关于科学博物馆的一种说法是，大多数观众一生会来参观三次——在他们9岁那年来一次，然后是带着9岁的孩子来一次，最后再带着9岁的孙子来一次。事实上，这通常指的是男性："他9岁时来过一次，做父亲的时候……"也许这就是我在9岁的时候没有来参观过（而且在我的整个童年都没有），然后只能等到人生的下一个阶段才来（尽管那时我的孩子还不到9岁）的原因。不过，在某种意义上，当我开始这项研究的时候，这座博物馆对我来说已经是相当熟悉的一个地方了，我已经参观过它。更广义地说，它既是众多博物馆中的一家，也是我自己文化景观的一部分。然而，这里对我来说也是一个非常陌生的地方，因为有很多东西——尤其是它的工作内容——是我以前从未遇到过的，而且它仍然是一个独特甚至神奇的地方。我喜欢科学博物馆的浩瀚和它近乎超现实的内部多样性，而能够置身于这个世界的幕后，感觉就像一次伟大的冒险。

我至今几乎仍然能够感受到自己第一次从科学博物馆的前厅穿过那些通常藏在展厅后面的小门，走进最初看起来就像是迷宫步道般的楼梯和神秘的办公室时那种发自内心的兴奋。我喜欢亲自用钥匙来开这些办公室的门，而且从参观区域移步到策展工作区域时也不会受到保安的阻拦。尽管科学博物馆对我来说仍然保持着它的魅力，尽管我仍然觉得科学博物馆的工作很吸引人，但在幕后，这个世界里的许多日常活动其实是我所熟悉的，甚至是平凡的办公室生活：写作（主要是用电脑写）、阅读、文件整理（日常行政工作）、接打电话、复印、收发传真、喝咖啡、开会、聊天，然后起身去参加其他大大小小的会议，或者也可能去商场。这其中大部分，包括每天的烦恼和快乐——比如有人生病了、复印机坏了、把急需的文件放错地方了、谁升职了、谁过生日了、作品被接受出版了，等等——都非常像一个常规的学术环境。

然而，这种环境与我自己的大学世界之间的相似是更深层的。国家级博物馆和大学都是接受国家资助的公共机构，这两者都有着教育和公共服务的职责。博物馆工作人员和大学工作人员一样，注重知识、交流和研究。在我进行实地考察的时候，博物馆和大学都比以往更加积极地寻求资助，其受众（观众或学生）也越来越活跃。它们（博物馆和大学）都声称（某些因素）危及研究工作。关于"削减""提高效率""管理重组"和"精简"的言论和证据比比皆是。此外，伴随着官僚制度的兴起，新的评估形式被引入，更多的评估形式也逐渐出现在大众视野之中，尤其是绩效指标。[14]当时我们对公关（良好公共关系的创建和管理）及其配备的企业形象和标识有种警惕，而且对媒体也是谨慎使用，现在我们都已经习以为常了，但当初感到很新鲜。

然而博物馆与大学并不完全相同。博物馆工作人员还须特别关注展品及其收藏、展品展示空间、机构的国家地位，以及他们独有的具体推广活动——尽管这些活动在某些方面是有共性的，但了解各自的做法也很重要。在接下来的行文中，我的主要目标将是描述博物馆的背景，以便让读者进行类比。话虽如此，我重返科学博物馆的动机之一，其实是我自己不断意识到，我在科学博物馆里看到的困境与听到的争论，与在公共生活其他领域中——尤其是在大学环境里——存在的困境与争论有着相似之处。那些极有能力的人拥有最好的愿景，最终却产生了他们没有预料到的结果，我在试图理解这件事情时，一次又一次地回忆起了这里的情形。科学博物馆里发生的事情很好地说明了许多公共机构正在发生的变化所引发的一系列问题。我自己也欢迎其中的一些变化，例如，我试图找到一种不那么傲慢、更有吸引力、更具互动性的方式来与观众、学生或目标受众进行接触。但总体来说，我也对我们的知识观念和文化抱负所产生的一些后果深感担忧。我将在本书最后一章回述这一点。

科学博物馆的环境也与大学世界相重叠。科学博物馆的工作人员有时候会和我参加一样的会议，我们有着共同的学术见识，一些工作人员与我认识的学者还研究着类似的课题，他们的作品也已出版在同一种期刊上。和我大学时期一样，我在科学博物馆里找到了愿意和我讨论"行动者网络理论"的人们。科学博物馆的一名高级工作人员正在开展一项课题，该课题与我的调查同属一个资助项目，即经济和社会研究理事会的公众理解科学项目。该项目为我们提供了一些极具启发性的对话机会。他还在附近的一所大学担任客座教授。博物馆的另一位员工曾就博物馆学的代表性发表过文章，并通过协调帮助我获得了研究许可。在我面试进来的时候，他是面试委员会的成员，并在某种程度上担任了馆内的非正式研究主管，同时他也是我们洞察力的重要源泉和深入讨论的推动者。

科学博物馆的一些工作人员对人类学非常了解。我们有时会讨论这个问题，博物馆工作人员会开玩笑说自己处于"我的部落"之中，说我观察到了他们的"野蛮习俗"。一位策展人写了一篇简短而精彩并具有启发性的恶搞文章，名为《博物馆人：交互式民族志学体验》("The Museum People: An Interactive Ethnographic Experience")——深受科林·特恩布尔（Colin Turnbull）对 Ik 人[①]研究的影响——这预示着她认为我也会观察到一些博物馆工作人员的"奇葩行为"，这正是她所期待的。科学博物馆里的其他人通过管理咨询和组织性专业知识框架等常规模式来为我分配工作（当时我所在大学里的其他人正与博物馆进行合作）。对他们来说，我在那里是为了"看看我们是如何做决定的"（正如几位员工所说），并提出行动计划以改善这一过程。人们普遍认为，最近由一家私人公司完成的管理咨询活动导致了科学博物馆的重组和裁员，因而，他们自然而然地对我在那儿可能会做的事情有一些初步的怀疑。

一般来说，科学博物馆的许多工作人员对自己的工作和博物馆具有本能反应，他们常常持讽刺、滑稽和自我批评的态度。尽管这很有见地，但有时也会让我担心：在我的"研究对象"已经提供的分析的基础上，我是否还需要进行"额外"的分析。然而，将科学博物馆生活的不同方面结合

[①] Ik 人是乌干达东北部靠近肯尼亚边境的一个民族。他们本爱好和平，通过农业和狩猎形成自给自足的社会。但当地建设国家公园的保护性举措，致使他们丧失了约70%的土地，承受着持续的贫困、社会和政治的剥削及边缘化。科林·特恩布尔自20世纪60年代就陆续发表研究成果，并在1972年出版《山民》（*The Mountain People*）一书，将 Ik 人描述为极其"不友好""无情"和"卑鄙"的，称他们为"无爱之人"。此书的出版导致在长达数十年中 Ik 人一直背负着这样的评价。但特恩布尔的研究也受到了各方质疑，特别是进入21世纪20年代以来，新研究证明，Ik 人并不比其他任何在饥荒中挣扎的群体更自私，他们有着自己的分享机制和团队合作机制，通常和我们其他人一样慷慨和善于合作。特恩布尔的研究是在当地资源极其匮乏的时期开展的，具有很强的局限性。——译者注

在一起，以及关注一个快速进行的过程（其发展之快，让参与者在当时来不及对这一过程进行思考），使得参与其中的观察者从民族志学角度的描述有别于现场叙述。人类学家选择研究框架以及收集素材的方式也是如此。因此，我希望接下来的内容可以为那些身处其中者提供一些新的视角，并重申他们已经知道的事情。

从事该项研究的这些年里，我一直有机会同科学博物馆的工作人员讨论我的作品，并在博物馆的许多研讨会和工作会议上介绍我的作品，这使我受益匪浅。与我想要写作的对象进行的对话并不总是毫无问题的，因为这种对话不可避免地受到文化影响，但是，对话无疑有助于加深对他们的理解，特别是在误解比较大的背景下。[15]严肃一点说，科学博物馆对我的作品没有任何审查权。但是，我一直在寻求他人对草稿文案的意见，并在不影响文章分析完整性的情况下，尽可能地根据这些意见来修改文章。从许多方面来说，本书所述对所有亲历者来说都是一个学习过程，而在本书出版的时候，它所讲述的故事和亲历故事的人，已经在这些年中发生了很大变化。例如，与我一起工作过的展览团队的所有成员，她们当时被临时提拔的职务，都在后来得到了正式任命。她们日后都为博物馆和展览做出了重大而令人印象深刻的贡献。

名称与身份

在大型公共机构进行研究，会引起某些特定问题。我相信，我无法隐瞒我所工作的地方是哪儿，它作为英国国家科学与工业博物馆的一部分，举世皆知。其国家（和国际）地位是其特定公共和制度动态的一个关键方面。其中一些工作人员的身份也不能轻易伪装。例如，博物馆的馆长尼尔·科森（Neil Cossons）博士（现为爵士），就是一位著名的公众人物。当我援引科学博物馆成员叙述的时候，虽然我不会使用化名，但在其名字与该内容并无关系时，我也不会指出其名；另外，如果讲述者与我交谈的前提是不透露其身份，我当然也会匿名引用。

科学博物馆里有一种复杂的称呼制度。对于级别较高的工作人员，特别是管理层的工作人员，他们的下级大多对他们以头衔加姓氏称呼（至少在他们面前时），对于平级或较低级别的工作人员则以名字称呼。不过有明显例外的情况，即无论级别如何，所有工作人员都喜欢直呼其名。我在本书中所使用的名字，就是我当时用来称呼那些科学博物馆工作人员的。因此，我也就用名字来称呼和我一起工作的展览团队成员，但用头衔加姓氏来称呼科学博物馆的馆长。只有职位很高的工作人员（而且仅仅是其中的一部分人）在和馆长说话时是以他的名字来称呼。我惊讶地发现许多人只是称呼他为"馆长"。我相信，公共服务部的负责人萨瑟斯先生会很高兴被叫作"特里"，人们都这么叫他。然而，年轻的员工更有可能称他为"萨瑟斯先生"。因为当时我觉得自己相当年轻，所以我也这么称呼他。

跟进展览

实际上，我对策展过程所做的民族志学调查，有大量是在展览团队所在的两个相邻的办公室里进行的。较小的那间办公室是项目负责人和项目经理的基地，较大的那间由团队的其他四名成员使用。我通常花更多的时间在较大的那间里，一部分原因是它不那么拥挤，也因为，人员越多，讨论也就越多。项目负责人和项目经理经常会带着最新进展突然出现，去橱柜边享用咖啡和饼干（其中一扇柜门上还写了一首颂歌）。然而，除了在办公室做基础工作，团队成员还经常会外出参观（去其他博物馆寻找创意或借用文博展品，去食品公司，去咨询营养顾问、设计师，去拍卖会等），以及在科学博物馆内进行"推荐"或"侦察"（点交，也就是设法得到那些他们希望在展览中展出的展品）[16]，收传真[17]，或去博物馆的工作室和其他服务部门检查某些重建或互动的展览进行得如何。他们还越过边界进入博物馆展厅进行观众研究；一旦布展完成，他们还会去参观并参与其"装修"

（展厅的装饰阶段）。

这六名团队成员经常去往不同的地方，所以我不得不立刻决定要陪同哪一位。有时我会受到限制，因为他们没有事先请求要拜访的人允许我的加入，而且觉得我若在场会令人尴尬（对于一个担心工业间谍活动的食品公司来说）。不过，大多数情况下，我只是选择听起来最有趣的。尽管我不可能直接观察展览制作中所涉及的每件事情，但团队成员会在定期的团队会议上报告他们的外勤情况（有时是在办公室进行非正式讨论），这在某种程度上是一项"强制性任务"[18]，以便将外勤工作所得的成果应用到展览中。

除了跟随食品团队成员，我还对科学博物馆的其他工作人员进行了半结构化的采访，尤其是对那些参与展览制作的工作人员。在我实地考察期间，还有另外两个新的展览项目——飞行台（一个与航空相关的互动展览）和"信息时代"展览（一个新的计算机展）正在筹划中。我还参加了这些展览的部分会议，采访了一些相关的工作人员，部分原因是想了解这些展览与食品展的异同。我跟踪的另一项目（将在第三章进行讨论）是"重写"整个科学博物馆的一项雄心勃勃的尝试，即所谓的"展厅计划"。我为此参加了会议，也采访了许多相关的工作人员。我还有许多与博物馆成员进行非正式交流的机会——在午餐时间（午餐通常在隔壁的帝国理工学院），在走廊里，还有圣诞晚会这种社交活动场所。我在博物馆顶层的设计工作室里还分到一个工位（这里远离食品团队，这样我就可以在必要时选择"逃离"）。博物馆的"自有"设计师占据了这个大型的开放式办公室，他们没有参与食品展。然而，一个新开发的项目已经决定使用外部设计师。不出所料，这引起了一些不满，并为博物馆内许多正在进行的非正式讨论提供了一个话题。

然而，我的研究并不受科学博物馆物理界限的约束。除了跟随食品团队去参加外面的会议（比如去兰开夏郡的"静修所"，拜访切斯特的设计师，或者去苏活区的电影剪辑工作室），我还通过参观其他博物馆和遗址古迹（尤其是那些在科学博物馆中讨论过的）以及采访那里的工作人员，在更广阔的博物馆世界（the broader museum world，我共事过的人都用这个短语）中对我在科学博物馆的体验进行定位。其中包括布拉德福德的国家摄影、电影和电视博物馆以及约克郡的国家铁路博物馆，它们与科学博物馆一起构成了国家科学与工业博物馆（在很大程度上共享财政和管理体系）。我还访问了其他的科学博物馆和科学中心，如曼彻斯特科学与工业博物馆、伯明翰科学与工业博物馆以及利物浦 X！实验室（Xperiment! in Liverpool）。我还去了一些有影响力的新景点，比如约维克博物馆、铁桥峡谷博物馆、格林磨坊（Green's Mill）、设计博物馆和动态影像博物馆，以及伦敦的其他博物馆，尤其是南肯辛顿地区的自然博物馆、维多利亚与阿尔伯特博物馆。我参加了一些专门讨论博物馆发展的会议（包括"博物馆 2000"大型国际会议）[19]，还参加了一门课程。课程内容包含与其他博物馆工作人员一起参观英国西北部的一些创新型博物馆，以及了解来自世界其他地方的案例，包括美国、加拿大和芬兰的案例。所有这一切都让我了解到我的研究、访谈对象潜在的背景情况（许多博物馆工作人员参观其他博物馆是为了启发自己关于展览的想法）、各种各样的做事方式、组织关系网络，以及对解读展览来说可能很关键的一些特征。

跟进展览开幕后的情况——与观众的互动——也是本研究设计的一个重要方面。这使得我们可以探索食品展的"实际"观众与策展团队和设计师想象中的观众的相符程度，以及他们如何更广泛地利用这次展览。第八章更详细地讨论了本书的研究方法和部分研究结果。

本书的结构

在这本书里，我把展品的制作过程、对最终展览的分析和观众研究结合在一起。在这一过程中，我一直在两种特殊呈现方式上犯难：①是保持制作、文本与消费这三个维度的独立性（在某种程度上它们一直与研究同步），还是允许它们重叠（这有助于解释一些问题，并能够分析它们之间的关联性）；②是对展览制作过程进行叙事性描述，还是关注特定主题。最后，我尝试兼顾所有这些事情。本书更多地把制作、文本和消费分开讲述，部分原因是我的叙述结构中内置了一个遵循时间顺序的叙事过程，同时也是因为这样能够超越最终展览和展览中的观众，去反观展览的"制作"过程，而这有助于解决问题。同样地，虽然我主要关注特定主题——不然的话，我担心读起来会太像一整套巨细无遗的流水账（复杂性会让人崩溃）——但我也试着传达一种叙事感。在某种程度上，我还受到了小说行文自由的启发，比如凯特·阿特金森在1995年出版的《博物馆的幕后》一书（它也为我的书名提供了灵感）。这些小说擅长在不同的时间框架之间展开情节。出于类似的目的，我的叙述也利用了时态变化。[20]

关于表达方面的困难，还有两种方式让我有些纠结：一种是创作像乔治·马库斯（George Marcus）所用的那种"混乱文本"（一种弃绝结局、放弃整体性的文本）；另一种是以讲故事为主的强迫性叙事，就像珍妮特·霍斯金斯（Janet Hoskins）所指出的那样，这种叙述方式似乎是结局导向的。[21]我想说的关于科学博物馆的许多事情，其复杂性和伦理上的模糊性显得有些混乱；但在我看来，有些故事是需要讲述的，如果不进行一些整理（这当然是不可避免的），这些故事就被淹没了。所以，我仍然没有试图去做"非此即彼"的选择，而是尝试着在这种张力下进行工作，创造出一种遵循过程性、具有方向感的叙事性行文方式，同时，从各方面努力保持"混乱文本"的感觉。

在我与科学博物馆工作人员共事的那段时间里，他们被越来越强烈地要求考虑和定义他们的"目标受众"。在写这本书的时候，我想到我也应该这样做，因此努力去确定在我脑海中碰撞的各种可能的受众（科学博物馆的工作人员、人类学家、学者、各类博物馆的工作人员、我自己……）中，哪些才是我真正的"目标"。然而，当我这么做的时候，我认为这种"瞄准并开火"的模式相当乏善可陈。如果我只考虑一位受众，任务肯定会更简单；但在我看来，在不同受众之间进行精神沟通，并努力寻找能够跨越边界进行交谈的方法，是思考和写作的关键部分。我期望，那些在博物馆和相关文化机构工作的人可以发现，我对科学博物馆的描述，阐明了他们自己的实践、假设和困境，以及他们做事的方式。我对我所讨论的问题进行了思考，这涉及有关人类学、社会学、科学以及组织研究的争论，还涉及文化、媒体和博物馆。我希望这本书能够突出博物馆作为研究主题与上述这些（或许还有其他）学科领域的相关性，同时向那些一直以来对博物馆和科学感兴趣的人展示这些争论的价值，以及一种民族志学的视角。

章　节

第二章主要讲述伦敦的国立博物馆，尤其是科学博物馆，讲述在我进行实地考察时博物馆和相关机构正在发生的变化。这些变化有时在新闻界和博物馆中被描述为"革命性的"变化。在我看来，这一章描述的不仅是公共文化的一个重要时期，也是公众理解科学的一个重要发展时期。这一章还提供了一种更广阔的背景，让我们可以进一步了解伦敦博物馆区的历史风貌。

第三章探讨了一些正在进行的文化变革，以及人们是如何通过讲述一个努力重塑科学博物馆的主题并重组其展览空间的故事来就这些文化变革进行组织协商的。这一章是关于"远见"与"反思"的斗争。其中所牵涉的过程和争论凸显了在科学博物馆内从文化层面上构建可能性的各种方式：什么神圣不可侵犯，什么令人厌恶，什么令人信服，什么看起来危险，什么看起来不可调和。这一章还展示了科学博物馆的一些运作方式：谁以及什么重要，谁以及什么可以有所作为，谁以及什么可以让事情发生——或者不发生。

第四至第七章进一步探讨了这些问题，开始从民族志学的角度追踪一项特殊的展览——"引人深思的食品"，当时该展览被视为"旗舰"。这些章节讲述了展览相关人员为向公众"传播科学"所做的努力，他们对"科学""公众"本质的假设，以及这些假设可能会如何交织在一起。这几章还涉及围绕著作权和梦想的实现所做的斗争、互相冲突的需求和目标（例如

"展品之爱"和"清晰的信息"),以及最终的展览是如何一步步地被一些看似琐碎或当时被认为理所当然的事情微妙而意外地塑造出来的。

第八章阐述观众对展览的接受。在这里,我的目的不仅仅是探索实际观众同展览制作过程中所设想的观众之间的一致性和差异性,而且还要探讨观众"阅读"和实际参与展览的框架,进而在某种程度上探讨更广泛的展览(尤其是科学展览)的观众参与框架。正如我们将从展览的制作中看到的那样,人们往往会避免对展览的社会性进行批判性的讨论。一如前述几章,我很想知道为什么会这样。

第九章超越了民族志学的阐述,对本书所描述的文化变革以及面向公众的科学生产和消费的社会性进行了更广泛的讨论。第九章和本书的结尾都考虑了这些变化对博物馆和公共文化近期——也可能是未来——发展的一些影响。

【尾注】

[1] 1997年,新任英国劳工大臣在新成立的文化、媒体和体育部宣布,他的首要目标之一,将是免除国家级博物馆的门票。然而,直到2001年大选前夕,相关措施才出台。尽管一些国家博物馆赞同这一决定,但其他博物馆则很不情愿,称其未能认识到新消费者的本质。科学博物馆宣布将在2001年年底取消收费。关于这一论点的有益评论,请参见博物馆和美术馆委员会(Museums and Galleries Commission, 1997)的报告;对于当前的政策请参见网站:http://www.culture.gov.uk。另见本书第九章。

[2] 研究人员对当时正在进行的其他一些公众理解科学项目也有着类似的担忧。然而,我们逐渐意识到,科学的这种明显的"消失"是它融入当地环境的一个重要特征。艾伦·厄文和布莱恩·温(Irwin and Wynne, 1996a: 13)在一部公众理解科学项目的论文集中指出:"科学的'消失'并不意味着它在这种情况下无关紧要——更重要的是'科学'作为一个范畴混入了社会实践和竞争的其他领域。"

［3］这个术语是戈夫曼（Goffman, 1969）提出来的。我下文中使用的影视术语"前台"（front-stage）和"后台"（back-stage）来自戈夫曼的戏剧模型。亦见于劳（Law）于1994年发表的文章。

［4］公众理解科学项目由经济和社会研究理事会资助。我会在第二章讨论这个项目的进一步发展，以及公众对科学的理解。该项目的部分工作参见艾伦·厄文和布莱恩·温（Irwin and Wynne, 1996）的作品。

［5］参见西尔弗斯通（Silverstone, 1985）的观点。他这篇文章详细论述了英国广播公司（BBC）有关绿色革命的节目《视野》（*Horizon*），并以"构建"（framing）一词为题，来表示科学的关注点。在第九章中，我会进一步讨论这一概念。西尔弗斯通于1988年、1989年、1991年和1992年讨论了博物馆作为媒介的作用，并考虑了它们与其他媒介，特别是与电视的一些差异。

［6］有关社会戏剧的论述，请参见特纳（Turner）1974年的论述中的第一章，以及本书第九章。

［7］关于这一论点的经典著作包括：Callon, 1986; Callon, Law and Rip, 1986; Latour, 1987。约翰·劳（John Law, 1994）对一个科学组织进行的民族志学研究就是这种观点的一个经久不衰的例子。其中还包含对它的反思性批评（以及对类似大学管理的反思）。拉图尔（Latour, 1996）对巴黎"引导式交通"计划的半民族志学描述就遵循了"行动者网络理论"，虽最终失败，但引人入胜。关于这一观点的一些缺点和进一步深入讨论，参见劳和哈萨德（Law and Hassard, 1999）的著作。

［8］斯特拉森（Strathern, 1987）在讨论她所说的"自我的人类学"时，着重指出了人类学家与被研究者共享文化预设的过程中可能会遇到的一些特殊困难。我本人（MacDonald, 1997）结合自己在科学博物馆的工作，深度讨论了这一问题和"平行背景民族志"。

［9］拉图尔（Latour, 1987）在描述如何学习科学和技术时使用了"模仿行动者"的概念。马库斯（Marcus, 1998: ch.3）讨论了不同的"模仿"模式（例如，人、事物或隐喻），作为避免预设研究对象边界的一种手段。

［10］参见汉德勒和盖博（Handler and Gable, 1997: 9）的研究。他们自己的研究是一个显著的例外。奥汉伦（O'Hanlon, 1993）、萨巴格（Sabbagh, 2000）和施耐德（Schneider, 1998）的研究也是如此，尽管范围较小。其

他人则评论说，关于"博物馆正在进行什么"的研究缺乏，并呼吁进行民族志学研究，这些人包括卡普（Karp，1991：24），克利福德（Clifford，1997：166），冈萨雷斯、纳德和欧（González，Nader and Ou，1999：111）及谢尔顿（Shelton，forthcoming）。在文化和媒介研究中也有同样的观点，例如，豪厄尔（Howell，1997）、西尔弗斯通（Silverstone，1994）、托马斯（Thomas，1999）和威利斯（Willis，1997）的研究。

[11] 斯图尔特·霍尔（Stuart Hall，1980）设计的与文化文本相关的"编码"和"解码"模型颇具影响力。大卫·莫利（David Morley，1995：302）指出，这个模型的部分意义在于它将分析重点从文本的意义转移到了"实践的条件"。亦可参照麦圭根（McGuigan，1992：ch.4）和史蒂文森（Stevenson，1995：ch.1）的观点。

[12] 2001年，我讨论了民族志学视角的优势，特别是对科学博物馆和更广泛的普通组织而言（Macdonald，2001）。盖尔纳和赫希（Gellner and Hirsch，2001）论文集中的一些章节也强调了从人类学角度看待组织的原因。怀特（Wright，1994）的研究也有专章论述此事。使我深受启发的关于组织的长篇幅民族志学论述还包括：关于博物馆和类似博物馆的机构——Davis，1997；Handler and Gable，1997；关于文化生产者——Becker，1982；Born，1995；Miller，1997；Wulff，1998；关于科学与技术——Downey，1998；Gusterson，1996；Kidder，1982；Latour and Woolgar，1979；Law，1994；Rabinow，1996；Traweek，1988；Zabusky，1995。

[13] 关于这些分析，有从不同方面进行的有效讨论以及一系列颇具说明性的例子，包括亨利埃塔·利奇（Henrietta Lidchi）1997年关于博物馆的一个例子，参见Hall，1997。与博物馆有关的一些特别有启发性的例子包括：Bal，1996；Bennett，1995；Duncan，1995；Haraway，1992；Kirschenblatt-Gimblett，1998。

[14] 请参见第二章。

[15] 其中一个误解与我使用引号有关。对于实地调查和写作使用的是同种语言的民族志学研究来说，这是一个值得注意的特殊问题。除了引号的常规用法（表示引用、术语或技术概念），我还使用引号来表示在当地使用的术语（尤其是在第一次使用时，或者在上下文背景不一定清楚的情况下）。

换句话说，这些其实就是"本馆术语"，尽管读者可能非常熟悉。如果是针对母语非英语的人的研究，我可能会给出这些术语的原文。这是一种普通的民族志学惯例，意味着对所描述的东西不去进行价值判断。

[16] 藏品点交凭证是完成工作所必需的文书工作，尤其是将物品从博物馆的一个部门转移到另一个部门（或从一个地点转移到另一个地点）的时候。如果没有得到授权，许多任务就无法完成，因此"推荐"是管理者经常关注的话题。

[17] 当时传真机还算是一个新生事物，科学博物馆也只有一台传真机。展览团队的成员不得不穿越楼层和走廊从老远的地方过来收集传真（有时还得排队）。

[18] 这个术语来自拉图尔（Latour, 1987: 150），他描述了如何跟随科学家并研究"行动中的科学"（science in action）。

[19] 博伊兰（Boylan, 1992）记录了这次会议（包括与会者的讨论），很好地说明了当时正在进行的一些辩论。其中还包括科学博物馆馆长尼尔·科森的一篇文稿，它在当时引发了大量讨论（Cossons, 1992）。

[20] 我利用时态变化来提示我所描述的动作是发生在过去，或传达一种参与感和即时感，或是表示不确定性。有关民族志中时态复杂性的深入讨论请参见戴维斯的论述（Davis, 1992）。

[21] 参照马库斯（Marcus, 1998）的论述，尤其是第八章；以及霍斯金斯（Hoskins, 1998）的论述，特别是第4—7页。

请扫描二维码查看参考文献

第二章

南肯辛顿的文化变革

科学博物馆位于伦敦南肯辛顿的富人区。这里是世界上著名的博物馆街区之一，宽阔的街道两侧遍布着国家政治、历史、文化和教育的成果。这些建筑散发着权威、稳固和厚重的历史气息，每年有超过1000万名游客到访。尽管观众熙熙攘攘，但这里给人整体的印象依旧具有历史悠久的沉静感。然而在20世纪80年代后期，媒体却广泛报道过这些不朽建筑背后的"文化冲突""危机"甚至"文化变革"。

在本章，我将介绍一些与科学博物馆相关的历史资料。这些资料的使用既是作为我进行的这项民族志学研究的方法的一部分，同时也突出了科学博物馆自身角色概念化过程中的一些连续性和间断性。我还将概述我在科学博物馆进行实地考察时发现的一些变化。在此过程中，我既关注到科学博物馆本身在管理结构和营销策略上的创新细节，也关注了博物馆和公共文化领域的持续变革。除了描述一些明显的文化转变并阐述人们对正在发生的事情的看法，我的目的是强调文化转变对科学博物馆（以及南肯辛顿地区的其他博物馆）产生的影响，尽量详细地描述产生这些影响的方式（有时会显得很琐碎），以及与它们相关的方式（同样很详细，并且有时也显然很琐碎）。[1]

科学博物馆的幕后
BEHIND THE SCENES AT THE SCIENCE MUSEUM

关于南肯辛顿

南肯辛顿的大部分地区是在维多利亚时期开发的，建立这些博物馆的大部分资金来自 1851 年万国博览会所获得的利润，一些藏品也来自该博览会的展品。[2]像万国博览会一样，该地区的发展得到了阿尔伯特王子（Prince Albert）的热心支持，因此这里有时也被称为"阿尔伯特城"。从一开始，不知疲倦的亨利·科尔（Henry Cole，即后来的亨利爵士，南肯辛顿博物馆的馆长，科学博物馆、维多利亚与阿尔伯特博物馆都是从南肯辛顿博物馆发展而来的；同时，他也是圣诞卡和其他许多东西的发明者）请求将该地名从"布朗普顿"改为"南肯辛顿"。对这一地区公众形象的关心从那时就已经出现了。

科学博物馆位于展览路的西侧，展览路的南北轴线穿过"南肯中心"（伦敦人是这样称呼的）。它的南侧是相对不太起眼的地质博物馆，另一侧则是由红砖建造的、美轮美奂的哥特风格自然博物馆。科学博物馆位于其北侧，毗邻伦敦大学著名的科技学院——帝国理工学院，以及科学博物馆与帝国理工学院共享的图书馆。皇家矿业学院也曾经使用过它旁边的建筑。穿过展览路，艺术和科学就被分开了，巨大的维多利亚与阿尔伯特博物馆即坐落于此。沿着展览路走几分钟就能到达维多利亚时代的皇家阿尔伯特音乐厅，还有海德公园，那里还有维多利亚女王为她的丈夫建造的相当丑陋的纪念碑。再走几分钟就能到达肯辛顿花园和肯辛顿宫。皇家音乐学院夹在帝国理工学院和皇家阿尔伯特音乐厅之间，再往西一个街区就是皇家艺术学院了。

这里有很多昂贵的酒店和相当不错的三明治店，一些价格昂贵但很棒的餐馆，以及等待着博物馆游客上门的冰激凌车。一车车兴奋的学生以及从地铁口走出的一个个家庭，可能打算前往科学博物馆或自然博物馆；带着作品的艺术生们以及戴着帽子和文艺范耳环的女士们正在去往维多利亚与阿尔伯特博物馆的路上；穿着斜纹软呢夹克和气垫鞋大步走路的男人或许是科学博物馆或自然博物馆的策展人；那些穿着深色西装和亮闪闪的鞋子的人很可能是新一代的营销人员。

科学博物馆大楼

面向展览路的科学博物馆建筑采用古典式设计，令人印象深刻的优雅建筑由白色石头建成，辅以高大的爱奥尼亚式石柱，同时体现了博物馆本身的传统与现代化两种角色（图2.1）。正如《建筑师杂志》（*Architects Journal*）在1928年创刊时所描述的："它很现代，但又不失英国人的严肃；虽然是战后风格，但也并不具有幻想色彩，也不像欧洲大陆的某些科研机构那样'古怪'。"[3]因为收藏品构成了展览的基础，所以它自1885年以来就以科学博物馆的名义为人所知。这些收藏品中的许多源自1851年万国博览会（水晶宫博览会）。博览会结束后，这些藏品同后来维多利亚与阿尔伯特博物馆的艺术和手工艺藏品一起被收藏在1857年建立的南肯辛顿博物

图2.1 "现代而严肃的英式风格"：科学博物馆

（由科学博物馆/科学与社会图片库提供）

馆。这家博物馆原先位于维多利亚与阿尔伯特博物馆的现址之上,位于展览路的东侧,最初是一座由波纹铁构建的、绰号为"布朗普顿锅炉"的临时性建筑。之后,在19世纪60年代,"非艺术"的收藏品(它们通常被以此来称呼)被转移到展览路西侧的狭长建筑物里,这里曾经在1862年的国际展览上被当作休息室。

新建筑被命名为"东区",它的开放是多年讨论与周折的结果。在这个过程中,经常有人提出有必要采取一些措施,才能比得上法国和德国的科学技术收藏活动。[4]早在1797年,法国国立工艺学院就已经开放了,这也是一座收藏国家级工艺文物的博物馆。位于慕尼黑的德意志博物馆原计划于1913年开放,但由于第一次世界大战的原因,它直到1925年才真正对外开放。英国声称自己是工业革命的发源地和科技发展领先的国家,却因为没有类似的永久性国家博物馆来展示自己的成就,而在1911年的一份文件中将此事描述成一桩"丑闻"。由于在选址上有困难以及第一次世界大战导致所有计划中断,科学博物馆东大厅的最终开放也是十多年之后的事了,甚至到了那时,规划的建筑都还没有全部完工。皮尔子爵(Viscount Peel)在1928年的博物馆开幕式上说:"有了这些,我们国家将拥有一座科学博物馆,不用再担心与其他国家比较了。"[5]然而,直到1961年,位于中区的建筑才完工,而规划中的西区部分甚至还要30多年之后才开工。此后,和所有的国家博物馆一样,国际比较一直都是科学博物馆自我观念确立的推动力之一。

"给知识的进步带来不可估量的好处"

作为国家展览机构,科学博物馆不仅要展览英国的成就和价值,而且它从一开始就被认为要具有公共教育功能。事实上,像其他的国际展览一样,万国博览会(在一定程度上科学博物馆即由其衍生而来)也具有这样的双重功能。一方面,这样的世界展览被认为是国际竞争的舞台——各国像在奥林匹克运动会上一样被授予奖牌[6]；另一方面，也有人认为，它们为公众提供了看到当前最好的国际发展状况的机会，从而有助于培养工匠和工人。这一论点也被用于论证科学博物馆收藏品的价值，以及支持一座国家级科学与工业博物馆的建立。例如，《机械与发明收藏品目录》（A Catalogue of the Machinery and Inventions Collection，约1910年）指出，这种收藏的一个作用是"向工程师提供来自其专业其他分支的建议或想法，这些建议或想法也许在他可能从事的工作中产生积极的影响"[7]。1911—1912年的《贝尔报告》（Bell Report）在提出建立常设科学博物馆的论点方面颇具影响力。该报告认为，这样的博物馆不仅是"保存那些见证了科学进步或者在发明历史上享有崇高地位的物件的一个宝贵而合适的场所"，而且还可以"促进人们智慧地理解科学的主要事实和原理，以及它们如何通过发明应用而造福于世界工业"。[8]报告的第一部分得出结论：这样一个博物馆"对知识进步和工业发展都有不可估量的益处，并将被公认为一个能让国家引以为豪的机构"。[9]

虽然在科学博物馆工作的大多数人并不像自然博物馆里那些研究特定藏品、希望通过研究来推动科学进步的科学家，但他们在工程和产业领域拥有着丰富的实践经验，他们强调仔细研究藏品和"科学"展示模式的重要性。这主要意味着需要按照类型学和演化模式排列展品，将它们与具有相同功能的类似展品放在一起，并将它们按照时间顺序从最原始到最晚期来排列（这两个原则并不总是那么容易结合，有时需要一个优先于另一个）。正如史蒂文·康恩（Steven Conn）所观察到的那样，这些展示模式是"假设展品会讲故事"的一种实际表现。更具体地说，如果安排得当，博物馆展览可以突出潜在的"普遍规律"（正如《机械与发明收藏品目录》和《贝尔报告》所叙述的那样）。[10]

这种"普遍规律"可以既是永久性的又是最新发现的——这在19世纪末和20世纪初基本没有冲突。博物馆不仅可以接触到"尖端"科学，更重要的是可以向受众展示，因而和大学一样重要。[11]然而，到了20世纪20年代，在大多数科学学科中这一结论已经被取代了，就如同在许多有声望的科学研究中藏品和博物馆的中心地位被取代一样。现在的科学可能更需要精密的实验室设备，去处理那些肉眼不太容易看到的过程和现象。[12]这给科学类博物馆带来了困难，并且后来随着技术向着更加小型化和复杂化的方向转变，也给技术类博物馆带来了困难。科学博物馆自开放之日起就采取了一种策略，即通过工作模型——使用外部箱体或压缩气体——来展示一些机器是如何工作的，但是这种策略对于展示计算机芯片这种内容就没那么简单了（以我在科学博物馆观察到的"信息时代"展览项目中正在讨论的一个案例为例）。这种科学的日益不可见性也是所有科学与技术博物馆都必须面对的问题之一。[13]当展览路上的科学博物馆那令人印象深刻的新外立面竣工时，它作为研究机构和代表当代科学的极具认识论意义的场所之一的身份就已经受到了质疑。然而，博物馆对公众依然有着重要的作用，尽管这也不是一成不变的。

观众的视角

康恩认为，"博物馆是最新科学原理的物质体现"这一观念消亡的后果是博物馆将面向知识水平较低的观众，特别是儿童。这种现象在20世纪20年代的许多地方都在发生着。[14]我们在科学博物馆早期关于展示模式的争论中可以看到这一点。因此，《贝尔报告》将"普通观众"排在观众类型列表中的最后一位，而其中"学生""技术型观众"和"专家型观众"则在列表上首先出现。亨利·莱昂斯（Henry Lyons，时任科学博物馆馆长）在1922年将"普通观众"排在第一位，而将"专家"排在末尾。他还制定了新的展品标签撰写指南，旨在使非专业人员也能够容易地读懂它们。在他的建议中，标签文本的主要部分应以粗体字显示，而较长的子文本应以其他类型字体显示，他所倡导的这些方式后来被称为"多级"文本。在我进行实地调查时，发现这一点经过了不易察觉却重要的、被认为是相当创新的改进。然而，即使现在①看起来非常合适的提议（标签不应超过400个单词），也遭到了被他称为"老家伙们"的策展人员的反对。[15] 普遍看来，正如后来的科学博物馆馆长大卫·福莱特（David Follett）所评论的：

> 莱昂斯把"普通观众"置于首位的做法远远领先于他的时代。很多年过去之后，实际上都几十年过去了，博物馆界才普遍接受"普通观众"和那些已经了解业内常识的人同样重要，并开始运用现代展示艺术。毫无疑问，在1920年，博物馆的工作人员只考虑向有技术头脑的人展示藏品——普通观众只需要有什么看什么就行了。[16]

尽管如此，亨利·莱昂斯还是赢得了一场特别引人注目的"战役"。这场"战役"完全符合康恩的论点——儿童展厅于1931年建立。儿童展厅不仅包含许多机械模型，也"首次实现了博物馆藏品的展示不应停留在展示技术发展上这一原则"。[17] 在当时，呈现技术在日常生活中担当的角色，尽管是非常清晰地以技术进步为叙述线索，仍被认为是科学博物馆展示中的一个大胆的新维度。虽然儿童展厅也包含了一些博物馆藏品，但数量却远不如博物馆内其他展厅多。从这个意义上说，科学博物馆越来越多地采用以传达更多"背景知识"为主旨的展示风格（如立体模型），也预示着在接下来的几年里何种展品将会更加广泛地传播——尽管这从未普遍存在，也不是无人质疑。展示的维度也在继续增多，并且可以说在1986年发射台开放时达到了顶峰。发射台是科学博物馆内一个只包含"动手操作"的交互式展项而没有收藏品的区域。

即使说博物馆在某种程度上是"基于展品的认识论"的一种表达，而且它们反映并试图应对科学中不断变化的观念，也并不能绝对否认它们具有"政府的工具"之作用。托尼·班尼特（Tony Bennett）在他关于公共博物馆诞生的著作中特别探讨了后一种观点。[18] 班尼特借鉴福柯

---

① 指本书完成的2000年。——译者注

（Foucault）和葛兰西（Gramsci）的观点，强调公共博物馆的发展把那些将民众"转变为一个民族、一种公民"的尝试联结在了一起。[19]为此，他特别关注博物馆建筑和展示技术的特点，并关注对观众的评论，这些评论体现了博物馆对公众的关注。他的论点表明，这不是一个统治阶级控制（非统治阶级）的简单问题，而是统治阶级保持其阶级地位的一种方式。相反，公共博物馆是自由主义者渴望"使大众变得文明"或"教育大众"的产物，其目的是培养"自觉自律的公民"。"因此，公共博物馆不仅要向观众传递有力量的信息，而且要引导大家进入一种新的自我'编程'的方式，以产生新型的行为模式和进行自我塑造。"[20]"进步"，是19世纪和20世纪早期的自由主义者们所高度关注的一个目标，其实现的途径不是保持群众的现状，而是给他们一个"教化自己的机会"。[21]博物馆作为非正规教育机构的一部分，对这一目标具有重要意义，因为它们体现了作为自由思想核心的唯意志主义精神。

因此，博物馆可以被开发为这样一种机构：去构想和尝试构建某些特定类型的公共场所，而不必试图与某种阶级统治地位或者是单向控制挂钩（尽管可能会有这样的尝试，但其实并不会有这样的结果）。[22]相反，关于观众的争论，以及试图塑造他们在博物馆的行为（例如，阻止他们在大厅吃三明治或试图引导他们阅读展项标签），可能会暴露出对观众的矛盾看法（不守规矩的人群或自我激励的学习者）和对立的冲动（不让他们进来或拉他们进来）。此外，不断变化的科学观念和对博物馆科学研究作用的认识，不可避免地会影响博物馆及其展览的运作。应对多重需求的尝试，以及有时必然能够感觉到的那种不可调和的困境，从一开始就肯定是公共博物馆的特征之一，就像科学博物馆这样的博物馆是由多重推动力而不是任何单一且毫无疑问的叙事"输入"（writing in）所塑造的一样。

此外，正如我们将在下面进一步看到的那样，博物馆也可能不得不与它们"自己的身体"对抗[23]：博物馆的展品和建筑并不总是毫无问题地适合科学或者适合于博物馆工作人员所希望满足的观众的期望或愿景。在19世纪和20世纪初，体现最新思想的新型博物馆被建造起来，尤其是当科学和自由理想都可以用演化叙事来表达的时候，情况可能就没那么糟了。然而，特别是对于那些在现存的并且存在已久的博物馆建筑中工作的人来说，早期设想的建筑可能会成为实现他们自己目标的障碍，展品也可能会显得难以改变，正如我们将在下面的一些民族志学研究中看到的那样。

危机与责任

正如康恩所言，博物馆也许一直认为自己处于危机之中。[24]考虑到它们任务的多面性和潜在的冲突性质，这不足为奇。然而，在20世纪80年代和90年代的风口浪尖上，这已成为众所瞩目的焦点，时常被冠以《博物馆面临金融灾难：英国的遗产处于危机之中》这样的标题而见于媒体报道。[25]《观察家报》(The Observer)的一篇特别报道集中描述了国家级博物馆面临的财政问题，这些问题是由改变博物馆筹资结构和减少博物馆可用资金造成的。其他文章还描述道，"文化冲突"甚至"文化变革"这样的事件不仅发生在南肯辛顿，还发生在整个博物馆领域和更广泛的公共文化领域中。尽管在这些报道中，对于学术研究或公众的定位有许多与以前的困境相呼应之处，但它们在20世纪后期又出现了新的变化。

具有讽刺意味的是，国家级博物馆在1989年的"博物馆年"中面临的"财政危机"的一部分原因是将维护建筑物的责任从中央政府机构物业服务署（Property Services Agency, PSA）转移到了博物馆本身。从广义上来说，这是"下放财政责任"政策实施时期政府战略的一部分，也是"国家倒退"策略的一部分，旨在应对首相玛格丽特·撒切尔（Margaret Thatcher）所说的"从属文化"。[26]虽然国家级博物馆获得了国家基金，能够接管物业服务署的职能，但它们都认为这是远远不够的，尤其是在面对它们所谓的物业服务署多年来忽视和积累的结构性问题的时候。有报道称，几乎所有的国家级博物馆的屋顶都漏水，比如泰特美术馆的一些杰作旁边就有水桶在接雨水。[27]和工资一样，保护和展览成本的增长速度都快于博物馆获得资金的速度,这加剧了财政困难。博物馆和美术馆委员会(Museums and Galleries Commission)在1988年发布的关于国家级博物馆的报告中指出,甚至在当时的金融"危机"发生之前,情况就已经令人担忧:

> 严重的资金缺口对所有国家级博物馆都产生了不利影响,以至于他们不得不在候补编制中空置数量不等的职位(尽管这些职位是在政府工作人员检查后确定的)。可悲的是,这种影响表现为博物馆封闭、安全性降低、开放时长或天数缩短……以及工作(例如关于藏品保护、目录制作及学术出版)积压、帮助学校的能力降低……还有工作人员效率低下(买不起文字处理软件)、对公众的服务质量变差等,最严重的是策展标准长期持续下降的危险因为工作人员的减少而日渐加剧,工作人员往往无法与其他国际学者保持联系,抽不出时间参加国际会议,无法进行必要的学术访问或将积累的经验、成果进行发表。[28]

与此同时,政府呼吁博物馆实行"公共问责制",与公共部门所有的其他领域一样,即要证明它们有权花费政府所说的"纳税人的钱"。使用这一表述来代替通常所说的"公共"或"国家"资助,是保守党政府试图提倡的"新思维"的一部分:一种以前的国家职能受到质疑,而期待个人展现"自给自足"能力的思维方式。[29]

如何评估"问责制"——如何使其可视化以及量化——本身就是快速发展的咨询顾问和专家行业的一个主题。"绩效指标"是用于"衡量"所谓的"有效性"或描述"物有所值"特征的术语。[30]换句话说,这种探索是为了寻找易于计数的符号,这些符号可以作为货币等价物来确定是否"物有所值"(低投入高回报)。关于什么才是适合博物馆的绩效指标,人们进行了广泛的讨论,但在当时的社会思潮中,"公众"[这是一个统称,其含义(在不同情境下)略有不同,可以代表"观众""顾客""消费者""纳税人"等]显然被政府视为绩效指标最重要的评判者之一。由于观众数量是一个可精确计数的"产量",人们普遍认为这将成为评估博物馆"花纳税人的钱"这一行为的主要指标之一。这也给博物馆造成了额外的压力,因为如果要根据博物馆接待的观众数量来评价它们,就必须策划展览并配备吸引观众的设施。一旦进入这种恶性循环,那就需要花钱了。人们认为,这些问题可能恶性地自我延续下去。许多博物馆的工作人员认为,如果他们听从政府的鼓励寻找其他增加收入的方法(例如收取门票),这只会意味着他们收到的国家补助金(即所谓的公共资金)将进一步遭到削减。不出所料,人们关于该怎么做产生了分歧。尽管一些博物馆馆长认为,摆脱这一困境的唯一途径是通过提高自身创收的比例来增强博物馆的独立性,但其他人认为这简直是走上了一条长远的不归路。

为了促使国家级博物馆更好地管理自己的财务,政府首次要求博物馆制定五年规划,并制定与"战略计划、理念和财政"相关的目标。这些文件将作为博物馆申请资金的一部分被提交给政府(这已不再是假设),并将每年进行修订。国家级博物馆的管理也发生了重大变化。1983年的立法建立了几乎完全由政府任命的所谓"独立董事会",而这其中大多数的董事会又都转变成了"独立公共机构"。[31]以前,大多数国家级博物馆都是由政府部门管理的,科学博物馆属于艺术与图书馆管理办公室(Office of Arts and Libraries)的一部分。博物馆的受托人是那些在英国被称为"显要人物"的人,这些人共同承担博物馆的专业运营事宜。以科学博物馆(或者更确切地说,国家科学与工业博物馆)[32]为例,在1988年由实业家组成了一个13人的全男性委员会,包括奥斯汀·皮尔斯爵士(Sir Austin Pearce, CBE[①],时任委员会主席)、约翰·哈维-琼斯爵士(Sir John Harvey-Jones,以其在帝国理工学院的杰出工作和管理思想而闻名),以及其他公众杰出人物[包括肯特公爵殿下(Duke of Kent)]。董事会中只有两位教授,这或许表明了当时政府普遍的反学术立场,以及政府在努力让

---

① CBE的意思是皮尔斯曾获得过大英帝国最优秀勋章(英国骑士勋章的一种),这一勋章是英国对于在艺术和科学领域、在慈善和福利组织工作中,以及在公务员以外的公共服务领域做出卓越贡献的人的奖励。——译者注

公共机构"像工业一样思考"。按照官方的说法，受托人"拥有收藏品，并有照顾它们以及确保其满足公众参观需求的法定义务"，还应对博物馆的建筑物负责。[33]正如博物馆和美术馆委员会所解释的那样，"虽然受托人有最终的责任，但他们没有行政职位（这简直是不可能的任务，因为他们没有报酬，而且还经常负有其他的责任，这使得他们甚至无法做到每个月拿出一天时间花在博物馆上），馆长才是受托人的'执行者'"[34]。因此在实践中，设立独立董事会并没有削弱馆长的作用和重要性。然而，尽管受托人能够投入的时间不多，他们却能够对博物馆产生重大的影响，例如可以限制馆长的自治权（在下一章我们将会讨论到），还可以反抗政府。1989年，多家国家级博物馆（包括科学博物馆）的受托人们宣布，如果国家投入的更多资金即便增加了整体预算，却依然不能缓解博物馆财政危机（投入的资金比博物馆要求的少）的话，那么他们将集体辞职。

收取门票是博物馆试图填补资金缺口的手段之一。维多利亚与阿尔伯特博物馆在1985年实行"自愿交费"，自然博物馆在1987年开始实行强制收费，后者导致参观率下降了40%。人们普遍认为，遭受损失的主要是较贫穷的观众。维多利亚与阿尔伯特博物馆的"自愿交费"导致参观率下降了约30%，也没能带来多少收入，部分原因可能是反收费运动的兴起。反对者还制作了"我没有在维多利亚与阿尔伯特博物馆付费"的胸牌。1987年，在实行收费之前，科学博物馆接待了340万观众，这个数字仅次于大英博物馆和国家肖像馆。国家科学与工业博物馆作为一个整体（科学博物馆也是其中一员），可以说是参观人数最多的博物馆，共有近500万观众。[35]然而，科学博物馆开始收费后，却导致参观国家科学与工业博物馆的观众总数下降了60%。尽管媒体乐观地表示，这只是在引入收费标准后出现的短期现象，观众数量将很快恢复到从前的水平，但毫无疑问，博物馆管理层对此表示担忧。如果收费在一定程度上是对呼吁公众责任感的一种回应，那么让公众远离博物馆显然不是博物馆想要传达的本意。

营销、形象管理和竞赛

作为应对，博物馆竭尽全力地推销自己，使自己对观众有吸引力。南肯辛顿的所有博物馆都雇用了咨询机构来帮助自己进行"身份改造"，从而催生了新的博物馆标识系统和广告宣传活动。[36]自然博物馆的17名工作人员被派往美国佛罗里达州的迪士尼世界，去学习客户关怀和企业形象塑造技巧；博物馆管理层还试图区分"策展人"与"科学家"，并将展览的创建工作移交给一个倡导受众研究（对观众的研究）和主要开发"无藏品"互动展项的单位，这激怒了一些工作人员。[37]在维多利亚与阿尔伯特博物馆，"研究"或"学术"的角色上也存在冲突，因为1987年上任的伊丽莎白·埃斯特维－科尔（Elizabeth Estev-Coll）馆长引入了一种新的制度结构之后，"有效地将学者与直接接触展览的人分开了"。[38]在自然博物馆，埃斯特维－科尔夫人尝试创造更多"对观众友好"的展览，她认为要实现这些，只能限制对学者的投入。正如她解释的那样："我们必须让那些没有受过高等教育，或者对经典著作或《圣经》了解不多的人，更容易理解我们的藏品……我们从研究中了解到，大多数人只能接受两三个想法，所以与其拥有大量的实物展品，不如专注于几个主题……并展示与这些主题活动相关的展品。"[39]维多利亚与阿尔伯特博物馆还发起了一场有争议的广告宣传活动（该活动由萨奇广告公司设计，英国保守党在1983年成功赢得大选时就是聘用的这家广告公司），对许多人来说，这象征了当时正在发生的变化。这则广告的标题是"一家附带有相当不错博物馆的王牌咖啡馆"（图2.2）。对于那些公开要求埃斯特维－科尔夫人辞职的维多利亚与阿尔伯特博物馆工作人员来说，这则广告是公然承认对学术和博物馆正常功能的贬低以及对纯粹商业和休闲兴趣的包容。

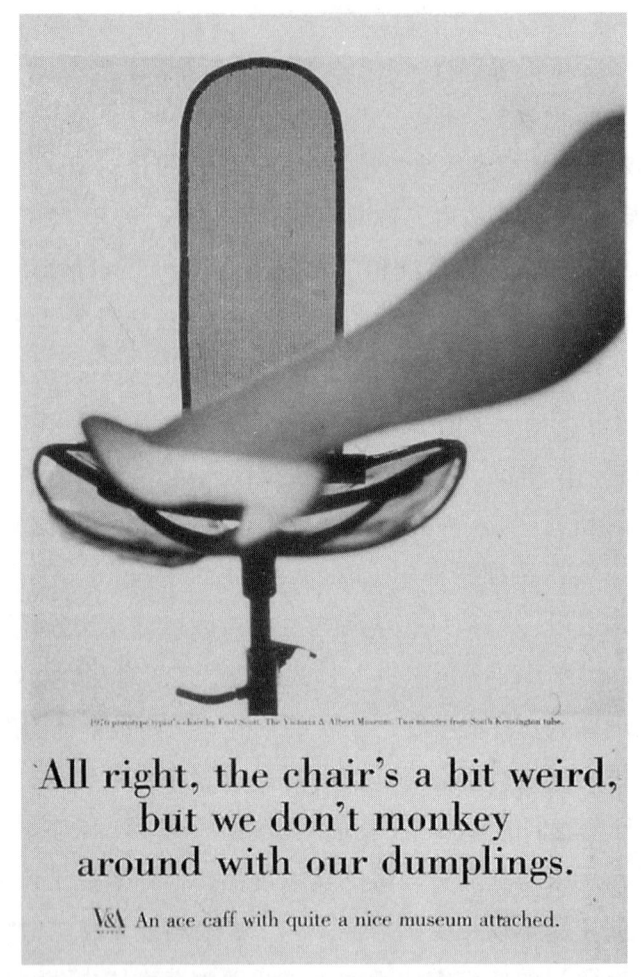

科学博物馆的幕后
BEHIND THE SCENES AT THE SCIENCE MUSEUM

图 2.2 维多利亚与阿尔伯特博物馆广告"一家附带有相当不错博物馆的王牌咖啡馆"
（由维多利亚与阿尔伯特博物馆提供）

然而，对其他人来说，博物馆的一些变化还是相当受欢迎的。这则广告可以被视作风趣而坦诚地承认许多人去维多利亚与阿尔伯特博物馆其实是去寻找好的餐馆这一事实。埃斯特维-科尔夫人试图打消"艺术黑手党"或"那些坐在象牙塔里的保守的博物馆人"的"优越感"，这被一些人称赞为是对"普通观众"的支持。[40] 同样，维多利亚与阿尔伯特博物馆、自然博物馆和科学博物馆的新重点是通过改善餐厅和商店等一般设施，使博物馆对观众更具吸引力，并试图增加展览的"通俗性"和"趣味性"（例如维多利亚与阿尔伯特博物馆的紧身衣展览），这被许多人视为一种相当受欢迎的新风气。[41]有时甚至入馆费也被说成是民主的：都会区的一家科学与技术博物馆的馆长向我解释说，人们喜欢那种他们自己正在决定如何花钱的感觉，参观博物馆不仅是他们可选的一种休闲方式，而且一旦做出了积极的花钱选择，他们也会更重视这种（参观博物馆的）体验。成为消费者是这一时期的关键概念之一，也是一个在其无处不在的应用中令人感到新鲜的概念。显然，成为消费者体现了一种积极和自由的主观意识，而不再是某种被市场力量欺骗的感觉。至少在这位馆长看来，对于博物馆而言，将参观者概念化为消费者而非公众是很重要的。如果19世纪的博物馆试图将平民转变为公众，并且将其视为一种重大的政治进步，那么现在①似乎是时候将公众转变为更加活跃和多元化的主体了，那就是：消费者。[42]

维多利亚与阿尔伯特博物馆并不是唯一一家尝试大众文化展览——其他博物馆也是如此——或者在展览中使用大众文化的表现技术的博物馆。以伦敦为例，20世纪80年代末，移动影像博物馆开业，这是一座电视和电影博物馆，通过使用人们喜爱的儿童电视角色来迎合大众的怀旧情绪。设计博物馆不仅展出创新设计，还展出被称为"经典设计"的日常用品。20世纪80年代末和90年代，许多博物馆也上演了所谓的"人民秀"。这些活动涉及全国各地的"普通人"，他们展示出自己收藏的大部分日常用品——例如啤酒杯垫、泰迪熊、鸡蛋杯等。[43]这不仅需要表现大众文化，而且还得允许那些通常没有能力使用展览空间（他们甚至有可能没参观过博物馆）的人参展。因此，这也是人们广泛讨论的博物馆进步的一部分：试图向以前缺席或只是被代表的群体开放博物馆。在英国和其他地方，关于"群体"或"发出声音"的讨论很多，比如那些在展示"他们的"艺术品方面没有发言权的民族群体。[44]女性主义、后殖民主义和社会历史观也越来越多地出现在博物馆会议上以及《博物馆期刊》（*Museums Journal*）等

---

① 指作者开展调研的1988年。——译者注

专业博物馆刊物的文章和评论中。其他的发展包括展览对博物馆本身权威的质疑和反思，或者就像被广泛讨论的美国国家历史博物馆的"美国生活中的科学"（Science in American Life）展览那样，从科学的社会性层面进行反思。[45]

除了"危机"与"灾难"的暗示，还有一种强烈的变化感、"开放"感，以及对现状的挑衅意味。与此同时，许多"新发展"并没有顺利取代早期的确定性和惯例，反而成为争论的焦点，有时甚至遭到了抵制。博物馆成为公开的"竞赛地带"。[46] 它变成了人们围绕文化和真理之间令人担忧的关系而开展广泛讨论的一个阵地，而且是重要的阵地之一。自20世纪80年代中期以来，来自不同文化和社会学科的学术界对"博物馆学"的兴趣大增，这本身就暗示了上述情况。[47]

挑战与博物馆复兴

20世纪80年代，博物馆的总数也在大幅增加。正如各种社会理论家所说的那样，如果博物馆所代表的意义（历史、稳定、身份固化）真的要走到尽头，那么这种增长就是自相矛盾的，除非这被解释为一种外在表现，即博物馆本身在其身份摇摆不定的时期试图以此来抓住一些（可以让它们身份固定下来的）重要节点。[48] 由于缺乏数据（而且关于到底什么样的机构应该算作博物馆还存在不同观点），很难确定博物馆这种"复兴"或"遗产繁荣"的确切程度。[49] 然而，1988年的一项调查估计，57%的博物馆已经对外开放。[50] 当时博物馆界的每个人都知道，而且许多人也喜欢引用这一发现：在英国，平均每两周就有一座新的博物馆开馆。[51] 科学博物馆馆长表示，抵达希思罗机场①的乘客迟早会发现，整个英国已经成为一个巨大的遗产公园，这只是时间的问题。[52] 然而，尽管这种文化繁荣在英国极

---

① 英国首都伦敦的主要国际机场。——译者注

为强烈，并与关乎"古老国家"英国的性质辩论联系在一起，但这种繁荣并不仅限于英国。[53]西欧的大部分国家以及美国、日本的博物馆数量也出现了类似的增长，全球其他地区的博物馆数量也在不断增加。已建成的博物馆（科学博物馆就是其中之一）大部分属于独立经营，这一热潮令人鼓舞，因为它表明了"博物馆理念"并没有像一些人所想的那样过时和消亡。但令人担忧的是，这对那些已建成的博物馆的理念构成了挑战。新建博物馆采用了人们不熟悉的展示策略，并且相当一部分新博物馆具有吸引观众的能力，而这些观众很有可能原本是打算参观那些老博物馆的。

这些新的独立博物馆主要有两种类型，两者之间还有各种各样的混合形式，包括新的地方政府博物馆（如英格兰北部杜伦郡的比米什露天博物馆）。有一些博物馆是由热心的志愿者设立和经营的，它们通常被注册（如果注册在案的话）为非营利性慈善机构。[54]有的博物馆付费雇用员工，而且更加商业化，需要收取门票。由于这两种类型的新博物馆都具有吸引旅行者的潜力，它们有时也有资格作为城市复兴方案的一部分而获得资助。有趣的是，许多新型文化遗产涉及工业遗址（例如铁炉、纺织厂、陶器和工厂）及技术的抢救和展示。[55]虽然这涵盖了一些与科学博物馆、工业博物馆相同的主题，但"新遗产"倾向于呈现一个观众可以进入并"体验"的"整体环境"（"体验"是广告传单中的关键词，我们将在科学博物馆再次见到它）。这些博物馆通常试图展示与这些行业相关的"普通人"的生活，也许就像传单上经常宣称的那样，雇用演员来"让过去变得生动起来"。这些场馆的大受欢迎也促使科学博物馆等传统博物馆考虑借鉴它们的一些展示和营销技术。

科学与技术类博物馆面临的另一个挑战是科学中心的发展。[56]第一家科学中心通常被认为是1969年在旧金山开放的"探索馆"。[57]20世纪80年代出现在英国的科学中心（如1987年布里斯托的探索中心、1987年哈利法克斯的尤里卡科学中心和1988年卡迪夫的科技馆）遵循了同样的无藏品互动式展览这一普遍模式。这些科学中心（它们不使用"博物馆"这个名字）的目的是展示一般的科学原理，并且不带任何背景知识，因此在某种意义上，这其实是对工业遗产运动（Industrial Heritage Movement）的一种颠覆。然而，它们同样非常受欢迎，并且对于科学与工业博物馆来说也是一种令人鼓舞的发展，因为它们似乎表明人们对科学很感兴趣。数家科学与工业博物馆也按照相同的原则合并馆内部分区域，成立了科学中心，例如伦敦科学博物馆 1986 年建立的发射台就是第一个由博物馆建立的科学中心。其他还包括 1988 年曼彻斯特科学与工业博物馆的 X！实验室（Xperiment！）以及 1987 年在默西塞德郡利物浦博物馆建立的技术测试台。

然而，与其他新发展一样，这对原先已有的那些博物馆来说也不无问题。以伦敦科学博物馆为例，发射台在吸引观众方面的成功被认为是达到了一种平衡，因为发射台上没有来自馆藏的物品，而同时据传观众有时会破坏发射台的设施。（许多工作人员说，他们希望发射台能搬到停车场。当我自己许多次步行穿过科学博物馆的时候，我常常为发射台发出的噪声、熙熙攘攘的观众与博物馆其余大部分地方的安静所带来的反差而感到震撼。）因此，发射台受到观众的热烈欢迎，在某些方面又令科学博物馆深感担忧，它似乎彰显了对于大多数参观科学博物馆的人来说，这一博物馆的核心是什么都无关紧要——大多数工作人员的观点、经费、楼层空间的使用，以及博物馆所宣称的收藏品的独特性，与来此参观的大量观众之间毫无关系。20 世纪 80 年代末，随着将巴特西发电站变成一个巨大的互动科学中心这一提议的提出，这种情况变得更加令人担忧了，因为这样的发展有可能会进一步减少科学博物馆的观众。

在 20 世纪 80 年代末，在某种程度上令人惊讶的是，"博物馆比以往任何时候都多，去博物馆的人也比以往任何时候都多……而且从来没有像现在这样吸引过媒体的关注"[58]。科学博物馆馆长指出，博物馆已经"从日薄西山走到聚光灯下"[59]。对于博物馆界来说，这段时间它们经受了巨大的变革和挑战，因为博物馆的角色、工作人员的任务、收藏地点、与科学研究及观众的关系等基本问题都受到了质疑，以至于当时博物馆界的工作人员都认为这是一个前所未见的时期。但这些变化背后的政治因素远非一目了然。一方面，博物馆似乎面临着合理的挑战和一个民主化的过程，广大公众关注到了多元层面，并且愿意去质疑和反思根深蒂固的一些做法；

另一方面，财政困难导致在满足收藏品和公众的需求方面出现了越来越多的问题（如上文引用的博物馆和美术馆委员会报告所指出的那样）。人们普遍担心博物馆会发生"简化"和"迪士尼化"，从而导致学术和专业知识的流失，以及"市场价值"主宰一切。[60]

科学博物馆的新任"大祭司"与"文化变革"

国家级博物馆的馆长由政府任命，并定期签订五年合同。在新的管理安排中，他们被赋予了更大的责任和潜在权力。尼尔·科森博士于1986年4月被任命为科学博物馆馆长。与他的前任玛格丽特·韦斯顿夫人（Dame Margaret Weston，曾被一名前员工形容为"身体结实、精力充沛，却很少露面"[61]）形成鲜明对比的是，科森博士名气很大。博物馆界的每个人都熟悉他的面孔和名字，大家普遍认为他是一名"创新者"。媒体报道（在20世纪80年代末和90年代初，他似乎经常出现在报纸上）使用"博物馆领袖"和"博物馆大师"这样的措辞称呼他。在1989年的一份周日报纸上，他被其他博物馆馆长推选为"博物馆馆长界专家中的专家"，尽管这经历了与大英博物馆馆长大卫·威尔逊爵士（Sir David Wilson）之间的激烈角逐。威尔逊爵士的水平与科森博士旗鼓相当，但观点则完全不同。[62]被崇拜者们看中的这些特征，都是科森博士"受到普遍欢迎"之处。他被描述为"世界上最好的平民主义者"，开辟了博物馆作为娱乐场所的道路。国家海事博物馆馆长说，他"运用管理技能，使他的博物馆能够在预算几乎停滞的情况下应对20世纪80年代的挑战"，因此"在政府削减预算的年代，给博物馆业带来了新的企业精神和信心"。

相比之下，那些选择了大卫·威尔逊爵士的人发表了如下评论："一些馆长比其他人更清楚什么才是最重要的。大卫·威尔逊爵士……坚持的首要原则是：把学术研究和展览策划工作放在首位。他强烈支持博物馆应向公众开放，并希望大英博物馆能够保持免费参观。""他成功地让大英博物馆保持为一片学术的宁静绿洲，而我们中的一部分人则忙着拥抱撒切尔主义的各种说法。"于是乎，当时的博物馆从业人员泾渭分明地加入了不同观点的阵营：博物馆的传统策展、学术和研究职能，与之相伴的一方面是免费向公众开放，另一方面是大众化、重组、事业与收费等相关的问题。尽管科森博士有着学术和策展背景，拥有经济地理学和工业考古学的学位和著作，尽管他试图挑战这种两极化，但在很大程度上他还是站在了促进博物馆界发起变革和促进博物馆大众化的立场上。

科森博士以建立了布利茨山露天博物馆而闻名。该博物馆隶属于铁桥峡谷博物馆信托基金会，场馆坐落于什罗浦郡。这是一个重建的村庄，拥有着由演员表演出来的"活历史"。它已成为英国自20世纪70年代以来遗产博物馆繁荣时期引人注目和极受欢迎的设施之一。布利茨山露天博物馆是一座独立的博物馆，因此在很大程度上依赖于门票收入。它于1973年开始全天开放。此后，科森博士成为国家海事博物馆的馆长，并于1984年开始让该馆收取门票。这让国家海事博物馆成为英国第一家这样操作的国家级博物馆。[63] 对许多人来说，这简直是一种异端，因为这与他们所秉持的公共博物馆的精神背道而驰。但是科森博士辩称，这是他所谓的"多元融资政策"的一部分。该政策还包括政府补贴、赞助和其他形式的营销收入。博物馆需要这样的策略来减少对"公共支出政策的任意周期"的依赖。[64] 换句话说，收费可以使博物馆变得更加自主。

当科森博士被任命为科学博物馆馆长时，人们对他将会做什么产生了很大的兴趣和担忧。甚至在1988年年底，当我开始实地调查时，工作人员似乎都还在没完没了地谈论这位馆长，试图猜测他的计划。人们不断试图寻找他可能正在思考的迹象。后来有一天，我发现工作人员围在复印机旁，传阅着一份右翼政策小组关于国家级博物馆的报告草稿，据说该报告是由一名受托人泄露给工会的。[65] 有人告诉我，有些地方的措辞"看起来非常熟悉"，这意味着该报告中的一部分内容是由科森馆长提供的。在一份传给我的复印件上，空白处有一些潦草的字迹，这些字可能会对科学博物馆的未来产生影响。正如一位策展人向我描述的那样，除了试图发现未来的行动方针，大家还对馆长的权力颇为关切，因为他是"稀缺资源的唯一提供者"。他认为在这方面，科学博物馆类似于亨利八世时代的宫廷，其成员之间有着持续的"权力定位"。

所有人都预料到新馆长会带来某种变化，而这变化足以被一些员工称为"文化变革"。[66]科学博物馆随后进行了管理体系的重组，或者根据科森博士的说法，进行了"合理化"。他明确指出，博物馆工作人员还需要"改变态度"，其中一些人是"恐龙"，他们没有面对现实。[67]在我开始实地考察时，"恐龙"已经成为博物馆日常讨论的话题，一些工作人员乐于主动这样称呼自己，而另一些人可能从科森博士的即兴评论中获得了灵感，形成了被称为"聪明的年轻人"的另一种博物馆人员类型。"恐龙"还被囿于过去，而"聪明的年轻人"已经准备好去抓住契机了。尽管在更严肃的讨论中，博物馆工作人员会否认他们被分为这两类，但这些标签其实更多地是作为那些被刻板区分的"学术研究/不改变"和"民粹分子/企业家"的一种缩写罢了。

一位策展人生动地描述了科学博物馆的如下变化：

> 事情是这样的：馆长入主科学博物馆之后，基本上认为运营这个地方的是一群笨蛋和恐龙。他认为他必须除掉所有的守护者——他必须摧毁这个系统。所以他组建了自己的人马来打破旧的等级制度。我们拥有的是一个新的社会开放系统——我们第一次真正被征求意见。对于那些三十多岁和四十出头的人来说，这是一种真正的解放。在玛格丽特·韦斯顿时代，他们一直被压制，尽管我们以前都没有意识到这一点。所以馆长打破了这一切。他与笨蛋和恐龙没有任何关系，与等级制度没有任何关系。他粉碎了所有这一切。他打碎了那些一直在扼杀科学博物馆的东西。

虽然不是所有的工作人员都对这些变化持积极态度，但这里所传达出的焕然一新的感觉得到了广泛的认同。

重组与重现

在进行了管理咨询之后,科森博士采纳并实施的改革之一就是科学博物馆的机构重组。萨瑟斯先生在我去博物馆的第一天就向我讲述了这一点,许多工作人员也在见面时把它作为首要话题向我讲述,和我讨论。图2.3显示了这一变化前后的体制结构。正如有人向我指出的,在旧的体制中,基于收藏职能的部门是组织原则的主线和体制结构的主体;而在新的体制中,这些部门都被并入藏品管理部门了。所有那些在旧体制中可能仅承担次要服务职能的部门,突然得到了同等重视,成为一个新的公共服务部。科学博物馆的工作人员表示,更重要的是,展览不再由藏品部门组织,而是由新的公共服务部来负责。在旧体制中,展览一直被视为与藏品(即指定文物组)有机地联系在一起,通常由特定藏品(如空间科学、陆地运输、电力科学相关藏品)的负责人在特定的藏品部门(如交通运输学部、物理科学部)内设计。然而在新体制中,作为展览主要推动力的藏品之间的定向联系被切断了。维多利亚与阿尔伯特博物馆和自然博物馆也采取了这一举措。和邻近的国家级博物馆一样,它们展览的出发点和主要方向被代之以"面向公众"。

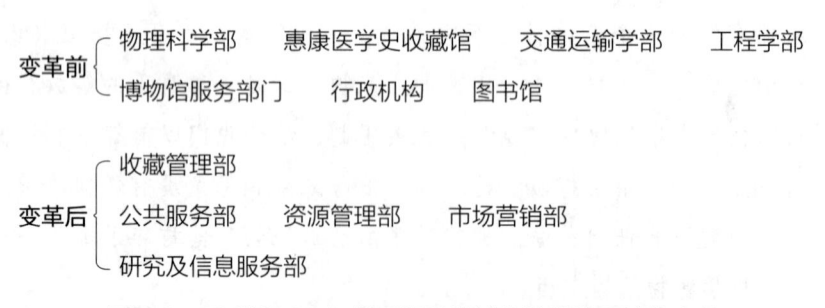

变革前:
- 物理科学部　惠康医学史收藏馆　交通运输学部　工程学部
- 博物馆服务部门　行政机构　图书馆

变革后:
- 收藏管理部
- 公共服务部　资源管理部　市场营销部
- 研究及信息服务部

图2.3　20世纪80年代后期科学博物馆的管理结构变革

在某种程度上令人惊讶的是,这对科学博物馆来说是一个重大的改变,因为它从一开始就关注"公众"和教育。暗示在以前的体制中忽略了观众,或者在新的体制中忽略了收藏品，都是错误的。这种转变是非常微妙的，但在身涉其中的人看来，这种转变也是重要且具有争议性的。这次改变展览方向的尝试是科学博物馆一系列发展的一部分，旨在让"公众"，也就是大家常说的"消费者"或"顾客"，在科学博物馆的活动中享有更大的优先权。

其他创新还包括博物馆新提出的办馆"宗旨"。20世纪80年代末，"宗旨"在博物馆界还是一个相对新鲜的概念，同时也是令一些工作人员开怀大笑的话题［他们开玩笑地把它和电视剧《星际迷航》（*Star Trek*）联系起来，每当提到宗旨宣言时，他们总是说："把我传送上去，斯科蒂！"］科学博物馆的宗旨是"促进公众理解科学"，当然，长期以来，科学博物馆在促进公众理解方面都负有公共职责，并发挥着众所周知的作用。然而，这个新体制的不同之处在于，它将"公众"的概念化为"自我具有选择权"[68]的"公民消费者"，并试图不仅提供他们"应该拥有的"东西，还要提供他们可能"想要"的东西。在科学博物馆，这意味着新的工作重点是所谓的"公共区域"。这些区域包括科学博物馆的外观、推介活动、展览，特别是入口区域，以及"消费者关系"和"消费者服务"。一家名为彼得·伦纳德协会（Peter Leonard Associates）的咨询机构以42.5万英镑的价格为科学博物馆"创造了一个新的身份"。彼得·伦纳德表示，在做这项设计的时候，他"拒绝把它视为一座博物馆"。"我们的工作是让人们走进博物馆大门，因此，更合适的做法是像大街上的商店一样创造出那种能'吸引人们从街上进来'的东西。"[69]因此，科学博物馆设计了活动横幅，在其外观上也采用了新的现代化标志（与传统盾形纹章大不相同），新建了宽敞的入口区域（设有收银台），并在旁边设置了大型书店和礼品店，重新设计了东大厅——这是参观者进入后的第一个区域，中心有一个带底座照明的钢桶状咨询台，巨大的屏幕从上方投射出科学博物馆不同区域的场景（图2.4）。[70]这一区域播放着让-米歇尔·雅尔（Jean-Michel Jarre）的音乐，以帮助传达科学那种带有戏剧性的神秘感。与19世纪的大型蒸汽机相比（由于其巨大的质量和体积，无法安放在其他任何地方），这些手段强

科学博物馆的幕后
BEHIND THE SCENES AT THE SCIENCE MUSEUM

调了现代感的表达。科学博物馆的"守卫"被正式更名为"接待员"（尽管除了市场营销部也没有人这样称呼他们），穿起西装，换掉了从前那种有点军装意味的制服。作为新的"客户关怀"策略的一部分，他们被鼓励与观众聊天。博物馆还成立了一家贸易和邮购公司，产品由科学博物馆自己挑选，有些还是科学博物馆自己的产品，如带有博物馆标志的铅笔和钥匙扣；后来公司的业务又扩大到了邮购。展厅被租出去用于聚会等活动（尽管只租给被认为"合适"的公司）。演员们也被雇来"诠释"展品——因此吉列先生（Mr Gillette）展示了他新设计的剃须刀，而胡佛先生（Mr Hoover）则展示了他吸尘器的非凡发明。博物馆还安装了新的洗手间和电梯，并着手制订改善餐厅设施的计划。博物馆也成立了一个新的营销部门，通过在伦敦地铁上投放广告以及播放科学博物馆历史上第一个电视广告等宣传活动，努力把新的机构组织形象和标志进一步推广到公众领域。[71]

1989年，科学博物馆还设立了讲解部。这是与观众有关的一系列政策的一部分。"观众"（visitors）这个复数名词在科学博物馆中比单数的"公

图2.4 工业时代与空间时代相遇：翻新后的东大厅咨询台
（由科学博物馆/科学与社会图片库提供）

众"（the public）更加常用。受众研究当然不是完全没有的，但对许多博物馆来说，尤其是对国家级博物馆而言，这还是一项较新的尝试，特别是以定性研究和调查的形式。自然博物馆在促进此类研究方面尤其活跃，这也是全球范围内对博物馆参观关注热潮的一部分，其起源在于人们日益认识到观众潜在的多样性特征。[72] 随着这一新领域的出现，新的技术语言和研究程序也出现了，例如"形成性评估""汇总评估""元评价""定制随机抽样""分层抽样""焦点小组"等。受众研究以及评估和解释程序也日益专业化。工作人员去参加专门课程，并召开学术会议和研讨会。20 世纪 80 年代末，在我实地考察期间，科学博物馆首次聘请了"观众行为"顾问，并为员工开设了培训课程，帮助他们评估科学博物馆的展品。这需要查看众多"不好的例子"，这些东西会被很容易地从博物馆的展览中剔除掉，比如一些展品标签和信息面板被顾问们谴责为"冗长而费解到不可思议"，还有一些是我们自己通常笨手笨脚试图写出来的那种"言简意赅"的标签句子。

尽管亨利·里昂（Henry Lyons）在 20 世纪 20 年代曾尝试将"普通观众"放在首位，但那是从另一种角度进行的，并且没有尝试找出观众可能想要的东西。这种差异可以参照公共服务领域那种普遍的新风气来加以描述——正如 20 世纪 80 年代的一句口号所概括的那样："顾客永远是对的。"博物馆虽然不能完全按照"顾客总是错的"原则来运营，但它们一度倾向于以家长式的理念来运作。在许多情况下，尤其是在科学博物馆等场馆中，教育者这一角色更为鲜明（相对于以社会差异为中心的艺术博物馆而言）。公众被认为是需要教育和培养的"儿童"。以学校做个类比，它更像是一种教师站在前面传授信息的教学模式；而相比较之下，在所谓的"以儿童为中心"的教学方法中，孩子们被鼓励安排自己的时间，组织自己的活动，并遵循自己的探究路线，"教育"和"游戏"被认为是不可分割地联系在一起的。

博物馆从尝试提供公众所不知道的知识，转而从公众（儿童）可能的需求出发，这种转变尽管很微妙，却无疑是重大的。对于一些博物馆的工作人员来说，这感觉就像被告知他们必须屈服于一个不守规矩的孩子可能提出的任何荒谬要求。另外一些人则认为，教师最终应该从黑板前的崇高位置走下来，走向孩子。博物馆专业人士所需要的、目标上的转变，就像齐格蒙特·鲍曼（Zygmunt Bauman）为知识分子和文化调解员所描述的那样，是从立法者转变为讲解者。[73]现在①博物馆工作人员并没有把他们所掌握的、根据自己的学术研究得来的知识定义为公众应该知道的知识，而是把重点放在了更为符合观众水平的知识转化上。他们认为这种文化作为麦克纳滕和厄里（Macnaghten and Urry）所说的"投票文化"的一部分，"在20世纪晚期的社会中变得特别强大"，是通过民意调查来证明政策的合理性，而博物馆本身正在变成一个社会研究机构。[74]

公众理解科学

我们已经在这儿相处了很多年，也不确定我们到底要做什么。我们模糊地认为这与收集实物展品或保存国家遗产有关。但是科森博士来到了科学博物馆，并说这是公众理解科学［夸张的语气］②。虽然我不知道这意味着什么，但我应该是得在这里应付它——您也一样。

一天午餐时，科学博物馆展教部门的一名员工发表了这一颇具讽刺意味的评论，得到了周围许多人的赞同。正如其中一个人所说："是的，这已经成为一个流行词，但是没人真正知道它到底是什么意思。"

"公众理解科学"这一概念的重要性及其所处的特定历史值得在此简要探讨，因为它凸显了在科学博物馆之外与其互动的其他文化群落。在问及这一术语时，我有时指的是1985年由英国皇家学会——代表英国科学目标的独

---

① 指作者开展调研的1988年。——译者注
② 在本书引用的访谈文本中，作者用方括号注明说话人的状态、语气等。——出版者注

立科学学会——发布的一份题为《公众理解科学》(The Public Understanding of Science)的报告。[75]这份公开发表并广泛传播的报告强烈地表达了对科学重要性的认识,暗示公众和政府对"英国科学"的财政支持不足,低估了它的价值。[76]实际上,这份报告代表的是英国科学界在争取更大份额的公共财政支持,而此时的公共财政正受到挤压,那些接受公共财政资助的人被要求证明被资助项目的价值。布鲁斯·莱文斯坦(Bruce Lewenstein)指出,在第二次世界大战后不久的美国,"公众理解科学"一词通常指"公众对科学的欣赏"。在许多方面,这正像英国的科学代表在20世纪80年代中期呼吁的那样。[77]"英国科学家"的代表们担心,如果进一步削减他们的资助,"英国科学"将从国际舞台上消失。

通过与其他国家(尤其是美国、联邦德国和日本,它们的情况要好得多)的比较,将科学描述为国家级的(要务),是一种在争论中被反复使用的策略。这并不奇怪,因为这关系到国家资金,而且首相本人也喜欢民族主义言论。英国皇家学会在其报告中对科学在全国的重要性提出了两个主要理由。一个理由是经济方面的,用"国家繁荣"来表达。这里的论点是,如果"英国科学"更多地走在全球前沿,那么整个国家将获得经济利益;而如果员工更积极地倾向于科学和技术,那么单个的公司也会繁荣起来。("不管是车间工人、中高级工业管理人员还是投资者,对科学和技术的敌意甚至冷漠,都会削弱这个国家的工业。")[78]另一个理由是政治方面的:为了在民主国家做出明智的决定,公民需要具备"科学素养"。这里有一种隐含的观点,即认为目前公众对科学的"缺少领会"是由于科学知识的缺乏和对科学知识的误解造成的——公众的"缺失模型",而这种缺失必须通过让更多的科学"走出"或"跨越"一个专门的和相对有限的世界的边界,并投入基本上处于无知水平的、大众的世界,才能弥补。[79]以这种方式来看,人们发现更好地"包装"和"展示"科学以及克服"学习障碍"的方法,正是公众理解科学项目的任务。此外,还有一种假设,即更好地"理解科学"肯定会带来对科学更好的"欣赏"或公众对科学的支持(尽管对公众理解科学方案本身的研究表明,事实并非如此,实际上甚至可能相反）。[80]

科学博物馆往往被视为向公众"包装"和"展示"当代潜在的"有用"科学以及普遍提高公众"科学素养"的手段，而它对英国皇家学会报告中所表达的内容的关切，从某些方面来说正是它这种潜在（在某种程度上长期存在）角色的表现。英国皇家学会特别提请注意科学博物馆和科学中心的教育潜力，指出："近期关于开发全面互动的展项并举办有关时事科学方面的临时展览的倡议，具有相当大的价值，应该得到大力支持。"[81]此外，公众理解科学已经成为科学博物馆工作的明确方向，这也在一定程度上将它与那些争夺公共资金份额的其他类型的博物馆区别开来。科森博士借用市场行话来表达公众理解科学已经成为一个品牌[82]："公众理解科学"是一个标签，甚至是一种质量的保证和有价值的想法——通过这一品牌，各种各样的"产品"可以被"贩卖"（给公众和政府）。虽然没有专门的资金，但1986年通过的这一战略在一定程度上确实获得了国家的批准——首相于1987年写信给受托人表示（以下全文引用）：

> 英国是第一个工业国家，它必须永远保持高度自豪，因为正是从这里，改变人类生活的新技术传播到了世界各地。我们非常幸运，在科学博物馆（我们国家的科学与工业博物馆）的藏品中，保存着我们工业化进程中关键步骤的最佳纪录。
>
> 但工业不会停滞不前，那些曾经向欧洲学习技术的国家自身已是高质量制造、设计和营销的典范。英国的工业正面临这一挑战，但我们制造业目前的表现，尤其是在创新和生产力领域，尚且令人乐观。
>
> 然而，工业的成功取决于国家对科学、工程和制造业的态度。这就是为什么我很高兴科学博物馆在化学工业、塑料和空间技术的新展厅中也展示了最现代的技术。
>
> 自1983年以来，科学博物馆已经获得了由它自己的董事会管理的独立国家机构这一地位。这标志着科学博物馆进入了一个拥有自信和权威的新时代。我很欣慰看到它不仅朝着成为当代科学技术的最佳展

示场所迈出了第一步，而且还在促进公众对这些重要问题的广泛理解方面发挥着越来越大的作用。[83]

除了科学博物馆在公众对理解科学产生兴趣的广阔网络中的自身定位之外，也许还有另一个内部原因导致20世纪80年代末科学博物馆馆长接受了公众理解科学，这就是公众理解科学研究的潜力。这不仅促进了"研究"一词与藏品之间、与公众之间的联系，而且还使得博物馆馆长通过继续把工作重点放在研究上，而从对手的论点中窃取了一些力量。设立公众理解科学教授职位、发行新期刊、主办和资助这一主题的研究，使那些原先在科学博物馆工作中被低估的、公众层面的任务更加专业，进而在科学上更受人尊敬。这也正是科学博物馆接受我在其中进行由公众理解科学项目资助的研究的原因之一，尽管我自己的一些作品也因此在馆内造成了一定的影响。[84]

然而，更广泛地说，强调公众理解科学也是对科学内部关系及其与社会关系的变化所做出的回应。19世纪和20世纪初的科学博物馆能够自信地展示独立于社会因素的科学原理。当时人们普遍认为，博物馆展品不仅能够充分地展示这些原理，而且可能比其他任何地方展示得都要好。但现在情况不同了，20世纪后期的科学被广泛认为是困难而深奥的，是非常专业的问题。正如科学博物馆馆长所说："我们所处的是第一个真正享受科学技术成果却对其一无所知的社会。"[85]人们不仅常常对科学"缺乏"理解，而且很自信地认为它制造了环境污染和其他问题；人们越来越不把科学看作纯粹是"好"的，反而常常把它看作是"坏"的。他解释说，现在需要的是公众理解科学，而博物馆可以在其中发挥最重要的作用。这种信心的核心是让公众了解科学的用途或"使用价值"——与其说这与"进步"相关，不如说它与社会和环境相关。这也与"公共责任"相呼应，在科学博物馆选择的一些展示主题中也有体现，关于食品的展览就是其中之一。对于科学价值的争论从广义的利益和进步，落实到更具体的社会和环境利益，这种转变的一个突出例子恐怕要数自然博物馆了。1989年该博物馆宣布，将不再继续抱持以前的目标——对所有已知物种进行编目。自然博物馆馆长宣称，这项任务比分类学家们想象的要艰巨得多：世界上的昆虫实在太多了，根本无法实现这一宏伟目标。相反，自然博物馆将专注于"环境、人类的财富和人类的健康问题"。[86]

在20世纪80年代末和90年代初，那些在博物馆工作的人觉得自己身处一场广泛而有时令人相当困惑的变革之中。对于当时科学博物馆的新馆长来说，问题是该做什么，以及如何将他的一些想法转化为博物馆工作的实践，尤其重要的是如何将其体现在展览空间里。这本书的大部分内容都集中在科森博士从头到尾领导策划的第一个永久性展览上。人们确实普遍认为这是科森博士的旗舰作品，尽管这并非毫无问题。然而，首先，让我们转向一个更广泛的尝试——"重构"博物馆。当时它意在为21世纪创造一个"新愿景"。

【尾注】

[1] 换句话说，我不仅将博物馆作为一些正在发生变革的"场所"来关注，而且还关心它们如何积极参与应对、鼓动、重构和忽略这些变革，参见菲夫（Fyfe, 1996）和我本人（Macdonald, 1996）分别发表的作品。这方面很好的例子包括托尼·班尼特（Tony Bennett, 1995）、史蒂文·康恩（Steve Conn, 1998）、安妮·库姆斯（Annie Coombes, 1994）、戈登·菲夫（Gordon Fyfe, 2000）、唐娜·哈拉维（Donna Haraway, 1989）、安德里亚·施耐德（Andrea Schneider, 1998）和丹尼尔·谢尔曼（Daniel Sherman, 1989）分别发表的具有历史敏感性的作品。

[2] 关于南肯辛顿的历史，请参阅以下文献：班尼特（Bennett, 1995）出版的《随机》（*Passim*）、巴特勒（Butler, 1992）作品第2章、克鲁克（Crook, 1972）关于大英博物馆的论述、格林哈尔（Greenhalgh, 1988）关于万国博览会的论述、奥特拉姆（Outram, 1996）关于自然博物馆的论述、费西克（Physik, 1982）关于维多利亚与阿尔伯特博物馆的论述、斯特恩

（Stearn，1981）关于自然博物馆的论述、怀特海（Whitehead，1981）关于自然博物馆的论述、威尔逊（Wilson，1989）关于大英博物馆的论述和雅尼（Yanni，1999）关于自然博物馆的论述。我还参考了 1999 年《大英百科全书》（*Encylopaedia Britannica*）光盘上的条目。在 1989 年之前，自然博物馆的正式名称为"大英博物馆（自然志）"，但为简单起见，我使用了它后来广为人知的名字。科学博物馆的历史在巴特勒（Butler，1992）、戴（Day，1987）和福莱特（Follett，1978）的书中都有讨论。

[3] 引自福莱特（Follett，1978：86）的著作。下面的内容大部分取材于这本书（Follett，1978）。

[4] 引自福莱特（Follett，1978：84）的著作。这种以博物馆为媒介的国际竞争是博物馆全球传播和发展的一个重要方面。有关讨论，请参考普拉斯勒（Prösler，1996）的作品；关于世界展览，请参阅本尼迪克特（Benedict，1983）、哈维（Harvey，1996）、罗彻（Roche，2000）和沃利斯（Wallis，1994）的作品。关于科学博物馆发展和传播的历史记录，请参考贝迪尼（Bedini，1965）、巴特勒（Butler，1992）、丹尼洛夫（Danilov，1991）、迈尔等人（Mayr et al.，1990）、施罗德 – 古德豪斯（Schroeder-Gudehus，1993）、希茨 – 佩森（Sheets-Pyenson，1989）的作品。

[5] 引自福莱特（Follett，1978：85）的作品。

[6] 参见林德奎斯特（Lindqvist，1993）的作品。

[7] 引自福莱特（Follett，1978：12）的作品。

[8] 引自福莱特（Follett，1978：21，23）的作品。

[9] 引自福莱特（Follett，1978：27）的作品。

[10] 引自康恩（Conn，1998：4）的作品。

[11] 参见康恩（Conn，1998：12ff）的作品；亦请参见福根（Forgan，1994，1996）以及皮克斯通（Pickstone，1994）的作品。

[12] 参见皮克斯通（Pickstone，1994）的作品。

[13] 例如，在最近一次关于现代科学博物馆的研讨会上（Lindqvist，2000），这可是一个反复让人惊愕的话题。

[14] 引自康恩（Conn，1998：19）的作品。

[15] 引自福莱特（Follett，1978：99）的作品。相比之下，在 20 世纪 80 年代，

一位科学博物馆馆长被告知，他的标签应该有大约 35 个单词长（Bud，1988：152）。

[16] 引自福莱特（Follett, 1978：98）的作品。

[17] 引自福莱特（Follett, 1978：115）的作品。

[18] 参见班尼特（Bennett, 1995）的作品，尤其是第一部分。

[19] 参见班尼特（Bennett, 1995：63）的作品。

[20] 参见班尼特（Bennett, 1995：63，46）的作品。

[21] 参见班尼特（Bennett, 1995：47）的作品。

[22] 关于博物馆在社会分化中的作用，参见布迪厄（Bourdieu, 1984）、布迪厄和达贝尔（Bourdieu and Darbel, 1991）、邓肯（Duncan, 1995）、梅里曼（Merriman, 1989，1991）的作品。

[23] 参见西尔弗斯通（Silverstone, 1992）、索莫里兹·史密斯（Saumerez Smith, 1989）和巴德（Bud, 1995）的作品中给出的关于博物馆展览中展品意义之争的有趣记述。

[24] 参见康恩（Conn, 1998：261）的作品。

[25] 参见《观察家报》1989 年 7 月 23 日的报道。当时的其他头条新闻包括：《博物馆危机》（关于自然博物馆，《观察家报》1989 年 9 月 17 日）、《博物馆的现金危机……》[《每日电讯报》(*The Daily Telegraph*) 1989 年 7 月 17 日]、《肯辛顿的文化冲突》[1989 年 2 月 23 日的《金融时报》(*Financial Times*) 上有关维多利亚与阿尔伯特博物馆的那一部分]、《博物馆乞求撒切尔制止毁灭》（《观察家报》1989 年 7 月 16 日）、《博物馆向玛吉发出求救信号》[1][《标准报》(*The Standard*) 1989 年 7 月 17 日]。

[26] 关于撒切尔主义统治下的文化、经济、政治和社会变化，参见希勒斯和莫里斯（Heelas and Morris, 1992）的作品；关于遗产和博物馆，参见康纳和哈维（Corner and Harvey, 1991）、川岛（Kawashima, 1997）以及麦圭根（McGuigan, 1996）的作品。杨（Young, 1992）出版的专著陈述了这场变革的"设计师"之一所涉及的一些关键思想。关于市场思想的人类学分析，参见卡里尔（Carrier, 1997，1998）的作品。作为"追求绩效"的

---

① 玛吉（Maggie）是撒切尔夫人的名字（Margaret）的昵称。——译者注

一部分，保守党政府在20世纪80年代初任命实业家德里克·雷纳（Derek Rayner）仔细检查国家级博物馆。但有关科学博物馆的报告内容可能比政府希望的要富有同情心，它于1982年撰写完成（Burrett，未出版）。

[27] 参见马丁·贝利（Martin Bailey）于1989年7月23日在《观察家报》发表的文章。

[28] 参见博物馆和美术馆委员会（Museum and Galleries Commission，1988：12）报告。报告还提供了资金缺口的数字、其他相关统计数据和评论。

[29] 关于这种思考中涉及的人格概念的人类学研究，参见科恩（Cohen，1992）和斯特拉森（Strathern，1992）的观点。

[30] 关于"审计文化"的一般性讨论，参见米勒（Miller，1998）、鲍尔（Power，1994，1997）和斯特拉森（Strathern，2000）的作品。关于博物馆的"绩效指标"，参见埃姆斯（Ames，1991）的作品以及艺术与图书馆管理办公室1991年的文献。特别是以科学博物馆为基础，巴德等人（Bud et al.，1991）进行了一次复杂的尝试，旨在制定一个绩效衡量模型，其中包括"启蒙"和"奖励"等因素。科学博物馆馆长在这一时期发表的一篇文章对博物馆新问责制的各种推动力和可能带来的影响进行了阐述（Cossons，1991）。

[31] 这是1983年的《国家遗产法》（National Heritage Act）。总的来说，大约80%的受托人是由政府部长任命的（Museum and Galleries Commission，1988：17）。就科学博物馆而言，所有受托人都是由首相任命的。委员会表示，对受托人的任命"仅在（这一操作）由部长做出的意义上是具有政治性的"。受托人的任期（通常为五年或七年）反映了他们不是因为支持某一特定政党而被选中的（1988：17）。自1988年开始，国家级博物馆被要求制定五年规划。

[32] 科学博物馆与其他构成国家科学与工业博物馆的分馆共同组成了一个董事会，其中包括国家铁路博物馆（位于约克，1975年开放）、国家摄影与影视博物馆（位于布拉德福德，1983年开放）和约维尔顿协和式飞机博物馆（位于约维尔顿，1980年开放）。这些博物馆都有自己的馆长，但是科学博物馆的馆长是国家科学与工业博物馆的总馆长和会计主管。

[33] 参见博物馆和美术馆委员会（Museums and Galleries Commission，1988：

17）期刊。

[34] 参见博物馆和美术馆委员会（Museums and Galleries Commission, 1988: 17）期刊。以科学博物馆为例，受托人一般每年举行四次会议，此外还有若干次受托人委员会的会议。

[35] 参见政策研究所的报告（Feist and Hutchinson, 1989: 6-7）。以下数字来自他们1990年的报告，第46—47页。

[36] 麦夏兰和西尔弗斯通（Macdonald and Silverstone, 1990）也讨论了正在发生的变化。在这个时候，并非只有博物馆重新强调形象管理和企业形象。各种社会评论家都将其视为对文化的日益重视以及对全球化后期资本主义中标志或符号流通的认可或回应。例如，拉什和厄里（Lash and Urry, 1994）对这种影响进行了一般性论证，特别强调了他们所说的"审美自反性"，即对"符号价值""形象"和"设计"的关注。有关组织社会学的讨论，参见杜盖伊（du Gay, 1997）、劳（Law, 1994）、帕克（Parker, 2000）和萨拉曼（Salaman, 1997）的作品。

[37] 我在科学博物馆中进行的民族志学研究原本是为自然博物馆设计的，但是自然博物馆的管理层出于对正在发生的变化的"敏感性"，否决了这个提议。

[38] 参见安东尼·桑克罗夫特（Anthony Thorncroft）1989年2月23日在《金融时报》上发表的文章《肯辛顿文化冲突》（Culture Clash in Kensington）。

[39] 同上。

[40] 例如，1989年7月23日的《观察家报》上国家摄影与影视博物馆时任馆长科林·福特（Colin Ford）对埃斯特维–科尔夫人的选举支持。

[41] 例如，《独立报》（The Independent）1989年10月25日所刊登的珍妮特·戴利（Janet Daley）的文章《克拉柏先生的艺术方法》（The Mr Crapper Approach to Art）。

[42] 我将在第六章对此进行进一步讨论。其他评论员指出，此时公民身份的概念得到了更广泛的重新定位。例如，尼古拉斯·罗斯（Nikolas Rose, 1990: 102）写道："现代公民的主要形象不是源自生产者，而是源自消费者。消费促使我们通过购买力来塑造我们的生活。"

[43] 参见皮尔斯（Pearce, 1998）的作品。

[44] 在英国，由博物馆专业人士组织的博物馆协会出版的《博物馆期刊》（*Museums Journal*）引发了大量讨论。讨论其中一些方法的编辑文集包括胡珀-格林希尔（Hooper-Greenhill，1999），卡普、克雷默和拉文（Karp, Kreamer and Lavine，1992），摩尔（Moore，1997），以及斯通和莫利纽克斯（Stone and Molyneaux，1994）的作品。

[45] 麦夏兰（Macdonald，1998）的作品中讨论了这些发展和例子。

[46] 引自拉文和卡普（Lavine and Karp，1991：1）的作品。

[47] 在麦夏兰（Macdonald，1996）以及谢尔曼和罗格夫（Sherman and Rogoff，1994）的作品中可以找到关于这种扩展的评论。

[48] 相关论点参见惠森（Huyssen，1995）、麦夏兰（Macdonald，1996）、塞缪尔（Samuel，1995）、厄里（Urry，1996）和沃尔什（Walsh，1992）的作品。

[49] 这些术语引自拉姆利（Lumley，1988：1）和沃尔什（Walsh，1992：94）的作品。

[50] 参见汉娜（Hanna，1989）的作品。

[51] 例如休伊森（Hewison，1987）和拉姆利（Lumley，1988）的作品。另见费斯特和哈钦森（Feist and Hutchinson，1990）的作品以及审计委员会的制度条例（Audit Commission，1991）。

[52] 参见科森（Cossons，1989）作品中的论述："到本世纪末……欧洲将变成一个巨大的露天博物馆。"

[53] 参见怀特（Wright，1985）、麦圭根（McGuigan，1996）的作品。关于其他地方博物馆和文化遗产的发展，可参考亨德里（Hendry，2000）、惠森（Huyssen，1995）、洛温塔尔（Lowenthal，1998）、纽豪斯（Newhouse，1998）和沃尔什（Walsh，1992）的作品。

[54] 博物馆注册在当时是一个相当引人关注的问题，博物馆和美术馆委员会正忙于制定更严格的注册程序。

[55] 见阿尔弗雷和普特南（Alfrey and Putnam，1992）、巴特勒（Butler，1992）、福勒（Fowler，1992）、洛温塔尔（Lowenthal，1998）、拉姆利（Lumley，1988）和麦夏兰（Macdonald，2002）的作品。

[56] 关于这一点的讨论，见巴里（Barry，1998，2001）、巴特勒（Butler，

1992)、科尔顿（Caulton, 1998）、丹尼洛夫（Danilov, 1982）、杜兰特（Durant, 1992）、皮齐（Pizzey, 1987）和西蒙斯（Simmons, 1996）的作品。

[57] 参见海因（Hein, 1990）的作品。

[58] 参见泰特（Tait, 1989：174）的作品。

[59] 引自科森（Cossons, 1991：15；1991a：186）的作品。

[60] 例如，在1990年英国皇家学会举行的鼓励艺术、制造业和商业的会议中，这些担忧得到了反映。该会议试图解决博物馆和美术馆委员会报告（1988年）提出的博物馆学术问题。包括科学博物馆馆长尼尔·科森在内的一些参与者强烈反对民粹主义和学术之间的对立，反对学术受到威胁或博物馆正在进行"经营接管"的说法（Cossons, 1991a）。

[61] 引自科恩（Kohn, 1989：46）的作品。

[62] 参见1989年7月23日的《观察家报》。

[63] 大英博物馆曾在1974年进行了为期三个月的收费实验，这是英国时任教育大臣玛格丽特·撒切尔倡议的一部分。这导致了观众数量的严重下降，实验随即终止，而在所有国家级博物馆实行收费的希望也随之破灭（Hewison, 1991：165；Kirby, 1988：91；Wilson, 1989：100）。

[64] 参见科森（Cossons, 1988）的作品。另见科森（Cossons, 1989, 1991）的其他作品。1989年，他提出了一个强有力的论点："来自政府和赞助商的钱必然有附带条件。"这是一个奇怪的悖论，实际上，来自观众的钱是博物馆能够得到的最干净的钱。

[65] 这份报告通常被称为《弓形报告》（Bow Report），因为它是由被称为弓形组（Bow Group）的保守团体提出的。菲利普·古德哈特爵士兼议员（Sir Philip Goodhardt M. P.）撰写的这份报告题为《国家的宝藏》（The Nation's Treasures），是一份关于我们的国家级博物馆和美术馆的计划。据我所知，馆长不是这个小组的成员，但在编写报告时编写组很有可能征求了国家级博物馆馆长们的意见。该报告包含了科学博物馆的一些具体的"愿望"（例如扩建国家铁路博物馆和建立国家健康博物馆）。总体来说，它主张凸显国家级博物馆的重要性，要求它们在运营中有更大的自主权（包括博物馆工作人员的工资和待遇不再与公务员制度挂钩），并要求它们得到更多的资金投入，这一部分资金可能来自增加税收。薪酬和工作条件是博物馆

的敏感问题，许多体制内的工作人员会反对这一改变。

[66] 参见科森（Cossons, 1989: 46）和斯沃德（Swade, 1989）的作品。

[67] 例如，参见科森（Cossons, 1987, 1988）的作品。

[68] 参见罗斯（Rose, 1990: 103）的作品。

[69] 引自盖诺·威廉姆斯（Gaynor Williams）发表在1989年1月10日《设计周》（*Design Week*）上的文章《伦纳德在科学博物馆的商业触觉》（Leonard's High Street Touch in Science Museum）。商铺作为博物馆的模型在当时很普遍，或许最受非议的是罗伊·斯特朗爵士（Sir Roy Strong）的观点，他希望维多利亚与阿尔伯特博物馆成为博物馆界的罗兰爱思①。有关这个比喻的讨论，请参阅麦夏兰（Macdonald, 1998a）的作品。

[70] 参见坎农-布鲁克斯（Cannon-Brooks, 1989）的作品中关于东大厅重新展示的讨论。

[71] 广告以"在科学博物馆发现人类最喜爱的成就"开头，展示了一个戴眼镜的男孩，画面中有武器、手术场面、飞机和太空。我第一次看这个视频是和一群科学博物馆的工作人员一起，其中一名女性夸张地说："还能有更老套的吗？"

[72] 参见迈尔斯等人（Miles et al., 1988）以及迈尔斯和图特（Miles and Tout, 1992）在自然博物馆方面的一些开创性工作。比克内尔和法梅洛（Bicknell and Farmelo, 1993）、胡珀-格林希尔（Hooper-Greenhill, 1994, 1999）以及劳伦斯（Lawrence, 1991, 1993）的作品中介绍了受众研究和评估的发展。

[73] 参见鲍曼（Bauman, 1989）的作品。对鲍曼来说，这是后现代性的象征。另请参阅巴里（Barry, 2001）的作品，了解从"你必须"到"你可以"、从"学习！"到"发现！"的相关转变。

[74] 参见麦克纳滕和厄里（Macnaghten and Urry, 1998: 75）的作品。感谢珍妮特·爱德华兹（Jeanette Edwards）让我注意到这一点，并感谢戈登·菲夫将博物馆阐述为一些社会研究机构。

[75] 参见英国皇家学会报告（Royal Society, 1985）。英国皇家学会成立于1645

---

① 罗兰爱思（Laura Ashley）是英国的纺织品设计公司，后来发展成为一家时尚及家居用品公司。

年。被选为英国皇家学会院士是英国科学界的最高荣誉。该报告由英国皇家学会成员组成的一个特设委员会撰写，委员会由广受赞誉的遗传学家沃尔特·博德默爵士（Sir Walter Bodmer）领导。

［76］该报告还促成了公众理解科学委员会的成立。这是一个致力于在媒体、政府和教育机构之中推广科学的组织。它还间接地参与了经济及社会研究理事会资助的一个名为"公众理解科学"的研究项目，该项目资助了我所从事的这项关于科学博物馆的民族志学研究。

［77］参见莱文斯坦（Lewenstein, 1992：45）的作品。另见克拉松等（Claeson et al., 1996）、爱德华兹（Edwards, 2002）、厄文和温（Irwin and Wynne, 1996）以及温（Wynne, 1995）的作品。

［78］参见英国皇家学会报告（Royal Society, 1985：9）。

［79］关于这一模型的一些讨论如下：哈拉维（Haraway, 1997：94-96）、厄文和温（Irwin and Wynne, 1996）、温（Wynne, 1991）以及齐曼（Ziman, 1991）。

［80］参见厄文和温（Irwin and Wynne, 1996）、温（Wynne, 1995, 1996）的作品。

［81］参见英国皇家学会报告（Royal Society, 1985：4）。

［82］参见1992年4月科学博物馆在"博物馆和公众理解科学"会议开幕式上发表的评论。

［83］参见玛格丽特·撒切尔1987年转载于《科学博物馆评论》（*Science Museum Review*）的文章。

［84］我（Macdonald, 1997）讨论过这个问题。

［85］参见科森（Cossons, 1992：132）的作品。

［86］参阅1990年《自然博物馆规划》（Natural History Museum Corporate Plan）第2页。我还听过自然博物馆馆长尼尔·查默斯博士（Dr Neil Chalmers）于1989年12月在科学博物馆关于这一问题的发言。

请扫描二维码查看参考文献

第三章

21世纪的新视野：重构博物馆

在我进行实地考察期间，"视野"一词在科学博物馆中使用非常广泛，也许在上一章所述的富有进取之意的文化变迁中，许多机构都使用这一词汇。[1] 人们一直在寻找新的视角和"远见者"——拥有第二视角的人，他们能够看到摆脱当前困难和窘境的方法，进入更美好的未来。然而，将远景变成现实是一件困难的事情。管理有远见的人可能同样有问题。在本章，我将重点介绍一个雄心勃勃的计划，即"重构"整个科学博物馆，正如简报所载，"进入21世纪的科学博物馆新视野"。

最初的大规模主题修订计划最终被一个完全不同的想法所取代，这样就可以使用另外一种更为琐碎的方法，可称为"多博物馆"或"博物馆中的博物馆"。然而在我看来，试图对整个科学博物馆进行修改的过程是一个极富启发性的过程，因为它凸显了国家科学与工业博物馆所面临的许多问题。这也使我有机会目睹一系列高度理性的辩论。在这些辩论中，人们有时激情高涨，会感觉到那些根本性的问题正在被解决。当我与学术界人士谈论科学博物馆时，有时人们期望科学博物馆的工作人员会持有科学主义的态度，或许是天真的实证主义的、狭义技术的，甚至是颇为积极的科学观。展厅计划小组的讨论非常明显地表明，工作人员了解并深入参与了关于科学的批判性、社会性及文化方面的前沿辩论，并对这些观点持有各种看法。尽管一些工作人员对这一过程的结果不尽满意，尽管有恶意的抱怨称这一切可能只是为了让一些顽固的策展人忙碌起来，但还是有许多人认为参与这些辩论的机会十分宝贵。曾向我描述过新馆长带来的被解放的感觉（见第二章）的那位策展人，在这个过程正式结束之后，说：

> 展厅计划小组的工作是我经历过的最有价值的策展活动。这是一个有史以来对策展人来说最有价值的论坛。这种团体间的合作以前从未有过——那时人们一般来说从不互相交谈。作为一个过程，它是无价的。作为一个能让人在广阔的科学博物馆中找到自己观点的论坛，它非常有价值。[停顿] 无论是从个人角度还是专业角度来看，展厅计划小组都非常有价值。它令我发出自己的声音，令我们得到了解放。我们曾经处于黑暗时代——那时我们还并不知道，但是一旦获得解放，我们便能看到它。

重构科学博物馆的尝试不仅关乎科学和科学博物馆角色的远景，也关乎专业身份、工作人员之间的关系、工作人员和受托人之间的关系、展品和公众之间的关系，以及过去、现在和未来之间的关系。

在这一章，我们将首先来看一下该"规划"被要求和执行的背景以及它经历的各种循环。我的目的是特别关注问题的根源：为什么会有这么大的问题？以及在最后，为什么它没有如最初设想的那样以宏大的形式呈现？此外，我也特别关注科学的培育，即科学在建立展厅计划的斗争中被概念化、被利用和被生产的各种不同且有争议的方式。

概　　念

1987 年，也就是馆长上任之后的第二年，他提出了该计划。这是他想在科学博物馆中留下自己印记的一种尝试，就像当时许多富有远见的国家级博物馆馆长们所做的那样。其目的是让这一计划可以提供缜密的支持,以便在接下来的 15 年中对科学博物馆的空间进行重大的重新安排和重新规划,并对博物馆的展厅进行全面的重组和更新。特别是(正如一名工作人员所说)人们希望该计划将"以某种方式把这个地方[①]联结在一起"或"赋予它整体逻辑"(见简报文件)。为了达到这个目的,相关人员被建议去"思考不可思议的事情","要勇敢!"(就像他们有时互相提醒的那样)。这里的背景是当时科学博物馆的布局(图 3.1)被《科学博物馆管理计划(1987 年)》描述为"主题之间相互混淆,彼此之间没有太多逻辑联系"。此外,该文件还宣称:"这座伟大的博物馆越来越不符合当前关于表现和解释的要求。这个问题必须得到处理和纠正。"

科学博物馆于 1987 年首次任命了展厅计划的工作人员。当我开始实地考察时,一些初步的想法已经形成,并成立了次级小组来研究新计划的不同方面。[2] 最初,有 18 名工作人员被选作展厅计划的工作人员,由当时物理科学部(那时候是这么称呼的)的管理人员担任领导。他们中大部分是策展人,还有来自展教部门、图书馆和设计工作室的代表。然而,被选中的并不是只有那些高级别员工。事实上,恰恰相反——考虑到这项任务的重要性,以及科学博物馆工作人员对资历和适当任务的高度自觉,在某种程度上令人惊讶的是——这个团队还包含了一些级别较低的工作人员。据上面提到的策展人所说,这些都是之前"被压制"的年轻员工。科学博物馆的所有工作人员都按照公务员制度排位,级别最高的是"A 级",最低的是"G 级"。这些等级是员工之间大量讨论的话题,他们总是可以立即为同事划分好等级("他是 C 级","她直到最近才被提升为 E 级"之类)。对我来说这就是"等级意识"。展厅计划小组的成员中有超过一半是 C 级、D 级和 E 级(也许他们曾经被人期望全都是 B 级),而且馆内关于该小组的文件也指出了这一点。此外,在 18 位策展人中有 7 位是女性。一个小组成员称这个比例相当高(尽管实际上,策展人员中本来也有约 30% 是女性)。正如我们将在食品"旗舰"

---

① 指科学博物馆的展厅。——译者注

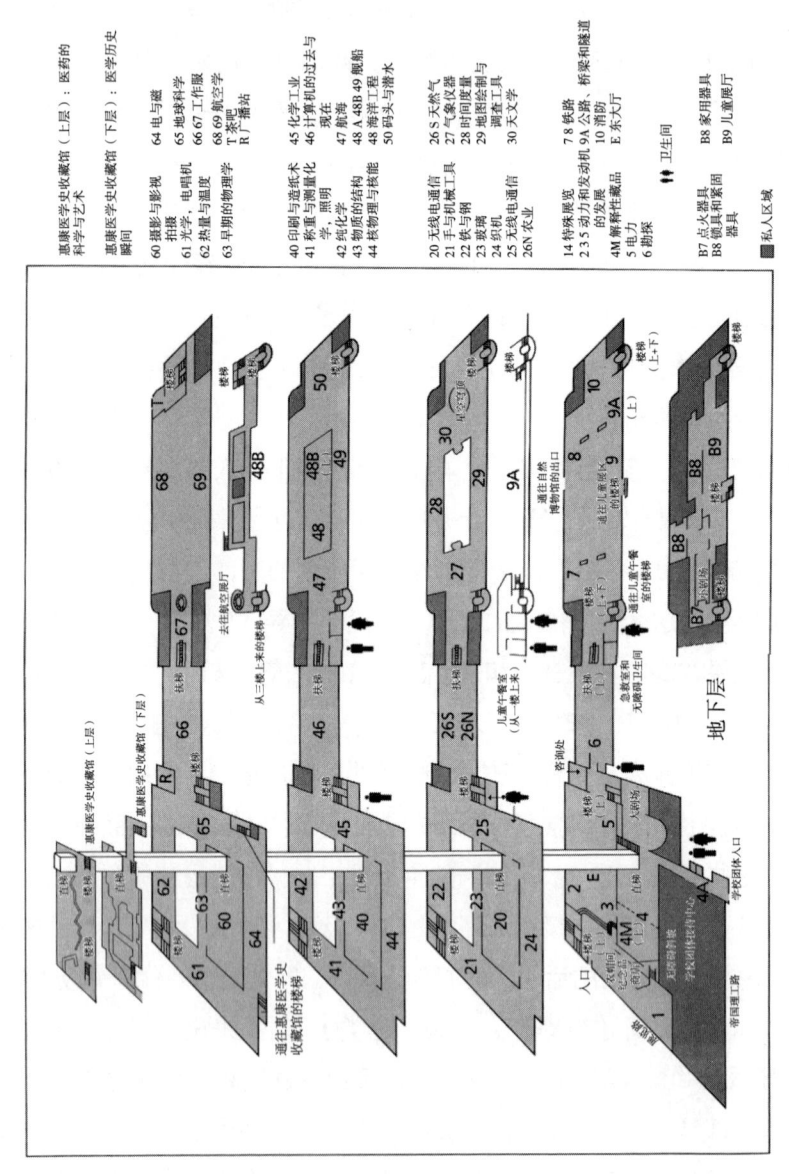

科学博物馆的幕后
BEHIND THE SCENES AT THE SCIENCE MUSEUM

图 3.1　1987 年科学博物馆的布局

（由科学博物馆提供）

展览上看到的那样，通过让更多的年轻员工和女性员工（他们可能是"聪明的年轻人"）参与进来，馆方似乎在尝试以不同的方式进行思考（如果不是不可想象的话）。在这里，年龄、资历、性别与"灵活性""活力""展望未来"的概念相关联，年轻人、"低等级员工"和"女性"被认为是相对"灵活"和"乐于改变"的。[3] 然而，尽管那些选择参与展览计划工作的人普遍同意有必要进行重大变革，以创建一个"新的、令人兴奋并具有吸引力的科学博物馆"（简报，1987年），但这其中也有诸多分歧，接下来我会讨论。不过，我首先想谈谈现存的科学博物馆和它的一些显而易见的缺点。

过去的科学博物馆

与许多历史悠久的博物馆，尤其是公共博物馆（虽然全新主题的景点和科学中心也没有那么多）一样，科学博物馆不是在某种"愿景"或"蓝图"的基础上一蹴而就的，而是在很大程度上由来自其他地方的藏品拼凑而成。这些藏品有的来自大型展览，也有的来自以前的专利博物馆、实用地质学博物馆和个人捐赠者，如巴克兰鱼类收藏（Buckland Fish Collection，这些藏品后来被证明是科学博物馆的一种负担，尽管其孵化场的鱼类产品销售还是很受欢迎的）。[4] 多年来，各展厅一直在以展厅计划小组所认为的那种"零星琐碎"和"不合逻辑"的方式发展着，导致了当前"混乱"和"过时"的布局（正如文件和讨论所描述的那样）。小组就如何处理这个问题并重构科学博物馆所进行的讨论表明，当时的科学博物馆存在三个主要的、相互关联的问题：①以分类学和收藏品为基础的展示形式；②整体规划的缺失；③它的表达风格。

形　　式

科学博物馆的布局主要是按照特定的收藏品来组织的，这是展厅计划小组试图优化的。也就是说，博物馆的建筑空间主要被分割成了不同主题的分散区域，这些区域与几十年来积累的文物藏品有关，例如"玻璃""光学""航空学""电与磁"等主题。收藏品本身在概念上属于更大的类目，例如"运输"包括"陆地运输"和"航空运输"，前者更进一步细分为"铁路"和"公路"。这种分类学上的细化是一种组织知识的典型方式，科学史学家约翰·皮克斯通（John Pickstone）称之为"博物馆式"或"分析式"。他认为这种形式是19世纪后期科学的典型特征。[5] 它将知识划分为特定的"领域"，并尝试将其再细分为"元素"，以便于从理论上可以揭示"更深层次"的结构或过程。

然而，在科学博物馆里，类目本身有时只是日常的普通归纳，如"运输"；而有时是更科学的学科分类，如"地球科学"。由于这种认识论的特点，更大的分类法并没有映射到科学博物馆的布局上——这种布局结构只能在分散的、大致严谨的学科领域中找到。总体布局确实偶尔会显示出一些逻辑上不同的尝试，将相关主题放在彼此靠近的地方，例如，将"摄影与影视拍摄"放在"光学"旁边，在二楼将各种测量仪器彼此相邻放置，以及在三楼选择相关展厅空间设置有关航海的主题展示。然而，这些展品都是通过相邻原则组织起来的，没有打破特定展品之间的边界，展区的特性只能通过不同的设计风格和颜色来彰显。

如果对博物馆的组织有部分科学和认识论依据，那么也就会有很强的地方性、制度性依据。这是一种收藏品与人之间的关系。在科学博物馆内，每件藏品都被视为与管理它的策展人员密切相关。这名策展人由藏品保管人员指定，而作为专家分类学逻辑的延续，每个策展人都有着自己的专业领域。因此，这些员工的组织身份和专业技能都集中在藏品上。尽管在我实地调查时情况已经开始发生了一些变化，但这种模式仍然牢牢地扎根于博物馆的日常话语中。说某人"不是真正地理解收藏品""对策展不敏感"或"对展品感觉不好"都是严重的批评。艾瑞特·罗格夫（Irit Rogoff）暗示，"展品感"可能类似于艺术史学家的"法眼"，或许有助于支持某一种特定的学科进路，并将它与其他的视角区别开来。[6]

许多策展人在他们的整个职业生涯中都在从事同样的收藏工作，对**自己的**收藏积累了详尽的知识。所有格代词在这里是非常恰当的。在科学博物馆中，通过策展人的主要收藏品来描述他们自身是很典型的——"她是光学""他是陆地运输"。与此同时，他们和这些藏品之间还产生了一种情感联系，我称之为"展品之爱"——策展人对他们所策划出来的艺术品的一种热爱。在我实地考察期间，我听过许多关于某种特定类型的塑料、医疗器械或测量设备的精致细节的翔实、充满激情的描述。我曾看到，当一位策展人在某人捐赠给科学博物馆的购物袋（那里面装满了插头和插座）里翻找时，他那显而易见的兴奋；也曾见过，当从科学博物馆在海耶斯的大仓库里发现了一套组装好的、20世纪20年代的厨具时，策展人那溢于言表的激动。不止一位策展人对科学博物馆正在进行的一些变化感到不满。他们告诉我，如果不是因为他们对自己的藏品有很深的感情，他们可能会考虑调任到别处去。而对我来说，"展品"本身则有着不同的定义："任何有库存编号的物件"——换句话说，任何纳入科学博物馆收藏的人工制品（因此，"基本上就很难扔掉了"）——以及"任何你可以放在基座上敬奉的东西"。

科学博物馆的一名（被其他人描述为"并不真正理解藏品"的）工作人员赞成"减少库存"，这其实是"摆脱"博物馆藏品的一种委婉说法。他试图组织一个以"客观性"为主题的研讨会，他的意图是（他对我是这么说的），"让他们（其他策展人）看到，我们**让**一些东西成了我们收藏的一部分"；按照逻辑来讲，对他来说，这背后的意思是"我们"也可以让这些东西**不再**是藏品的一部分。然而，他在这里的观点与普遍的观点却是背道而驰的，即某个物件一旦成为藏品，那它就被视为神圣不可侵犯的。这一定义过程是如此强大和"单向"，以至于"减少库存"这件事即使只是考虑一下也被认为是一种罪过。

"展品之爱"也是塑造展览和科学博物馆地方性观念的一个重要方面。馆内的一部分期望是，策展人将作为收藏的倡导者。其中一方面是试图让他们的藏品公开展示。（科学博物馆的大部分藏品并没有在馆内公开展出，一些整套的藏品也只是被存放在库中而已。）当时，拥有展示空间是馆内

"领地"之争的一部分——萨瑟斯告诉我,我应该把这个关键概念与"展品""观众"和"传统"一起列入"科学博物馆词汇表"。这三个概念所涉及的"领地"问题,也必然与本馆工作人员的职业地位问题纠缠在一起。因此,任何试图取消"展览就是展示藏品"这一设想的做法,都将是对本馆专业特性的一个重要维度的挑战。这可能也是许多资历较浅的工作人员被选中进入展厅计划小组的另一个原因:他们不太可能过分执着于特定的藏品和藏品展览模式。

布　展

以"原子化"的方式展示藏品也是科学博物馆缺乏总体规划的原因之一。专业领域主义也是如此。哪个藏品占据了哪个空间,至少部分是由于特定策展人成功地保留或获得了这部分展厅空间的原因。在某些情况下,某些展厅已被视为某些藏品和策展人不可分割的"领地"。另一个因素也涉及特定学科在特定时间向特定空间的演变。这时,赞助的机会就出现了。为了翻新某些展厅并举办某些大型展览,科学博物馆数十年来至少也依赖了一些(一般来说数量还是相当可观的)外部赞助商的投入。与艺术展览和艺术表演不同,科学、工业和技术展览的赞助几乎总是来自对展示主题有着直接兴趣的公司。[7]因此,天然气展览很可能会获得天然气公司的赞助,一项关于电力的展览可能会得到电力公司的赞助。正如一位科学博物馆工作人员向我指出的那样,在某种程度上,一种关于哪些展览正在筹备的"考古"式探究,可以在某种程度上反映出哪些行业在特定时期表现良好。因此,在赞助"常设"展厅(而不是临时展览)的第一个例子中,最初的天然气展厅于1954年建立(由天然气委员会赞助),电力展厅于1975年开设(由电力管理委员会赞助),化学工业展厅于1986年开设(由帝国化学工业公司赞助)。食品展览(由超级市场连锁店英佰瑞的慈善信托公司赞助)也是这种趋势的延续。此外,也许部分是因为财务上的成功使公司进入了公众视野,这种"考古"还表明,展厅受赞助的时间往往与当时特定的公共关系问题有关：20世纪80年代核物理与核能展厅（由英国原子能管理局赞助）和化学工业展厅的开放，以及在食品恐慌成为公众主要关注点的时候举办的食品展览，都是支持这一论点的例子。[8]

博物馆内部的空间组织也涉及其他考虑。例如，一些巨大且沉重的实物展品，比如横梁式蒸汽机，一般情况下必须放置于一层展厅。似乎有这样一种理念——尽管在我所看到的任何文件中都没有明确规定——在博物馆里，更加先进、高端、精密的技术会出现在更高的楼层；因此，陆地运输和蒸汽动力相关展览都在一层，而航空航天和光学展览则出现在顶层。地下室是边缘之地：儿童展厅、家用技术展（尤其被认为是女性专利）以及"取火"展览——少数致力于文化"他者"的展览中的一项。[9]

可用资金的不确定性使得昂贵的翻新工程在一个接一个展厅的基础上进行了多年，意味着博物馆往往倾向于以零敲碎打的方式发展，并且在很大程度上受到现有布展的限制。展厅计划的目标就是改变这种现状，这同时也对以收藏为基础的碎片化工作方式提出了挑战。这也将与许多现有展厅的呈现风格的更新相结合。

风　　格

在与展厅计划相关的文件和讨论中，科学博物馆大部分地方的展示方式经常得到"对观众没有吸引力"的负面评价。初期报告指出，与当时的大部分展示相反，此次修改是为了"对科学、技术、工业和医学的各个方面提供生动、有启发性和易于理解的见解"。但是，正如我们将在下面看到的那样，关于如何做到这一点存在很多分歧。简单来说，当时科学博物馆所面临的问题在某种程度上是因为一些展览已经举办了很多年，并且展品已经变得"破旧不堪"。除此以外，还有许多展览被谴责为过于"静态""不接地气"或"混乱"。冗长的标签和对展品的"不当解释"等问题被挑出来进行批评。正如托尼·班尼特所描述的，在19世纪有许多博物馆工作人员专注于标签，以此来使科学（字面上的说法是）更加"易读"或

"可见"。与更抽象的文学技巧相比,"标签正确"的展品因此而被视为一种能够更好地教育工人阶级的手段。[10] 此外,标签也被视为体现科学进路"分析"特性的一个方面。在这一进路中,个体(在这种情况下是展品)将被清楚地标明,而标签则指示出该展品在其所属的分类体系中的位置。这种方法把"视觉"置于其他感官之上,把一个物体在其"领域"内的关系位置(例如,这个特定引擎相对于其他引擎的特征)置于其操作模式、社会背景或用途等问题之上。然而,对于参与展厅计划的工作人员来说,这种方法和信息通常被认为是"过时的",而且作为一种由策展或科学逻辑定义的展示模式,它不够"以观众为导向"。因此,"重构"科学博物馆的工作也是一场定义新的博物馆风格的斗争,这种新风格将与不断变化的科学观念以及专业科学知识与公众之间关系的转变联系在一起。

重来

馆长真正想要的是我们能够推翻一切然后重新开始,这有点像从石器时代开始并贯穿各个时代,直至工业革命时期甚至后来的时代。一旦这样的改变被应用于整个科学博物馆,观众就可以从前门走一条贯穿整个技术历史的路线,然后从另一边走出来。这在很大程度上有点像约维克(Jorvik)展——最好是有小汽车带着他们一路往前!

这个半开玩笑的说法是在我和展厅计划小组的一位成员一起去开会时说起的。约维克展于1984年开幕,并在20世纪80年代末和90年代初成为博物馆界的热门话题。这不仅是因为它的受欢迎程度,也是因为它接待了数量非常大的付费观众(每天有500多名付费观众,而且其商店每平方米的收入比当地的玛莎百货分店都高),还有部分原因是观众乘坐"时光车"只需花12分钟就可以了解约维克("约克郡"的维京名字)维京人定居的简史。约维克展的实施者曾到迪士尼乐园学习"客户管理"技术。由于这是一个潜在的、在教育和科学上都相当重要的主题，约维克展引起了科学博物馆和其他博物馆的工作人员广泛的兴趣和讨论。[11]对一些人来说，约维克展——凭借其再现的场景和气息——就如它宣传的那样，被视为"让历史鲜活起来"的一次成功尝试；然而对其他人来说，它却被轻蔑地视为一项粗糙的商业性活动，使用"实物模型"去代替"真实的历史物件"。

因此，这是当时许多博物馆普遍争论的焦点，这些争论涉及"让博物馆更有意义"或"变得更蠢"，以及"民主化"或"迪士尼化"。约维克展还经常被用来举例说明科学博物馆中所谓的"历史性"或"社会性"的布展方法，这与"技术性"方法形成了对比。后者强调机制和"它是如何工作的"（正如展厅计划小组中倡导这一观点的一名成员所说）。这些抉择也是展厅计划商讨的一部分，反映在关于"观众"的性质以及他们想要或应该得到什么的讨论中。

然而，"推翻一切重新开始"的可能性是不存在的：如果科学博物馆在整修期间完全关闭，那么不仅会造成收入损失，它短期内在资本成本方面也要付出太大的代价。[12]取而代之的是，展厅计划小组不得不提出一个用10~15年逐步重置展厅的计划，尝试创建科学博物馆的一种总体布局规划；同时，根据将科学博物馆设置成一个叙事性的"进步故事"这一思想开始打破"原子化"的布展风格。因此，该计划是在与所谓的"实际考量"的斗争中制订的：包括现有的馆内布局、哪些楼层可以放置重物、哪些展厅需要最紧急的翻新，以及可用资金等问题。关于最后一项考量，展厅计划小组被告知他们必须按照1986年的价格计算，以每年不超过160万英镑的预算来制订他们自己的计划（这可以供每年在馆内举办不超过两次的大型展览）。提议实施额外的建筑工程（比如科学博物馆的侧厅）也是不被允许的。他们的任务是"要大胆一些！"——这虽然是这群人开的一个玩笑，但也有严格的限制。显然，这是一项艰巨的任务，但它激发了大量的创造性思维。

在讨论展厅计划小组提出的想法之前我想简单重申一下，科学博物馆的"重构计划"不仅仅是指重新组织布展。重构也不可避免地需要融入某些文化视角，特别是科学、物质文化（展品）、专业知识和观众的视角。当然，重构的落实是一个混乱的、不断磋商的过程，它所产生的愿景可能是模糊甚至矛盾的。然而与此同时，所有关于重构的工作指令从讨论到发出之后都被拖延过，并且能让它们在某些时候变得卓越、杰出的那些方法，是拘泥于一定文化的，而非无限的（有的人还可能会说，有时候这样的方法"简直来自外星"）。同样的，尽管愿景的产生会影响解读方式，但提出某些愿景也并不等于假定观众一定会按照策展人的意图来解读展览。下面，我将首先讨论展厅计划小组所提出计划的大致轮廓，然后再详细探讨一些更具体的讨论领域及其影响。

规则：观众与科学

在展厅计划小组的第一次会议之后，我的实地考察工作开始之前，科学博物馆成立了四个工作组，尝试制定一些"规则"，或者叫"基本条例"，以便用来指导对展览内容所进行的更详细的讨论。这些工作组及其职责如下：

（1）功能组：总体把控科学博物馆宣布过的目标，包括监督如何在实践中实现它所宣布的目标，找出影响我们有效履行职责的限制因素，以及最后评估是否有必要对科学博物馆的角色进行重新定义，并在必要时建议这么做。

（2）媒介组：更好地理解将展览作为一种媒介这一理念，以及它能（或者不能）为各种各样的观众做些什么，我们怎样才能最大限度地利用我们的媒介。

（3）观众组：考察我们的观众是谁、他们为什么来、他们对参观科学博物馆有什么期望、他们是如何利用在科学博物馆里的时间的、他们对自己的参观感到满意吗、其他休闲活动会给我们带来怎样的竞争、我们应该如何应对。

（4）建筑组：考察该建筑的缺点和潜在能力，并对观众通道和设施提出改进建议。[13]

正如展厅计划小组工作的总结报告所指出的，除了最后一个工作组毫无争议地得出了结论，其他工作组都"热衷"于哲学辩论……这引起了激烈的讨论，并表明"对于某些坚定和对立的观点不能也不应该试图去调和"。这些意见在后来的会议上仍然是争论的主题。

然而，在这一阶段的会议中，大家商定了一个主导性的"理想"和若干个"目标"。关于前者，报告称："建立一个新的、令人兴奋的和有吸引力的科学博物馆，并为我们的观众提供易于理解的展览，这一'压倒一切的理想'主宰了团队的思维。一些有助于实现这一理念的具体目标被确立起来……有些目标代表着我们从过去继承下来的、根深蒂固的态度发生了显著的变化。"这种"压倒一切的理想"和上述工作组的职责中特别值得注意的地方，是观众被赋予的中心地位。只有功能组没有明确提到观众，但这并不是因为观众的缺失，而是恰恰相反，正如更详细的注释显示的，观众被视为科学博物馆"功能"的核心。科学博物馆的一些工作人员评论说，"观众"似乎是这个时候被谈论得最多的话题。一位策展人认为，"观众"已经变成了一个时髦的词。在一次讨论中，一位参会者指出，如今重要的是："我们现在谈论的观众是复数！""公众"不再被认为是一个需要指导的公民群体了。①

表 3.1 列出了第一次会议提出的目标，及其为更详细的计划提供的"基本规则"。除了以观众为中心，该目标清单还突出了科学博物馆对科学的建构中一些有趣的变化。博物馆所做过的和被他人认为做过的在塑造科学方面的文化工作并不广泛。在 19 世纪，博物馆不仅被视为分析技术的典范，而且像我们在上一章所看到的那样，它们对科学研究也是有益处的，同时也是科学成果合法化的重要场所。18 世纪之前，科学成果合法化主要是通过参考作者"绅士的价值"的影响来实现的；但在 19 世纪，（至少按照某些说法）对"公众"的可见性作为科学成果"透明"和"客观"的证据变得至关重要了。[14]科学博物馆成为这种公开展示的重要场所，从而也验证了

---

① 这里的意思是，此刻科学博物馆的受众已经从 public（单数）转变为 visitors（复数）了。——译者注

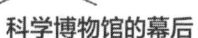

科学成果的客观性和科学性。

表 3.1　展厅计划小组第一次会议提出的目标

序号	目标
1	科学博物馆作为致力于展示科学、技术、工业和医学历史的世界性杰出博物馆，有责任促进人们对迄今为止的科学技术历史的了解
2	展览应该是基于展品的，以确保我们丰富多样的藏品可以对公众开放
3	藏品系列和展厅之间不应拘泥于一对一的传统关系。几种不同藏品系列中的展品将以更加主题化的方式被共同使用
4	科学博物馆不能（也不应该）试图成为"百科全书"，但应该按照《科学博物馆管理计划（1987）》的定义，力求总揽和涵盖科学、技术、工业和医学的所有方面
5	展厅计划必须是令人兴奋、有启发性和容易理解的。科学博物馆的目标应该是提供超越单纯展品展示的体验，并激发观众对科学技术的思考
6	展示主题应该在科学博物馆的建筑中得到合理安排，使观众能够从众多信息点中选择一个感兴趣的部分来参观
7	展览应反映科学技术的历史、社会、经济和文化等属性，尽管这种更宽泛的展览内容可能因主题和目标受众的不同而有所不同
8	在适当的情况下，科学博物馆应广泛利用辅助材料以及现代展示技术、重建工程和现场演示等手段
9	让观众更容易找到自己的路是至关重要的。改进路标和提供多个咨询点必须纳入展厅计划
10	展厅更新必须仔细规划，以确保尽量减少对观众和工作人员造成的不便
11	令人兴奋的新项目的完成应该贯穿到整个重建过程之中，这样人们就会不断意识到科学博物馆正在发生变化，而我们所提供的趣味也将与其他休闲兴趣相抗衡

资料来源：1987 年未公开发表的科学博物馆展厅文献。

然而到了 20 世纪，随着科学官僚化和专业化的不断发展，科学的验证成为一种更加专业化的过程，并且主要在公共领域之外进行。[15] 但如果博物馆不再扮演科学过程验证者的角色，那么面对日益"隐秘"的科学专业知识，一项新的任务就变得更加紧迫，那就是要让公众了解科学。随着科学变得越来越复杂和深奥，人们认为这项任务不仅需要"展示和讲述"，还需要更广泛的"解释"过程。展厅计划目标的第 5 条表达了这一点，它超越了"单纯展品展示"的想法，强调通过"激发观众对科学技术的思考"来掌控观众的主动性。[16] 在许多方面，这项展厅计划可以被看作科学博物馆通过正视这一问题以及当时展出的那些过时的科学遗产而做出的一次主要的尝试。

在20世纪80年代末，科学界出现了许多其他与科学有关的变化，这也促使科学博物馆尝试去"创造21世纪的愿景"。其中展厅计划目标第4条指出，科学博物馆不应试图成为"百科全书"。这曾是19世纪许多种博物馆的收藏计划之一，但到了20世纪末，人们就已经意识到它过于雄心勃勃，而实际上是不可能实现的。自然博物馆放弃对整个自然界进行编目，正是为此。[17]科学博物馆所处理的各种展品被证实与自然博物馆所遇到的昆虫一样浩繁而且麻烦。展厅计划小组的一名成员计算得出，如果目前的收藏进度像过去那样持续加速，那么到不了科学博物馆改建完成的时间，馆内的展品数量就将翻一番。目前已经有相当大的一部分展品只是被存放起来而没有被展示出来，这被认为存在一个政治问题：科学博物馆要怎样证明把纳税人的钱花在那些永远不会公开展示的展品上是合理的呢？与许多其他种类的博物馆相比（它们的重点是那些古老或稀有的文物），科学博物馆在这方面被认为有个特别的问题：如果科学博物馆不能成为"工业革命的证明"或者"在1988年就定型了"，那么藏品增加以及展出的老物件比例较小，就似乎是不可避免的结果了。（科学博物馆与其他博物馆或者其他类型的博物馆的比较在讨论中很常见。）此外，尽管在激烈的小组讨论中没有被提及太多，事实上科学博物馆也展示了"最现代的技术"——正如首相给受托人的信（见本书第二章）中所说的那样，这对于科学博物馆在"公众理解科学"项目中的声明来说是意义非凡的。

就科学博物馆而言，在面临困境时也必须对所收集的资料进行选择，这是展厅计划小组会议以及博物馆内部广泛讨论的主题。到底是试图在全球范围内收集藏品，还是建立一个以国家的科学、工业、技术和医学为重点的收藏库，这是一个两难的选择。在某种程度上，这在过去倒并没有那么困难，因为英国被视为科学、工业、技术和医学发展的前沿阵地。通过收集本国产品，策展人同时也就囊括了全球的重要发展成果。[18]然而，20世纪80年代，新的境况变化越来越明显。策展人面临着是否尝试在全球范围内进行收藏（价格可能非常昂贵）的问题。他们也可以只收集那些"产自本土"的文物，而这些文物在科学进步的"全球大故事"中又可能意不大。许多策展人都能想到许多这类特定购买困难重重的案例。在一次展厅计划会议中，一位策展人提出"展品的国度在很大程度上无关紧要"。这引发了很大的抗议。一些策展小组成员认为这对博物馆的观众来说并非无关紧要；而其他人则说，从策展的角度来看，重要的是也许"你根本无法拥有它们"。人们还对科学博物馆最终可能传达出的信息进行了很多讨论，结论是：科学博物馆没有像"约维克解决方案"所暗示的那样传达进步的信息，而是传达出了自工业革命以来国家衰落的信息。一位工作人员指出："如果观众能看到19世纪英国的卓越成就，那么他们将会有一个与2000年或其他年份的英国不同的印象。"值得一提的是，在某次与馆长进行讨论时，有人曾提出过精确地围绕这种对比来重组科学博物馆的想法。工业革命（英国在其中地位突出）将是一个重要的主题，而信息革命（必然表现得更加国际化）将会是另一个主题。

展厅计划目标第7条反映了在展厅计划讨论中浮出水面的另一个与科学有关的进步，那就是对科学技术的社会性和文化性观点的增多。科学博物馆的许多工作人员都很了解这些，并从中看到了具有挑战性的展览中有趣的潜力，这些展览将"促使观众思考"。然而，其他人则表示怀疑，认为这样的展览对于观众而言可能太深奥难懂，甚至无法理解，并且这种展览有可能淡忘了科学博物馆在展示展品和"事物是如何工作的"等方面的一些传统作用。他们也注意到了人们从这些角度对馆内的某些展览可能会提出质疑，这也激起了他们想要进行修正的意识。那么，修正如何实现？

主题和变化

在提出了上述目标之后，展厅计划小组被分成三个随机混合的小队——X、Y和Z——去探索如何重组科学博物馆，以应对挑战，达到他们制定的目标。正如他们所观察到的，有必要摆脱过时的、以收集为基础的"原子化"模式（目标5）。取而代之的是"主题式"表达（目标5和目标

6），所谓的主题不一定是以"科学"本身为基础（目标7）。然而困难在于，必须在强调从科学博物馆藏品中选出展品（目标2）的同时做到这一点，这被认为是科学博物馆的"独特卖点"，而不是"推翻一切，重新开始"，一蹴而就（目标10和目标11）。

X小队和Y小队提出了类似的想法，他们都将科学博物馆的布局分成了三个主题，尽管他们布置这些主题的方式有很大的不同。这些主题是：

X小队
日常生活中的科技；
关于工业；
关于科学。

Y小队
工业；
调查型科学；
日常生活中的科技。

正如报告中所述，"日常生活中的科技""代表了该小队的建议中最激进的创新"。正是这个主题，与试图将观众集中在科学博物馆的展览中的任务密切相关。报告解释道："科学博物馆的一大片区域将致力于用户视角的科学和技术。它特别面向那些对主题了解很少或没有事先了解的观众，因为展览立足于日常经验，所以观众会发现主题很容易理解。"虽然科学博物馆长期以来一直涵盖了那些可以说与"日常生活"相关的展品，但将"日常生活"作为一个导向性类别的想法确实是"激进的"（正如馆内所认为的那样），因为它表明展示类别将以"日常体验"为基础，而不是以科学或藏品为基础。尽管这个主题试图打破科学和公众之间的屏障，但它仍然保留了"科学"或"调查型科学"的类别。此外，这种传播似乎是单向的：从科学到公众。

然而，Z小队的想法赢得了成功。他们的三个主题类别如下：

Z小队
认知——科学是理解自然世界的过程；
制造——技术是改造自然世界的过程；
使用——在工业、商业和家庭环境中使用技术。

那么，为什么这是最具吸引力的选择呢？报告指出，在某种程度上这只是因为这项建议最"简洁明了"，其框架展示"清晰易懂"。这三个类别用动词来表示，很好地契合了把重点从静态藏品转移到其他方面的尝试。此外，它们是相当"日常"的词汇，而不是专业术语。尽管与 X 小队和 Y 小队的方案有一些相似之处，但这与已经制度化的领域不同，而且一位参与者称其具有"模糊性优势"。因此，它对彻底模糊的边界更加开放（"认知"既可能涉及制度化的科学，又可能涉及"常识"），从而是一种更灵活的甚至实验性的方法。

在讨论这三个提案并选定 Z 小队提案的会议中，与会者决定每个主题在科学博物馆的一个特定楼层上表现出来：二楼展示"使用"，三楼展示"制造"，四楼展示"认知"。观众的判断再次成为给出此顺序的理由，因为观众将首先来到二楼，在那里将会遇到三个主题中最熟悉的技术使用情况。"制造"将带他们进入技术的"幕后"世界，了解技术的创造；而"认知"将会涉及科学知识创造过程中最深奥的专业知识。因此，这样在科学博物馆中建立起来的将是揭示 20 世纪后期技术科学综合体不同维度的一种层次性结构，这种结构是一种从日常生活开始，到相对难以企及（的现象），再到更为专业（的知识）的连续体。

此后，科学博物馆成立了三个新的小队——"认知""制造"和"使用"。每个小队的任务是"充实"主题，并决定如何在 10~15 年的指定时间内将其转化为科学博物馆的展览。正是在试图规划这一转变的过程中，出现了一些重大困难，策划过程与博物馆现存的遗产、时间、空间、资金和竞争理念之间出现了斗争。

明确的斗争

每个小队都召开了一系列的会议，许多人都撰写论文进行了讨论。会议通常非常活跃，辩论凸显出了科学博物馆工作人员对博物馆陈列和科学本质问题的参与程度。然而，这些辩论也揭示出在许多问题上截然不同的观点，以及对如何在实践中进行筹划和落实的不同意见。

空间、展品和职业身份

在某种程度上，空间限制是所有小队不满的根源所在，尤其是对"认知"小队来说，因为四楼很大一部分（几乎三分之一）都已经被专门为航空展建造的展厅所占据了。博物馆管理层明确表示，此处以及一个与互动飞行相关的新展览都将一并保持原状。此外，另一个当时暂时命名为"前沿"的新的医学展览也计划安排在四楼。没有人认为航空展览可以被理解为"认知"主题的一部分，对医学展览的反响也很复杂，这严重威胁了整层楼在"认知"这一致主题之下的完整性。一名小队成员认为，"认知"楼层的主题遭到了破坏。

除了既存展品带来的问题，所有的小队都发现了大量与其主题潜在相关的藏品（也不是没有争议）——至少他们的主题比其他主题更适合这些藏品。以"认知"主题为例，其中包括天文学、地球物理学、地磁学、热与温度、电磁学、乔治三世收藏（一套科学仪器）、化学和生物化学、气象学、测量学、核物理学、光学，而现有的空间并不能容纳这么多内容。许多收藏类目都可谓"展品丰富"，也就是说有许多展品可能会被展出，而其中很多都被视为具有重要的历史意义。不过人们普遍认为，科学博物馆在其展览中应保持以展品为中心（参见目标2），而不是和自然博物馆走相同的道路。在自然博物馆中，许多新展览完全是重建的，并且由互动展品组成。但对于如何展示展品仍存在争议。有多少展品就可以够得上一个展览？展品构成了展项的起点，还是说一旦它们被确定下来之后就能融入（展览所传达的）"故事"或"信息"中？正如讨论所承认的那样，在许多方面，主题化布展方法的基本原理是后者，这几乎肯定会导致展品数量相对少。对于一些策展人来说，这违背了他们对于"科学博物馆在展示与科学技术历史相关的物品这一方面的重要作用"的认知。以展品为基础的展示方式是这一学科的重要组成部分，科学博物馆的一些工作人员还因此获得了国际上的认可。[19]此外，减少展品的数量被认为是有政治风险的，不利于证明购买和存储藏品的合理性（很多藏品永远不可能被展出），也不利于策展人员保留对展览的主要投入权从而免于像自然博物馆那样主要由非策展的教育和设计人员进行公开展示。对这个模式的厌恶和对它可能在科学博物馆被提出而产生的焦虑是显而易见的。正如一位策展人所说：

> 我们非常畏惧他们（在自然博物馆）办展览的方式……我们强烈地感觉到，我们是有想法的人，我们是有目标的人，我们是决定能够发生什么的人。我们巨大恐惧的一部分就是，我们可能也会走上同样的道路。这也是为什么在一定程度上，我们渴望确保主题化布展计划的势头能继续保持下去。

在制订计划的过程中，科学博物馆的工作人员也不可避免地参与到建立他们职业身份的工作中去。然而，这并不意味着他们只是试图维持现状。会议上的讨论显示，有时某些策展人为试图展示自己的收藏品而争论不休（有时也会包括其他策展人的收藏品，因为不然的话其他策展人就可能会被激怒）。但总的来说，主题方法拒绝承认策展边界，其一般原则是被认可的。然而，这些策展人认为"收藏"的概念和实践应该通过"收藏者的收藏"这一概念来保留。这些将是专门的收藏，要么放置在其他地方，要么在特殊的"可视化存储"的前提下，作为"课题收藏"提供给那些对该主题有特殊兴趣的人。这需要传统的策展专业知识和工作，从这种程度上来说，策展人的角色将被保留下来。然而，他们并没有仅仅"退回"到这一点上，这以前只是他们工作的一个方面，他们还主张在展示方面有更广泛的职权范围。一名小队成员建议，策展人需要成为"策展全科医生"（全科医生是英国医生的一个分类）："全科专家要整合、平衡、讲解并广泛传播外部专家——包括社会历史学家、经济历史学家、政治历史学家和其他人——的所见。"在当时的"策展人—解读者"这一新概念下，越来越多的人表达出了类似的观念并将其范式化，且在"解读性"的科学博物馆中进行了更为广泛的论述,以描述从前的"策展人"这一角色的变化。[20]

但是,如果要保留展品,对于展品应扮演的角色以及如何选择展品仍然存在不同意见。"认知"小队的一名成员就提出了异议:科学博物馆展出的许多藏品"体积小,观感乏味,如果没有大量的讲解,实际上毫无意义"。她认为,考虑到这一点,一个主要的策略应该是优先选择那些具有"视觉吸引力"的展品,尤其是"大型而引人注目的文物"。然而另一些人认为,这是对讲解作用的一种放弃,关键是要通过博物馆学手法(例如将展品置于叙事之中),使显然"沉闷"的文物变得有意义和有趣味。

观众、启示和科学的本质

这场关于文物和它们能在多大程度上"为自己说话"的辩论也与观众的性质有关——能期望他们抓住什么?还有一个被认为是认知主题中特别困难的问题,即所传达的理念也许在许多情况下是相当抽象的。任何博物馆或展览——实际上是任何博物馆或展览计划——都不可避免地、或多或少含蓄地暗示了其想象中的观众。对于应该在多大程度上把这些潜在的观众想象成完全缺乏科学知识或受过一定的良好教育,不同小队的成员之间存在着明显的分歧。在关于这个问题的一些激烈争论中,人们统计了各种数据:"三分之一的观众拥有学位","每千人中只有一人拥有科学学位"。那些认为观众相对无知的人被指责为"傲慢"和"愚笨",而那些认为观众受教育程度更高的人则面临着"精英主义"和潜在"排他性"的指控。一位策展人认为,将"普通人"一词包含在文献里是一种居高临下的态度,这是一个错误,因为"人们并不普通,他们都是很棒的人",并认为可以尝试为"普通人"策划一场"普通而平凡"的展览。观众对科学和某些特定主题(科学史是争论的源头)的兴趣程度也引起了很大的争议,并且成员们在"给他们一些浪漫的东西""我们需要抓住他们""他们需要一些东西来调动注意力——不仅仅是小片段"等问题上意见不一。当然,调用假想观众的力量也是支持自己的想法或摒弃其他想法的一种潜在有效的修辞策略:"对观众来说这没什么意思";"观众永远不会明白";"观众不像你想的那样愚蠢,他们真的会喜欢的"。事实上,很少有人研究与那些论断相关的观众,这使得这种"观众劫持"变得相对容易,而且许多工作人员还把自己塑造成了"观众代言人",没有科学背景的员工通常更频繁地采取这种方式。[21]这在一些群体中形成了一种"专业"和"外行"视角之间的相互作用(我在科学博物馆的其他环境中也观察到了这一点):当一些人正在鼓动学术争论时,另一些成员则采用了一种"脚踏实地"的策略来吸引相对有点"科学文盲"的观众。一位策展人经常会以这样一句开场白来干预讨论:"我想让这场讨论回到现实中来。"这简直成了她的标志。

这种相互作用在关于如何让科学认知的深奥之处变得简明的辩论中尤为明显。就认知被定义为科学的"实践"而言,有些方面在展示上相对来说是没有问题的,相关建议包括展示测量仪器和复原实验室;另一些方面则被认为更加困难,特别是展示科学实践的社会和经济层面,以及为人们提供一种历史的视角,而不是愚蠢地假设一种线性的渐进式发展。例如,一位策展人建议,可以通过在科学家的传记中纳入社会和经济层面的内容,来建立一个物理学展厅。然而,其他人却认为这太"传统"了,关于"个体科学家"或"伟大的白人男性"的内容太多了。还有一个建议是通过复原实验室来展示一大堆(复制的)纸币,以表达当代科学所涉及的货币金额;另一些人则认为,"我们根本达不到这样的规模,也达不到国际水平"。当时的问题是,尽管人们普遍认为科学应该被视为具有社会性,但如何将其转化为实体展示,同时实现文本最小化和展品最大化,的确远非易事。

这里的博物馆学媒介似乎与被提议的"信息"的本质背道而驰。许多现代科学的本质也导致了这种可感知到的"可见性问题"。小队成员忧虑的是,他们要如何面对这样一个事实,即许多现代科学过程既复杂又微观,以至于如果没有大量解释,它们就很难得到表达。小队的一位成员(一位相对资深的策展人)在讨论文件中感叹说,危险在于必须如此简单地表达问题,以至于我们告诉观众的内容确实很少。他说:

在观众不得不沮丧地读到"超弦理论是一个复杂的概念,物理学家可以利用它对自然力进行组织"的时候,(策展人)最大的努力将付之东流。如果我们只能戏弄我们的观众而不去启发他们,那么我们就不要盲目地陷入泥潭……我们必须经常问自己,博物馆展示是不是我们实现目标的最佳媒介。

科学或者抽象原理该如何展示的问题在小队中被反复以不同形式进行讨论。在一次讨论中,一位参与者提出科学可以被视为一种"客观知识",但这遭到了其他人的全面质疑。也有人提出科学可以被视为知识的积累或一种逐渐变得"更好"的认知方式。在大多数情况下,科学被描述为"一种认知"(如一份草案文件所述)。但是,如果它是"一种认知",那么它的具体含义是什么?在这场争论中,有人认为这是"一种以展品为基础的知识",但其他人则难以苟同。另一些人认为"科学是一种以观察为基础的知识",但数学例外。它是否应包括"非西方科学"也是一个特别困难的问题。一些小队成员认为,尽管科学博物馆的藏品中有些文物可能与"非西方"传统有关,但这些文物很少,因此不应被包括在内。也有人认为,不应包括它们的原因在于这些文物是"不同的传统"的一部分,因此科学的概念以及"西方传统"很难涵盖它们,尽管"西方传统"本身是否应包含日本也是争论的一个焦点。最后,人们决定将其他"认知方式"作为"认知"总主题的一部分,但应将"科学"限于"后来被称为科学的西方实践"。如某些成员所言,这一战略一方面具有包容性,但同时也在冒着创造一种"认知方式"的风险。因此,在整个过程中,尝试变得更加多元化和使科学相对化的努力,给一家在许多方面以传统和进步主义观点为前提的机构带来了困难。

余 波

尽管存在种种问题,并且人们仍然担心"认知、制造、使用"(Knowing,

Making, Using, 后来被称为"MUK")到底是不是一个很有帮助的想法, 但各小队还是被迫着手准备了一份提交给受托人的文件,该文件将阐明批准重构科学博物馆、实施展厅计划的理由。在关于这一点的简报会上,馆长呼吁更多的"体系"。他要求,对每个主题都应该设计出它自己的"体系",即"在公认的历史经典和科学博物馆的宗旨范围内有意义的理智论证",而这又应与"总体系"相适应(据一份报告的作者指出)。"生成"这一任务被认为是"一项具有创造性的工作",因此,它"需要任命一个人来担任合成者"。这一策略本身也是对当时许多工作人员绝望的一种反应,因为展厅计划小组内部存在不同的观点。

一位以前没有参与展厅计划小组的高级职员被正式任命为合成者,他制作了一份题为《展厅计划》的方案。虽然馆长要求的是一份"体系"方案,但他对此并不完全满意,认为"这对我来说似乎有点抽象"。展厅计划小组的一名成员还撰写了另一份报告,题为《科学博物馆展厅计划》,他将其描述为"知识宣言",并试图在其中构建"体系"和"合成体"。在这两个方案的基础上,展厅计划小组的主席和秘书拟备了一份题为《展厅发展计划(1989—2004)》的报告草稿。馆长对此也不太热情,他说:"报告缺乏远见。它还有点浮夸。[停顿]我现在有点希望我从来没有开始过这项工作了。"然而,该报告还是被整个小组和馆长进行了编辑,并被重新命名为《展厅发展计划:主题原则》。正如其开篇摘要所述,这份报告"着眼于捕捉科学博物馆公共展览计划改革的愿景,围绕三大主题——'认知''制造'和'使用'。"报告在第一段中指出,"人们越来越重视把藏品的社会背景和经济背景联系起来",这表明这一点已被视为科学博物馆当时做法的主要失败之处。该报告接着为展厅发展计划的制作提供了"背景"和"变革所需",描述了主题并概述了计划所涵盖的内容,还提出了实施该计划的头几年的拟议方案。报告最后一部分承认该方案将耗资巨大,并指出近年来的筹资努力结果令人失望。一份含糊其词的评论(有人证实说,这一评论在发展计划被提交给受托人的时候,曾经成为阻碍力量之一)指出:"事实上,如果我们能够保证在合理年限内交付新的展厅计划,那么对于使受托人能够为这种性质和规模的重大资本开发提供资金的机制而言，一种根本性的新方法可能是必不可少的。"

这份报告是在 1989 年 1 月提交给受托人的。我没有被允许参加这次会议。一位策展人向我解释说："科学博物馆经常对各种事都花言巧语……而受托人尤其擅长这一点。"事实上，科学博物馆的工作人员通常无法获得有关受托人会议实况的信息，这无疑造成了一种"黑色甜蜜"①的印象。即使那些出席会议的人（这里指的是每个小队的负责人）也不能轻易理解所发生的事情。例如，在会议反馈时有人说："我认为'人为因素'的方法还是得到了支持的——至少馆长当时动了动他的身体。"萨瑟斯先生也出席了会议，他就受托人提出的反对意见提供了一份更全面的备忘录：

①他们（受托人）没有完全理解学术框架……并且对科学博物馆将来会是什么样子一无所知。②该计划势不可挡，涉及对科学博物馆的彻底重新定义。但这是不是太死板了，在计划实施的时候我们会后悔吗？③该计划是可交付实施的吗？科学博物馆是否能保持主动性来吸引赞助并将计划落地？

他们还对执行工作可能造成的中断以及一些更具体的问题表示关注，比如组员提议的以信息时代展厅取代航海展厅（这种关注与受托人委员会中一位海军上将的出席有关）。一名工作人员愤怒地将受托人描述为"将他们自己凌驾于我们的专业知识之上"。他们这样做也许是由于他们被赋予了新的重要职责：正如第二章所指出的，他们现在正式成了收藏品的主人，要比以前更负责任。科学博物馆的一些工作人员表示，他们在一定程度上是在维护自己的权威，以便让人们感受到这一点，并在有意遏制这位新馆长的野心。然而，另一些人认为，因为馆长本人已经开始不喜欢这个计划

---

① 作者在此使用了"treacly"一词，原意为"黑色，如糖浆一般黏稠"，引申义为"太过愉快或友善，或以虚假的方式表达爱的感觉"。此处作者使用了引申义，讽刺日常的花言巧语和实际上的信息不透明之间产生的现实悖论。——译者注

了，特别是考虑到计划还要经过很长时间才能真正实施，所以他"没有去推动计划"。许多参与制订计划的人对结果感到失望。一位曾经对参与展厅计划非常积极的策展人说，感觉自己"被欺骗和剥削了"，他把计划未能被采纳归咎于"它没有被正确推广——没有被营销"。还有人评论说"这个机构里只有一个人执掌生杀大权"，所以也把不采纳这个计划的主动权（决定权）有力地推到了馆长的面前。

人们针对"僵化的认知、制造、使用方案"提出了更灵活的框架，特别是所谓的"多博物馆"或"博物馆中的博物馆"理念。"认知、制造、使用"这一宏大叙事试图将展厅纳入一个预先定义好的框架，而"多博物馆"理念涉及确认和使用各种各样的展厅、主题和样式去进行创造。正如萨瑟斯先生在推广这一想法的尝试中所说，"这是一份包含丰富、有趣的信息膳食纤维的菜单"。这个新想法并没有试图将所有的东西用一个整体的逻辑整合到一个博物馆中，而是更多地将科学博物馆定义为一个地点上的一组博物馆组合，或者用萨瑟斯先生的话来说，"商店中的商店"：

> 于是，我们可以提供的"菜单"以及我们展示它的方式和氛围（如在大型购物中心、百货公司或酒店中）将有所不同。这使我们能够确定节奏和信息深度的变化，并根据主题和预估的受众规模及其知识水平来确定展品的丰富性。

在讨论"多博物馆"理念的所有文件中，始终贯穿着"灵活"一词——正如埃米莉·马丁（Emily Martin）所展示的那样，这个概念在20世纪后期从商业到免疫系统的许多领域中都被视为理想。[22] "灵活性"已经成为应对快速变化的世界的反应能力和适应能力的指标，这也许是一种新的进步形式。就科学博物馆而言，"灵活性"也被视为允许对可能得到新赞助这样的机会做出回应，或者接受更多的临时展览，那也许是富有争议或热门的主题。虽然对一些科学博物馆工作人员来说，"多博物馆"的想法在潜在的开放性方面具有令人兴奋的前景，但其他人认为这可能是"缺乏方向和远见"导致的一种结果，还可能意味着科学博物馆将会更容易受到任何"赞助机构或随之而来的时尚与潮流的压力"。因此，这也许是对博物馆的社会角色的一种否定。在表达这些观点时，科学博物馆的工作人员当场阐明了一些更普遍的观点，这些观点可以说是专门针对"灵活性"这一概念的：一方面，它似乎承诺了开放、响应和变革；另一方面，它也有可能让位于安东尼·吉登斯（Anthony Giddens）所描述的"现代性的主宰"，即一个几乎完全没有方向掌控感的过程。[23]

无论哪种情况，"多博物馆"的理念似乎都应该庆祝这个多元化和碎片化的时代。具有讽刺意味的是，科学博物馆缺乏整体布局这一点曾在展厅计划过程开始时被视为主要问题之一，但最后却被视为一个优势。这种新思想不是由基于学科和馆藏领域的逻辑而产生并被策展人的领地主义所推动的碎片化思维，而是从概念上说明了将展览联系起来的整体主题的缺乏是一种优势、一个将机会最大化的创造性空间。正如理论家们为晚期资本主义所辩护的那样，这是一种面向未来的解体或分化：在一个竞争激烈的市场中，博物馆、博物馆赞助机构和观众的数量可能会处于溢价状态，而最大限度的多样化则为经营提供了最多的选择。[24]

因此，"多博物馆"的想法在很多方面都成功地实现了受托人的计划，即科学博物馆的任何改动都必须"与时代共鸣"。然而，这并不是那些参与展厅计划的人最初尝试的方式。对很多博物馆来说，与现世产生共鸣都是一项艰巨的任务，因为它们的藏品、建筑和作用不可避免地承载着过去的重量。这正如提交给受托人的文件所解释的那样优美："展览是它们那个时代的历史签名。"因此，任何大型博物馆都像是一本签名书，书页多年来都被填满了，虽然其中签名的意义和含义现在也许已经褪色或消失了。正如米克·巴尔（Mieke Bal）所发现的那样："这其中所涉及的是'过去'的一种'冲突'……这冲突也是现在的一部分，虽然它不断地在当下发出不合群的声音，但它却无法被移除。这在博物馆内部造成了一种'不安定'，而博物馆本身却是'安定的纪念碑'。"[25]然而，正如展厅计划的命运和经历所凸显出的那样，对这种承载了过往的空间进行重新规划，需要进行特殊的斗争和设计。需要重新设计的不仅仅是空间，还有那些往往被视为"已固化的"或者"已授权博物馆工作人员来处理的"实体，如科学、展品、专业身份和观众。试图重构这家国家级科学与工业博物馆是一项令人不安的事业，在描述它的工作时，我试着突出其"幕后"进行的一些文化工作和斗争，并阐明馆内激发出这些工作和斗争的一些重要派别与分支。我在这一章特别关注的是"科学""展品""专业身份"和"观众"这些富有争议且不断变化的概念。它们都是科学博物馆作为文化机构之特殊性的核心，并且确实有助于其话语形式的形成。然而，它们不一定会朝着同一个方向发展——正如展厅计划的讨论所强调的那样，往往是它们之间的紧张关系引发了辩论，或者使开始的雄心壮志付之东流。例如，人们那种需要"以展品为基础"的感觉，可能与当前更能引起共鸣的社会化的科学概念背道而驰；或者"以观众为导向"似乎会威胁到策展人的职业身份。然而，这种紧张关系需要得到承认，即使是对已完成展览的"解读"，也需要做好展品本身可能存在矛盾的心理准备，而不是将其归结为一系列预先确定的动因。

在观察科学博物馆的工作人员和会议并试图确定一些关键的内部激励类别时，我的意图并不是假设所有的机构都属于科学博物馆，以至于我们可以毫无疑问地将馆内工作人员理解为科学博物馆的"作者"。相反，我的目的是展示他们在一个特定的历史文化场所内的奋斗，从而表明在重新设计科学博物馆这一特定问题中如何体现出更大的发展，例如来自其他休闲场所的日渐加剧的竞争或科学的专业化。通过将他们的雄心壮志与对当时博物馆布局的文化分析进行对比，我的目的是强调一些在现有工作中已存在或试图进行的十分微妙的转变。然而与此同时，我也希望人类学—民族志学的视角不仅能有助于将科学博物馆工作人员的自主性水平恢复到某种程度，而且有助于恢复馆内关于"自主性"的概念，以及工作人员的一些批判性的和有理有据的反思。如果展览是"那个时代的历史签名"，那么我们应该准备好承认拿着笔的可能不止一只手——而且可能不止一支笔。走到"幕后"会揭示这种复杂性。在接下来的章节中，我们将继续这个过程，因为我们将进入展览制作的世界，加入一个团队，而他们正忙于一项令人兴奋又担忧的工作——在科学博物馆内创建一个新的展厅。

【尾注】

［1］参见劳（Law，1994）的作品。

［2］起初，有些人不愿意让我参加展厅计划小组。正如其中一名成员向我解释的那样："目前这不是一个特别快乐的团体，仍然有一些相当强大的主要人物，我们不确定是否已经清楚地知道我们的目标是什么，所以我们现在有点挣扎。目前只是做了一点权宜之计，我们偶尔会聚在一起消除一场危机，然后再次陷入困境。"然而，经过一番讨论，我被允许参加了，尽管（最初）没有录音。在允许我做笔记而不是录音的情况下，他们说我应该关注的是论点本身，而不是谁提出的论点。因此，我不会将评论归属于特定的某个人。我非常感谢我所参加小组的所有成员，以及同意与我单独讨论此事的许多工作人员。

［3］参见马丁（Martin，1994）关于类似文化结构的人类学描述。

［4］参见福莱特（Follett，1978：14）的作品。

［5］参见皮克斯通（Pickstone，1994）的作品。亦可参见康恩（Conn，1998）的作品。正如比内（Beane，forthcoming）所揭示的，这种"分解式"的分析概念在科学之外的领域也变得广泛起来。

［6］罗格夫（Rogoff，1998：17）写道："在艺术史系的教学中，每当我抱怨一些学生缺乏求知欲，抱怨他们对所学习领域过度的表面理解，或者他们对文化作为一系列璀璨之物的狭隘理解，教员中的其他人总会说：'哦，但他们有双好眼睛。'"

［7］当时的讨论见卡比（Kirby，1988）的作品。

［8］有关在英国原子能管理局资助的科学博物馆核能展的制作中赞助和偏见问题的讨论，请参阅李维多和杨（Levidow and Young，1984）的作品。科学博物馆的一位策展人因《官方机密法案》（Official Secrets Act）而受到谴责，

因为他将与该展览的制作有关的信息泄露给了该文作者。对这种经历的记忆,使科学博物馆的一些工作人员非常了解赞助的问题,他们中甚至有人在争取赞助代码(sponsorship code)。这也使有些人对于接纳我的加入有些谨慎。受到谴责的那位策展人在一次会议上指出,我要加入团队这件事,并未征询所有工作人员的意见。不过,也许是因为他也欢迎外部观察员的想法,所以他也认为应该允许我加入,并得到了其他人的赞同。

[9] 关于科学博物馆空间的性别特质的观察和关于女性在博物馆中的代表性的讨论,请参见波特(Porter, 1988)的作品。

[10] 参见班尼特(Bennett, 1998)的作品。亦可参见迪亚斯(Dias, 1998)关于视觉特权的论述。

[11] 约维克展"在科学上是受人尊敬的",而且也确实"在科学上是可信的",这对它的创建者来说非常重要。当我访谈他们中的一个人时,他热切地告诉了我一些事情,比如通过电脑测量从约维克考古挖掘中发现的头骨而使模型的头部更加"真实"的计划,等等。

[12] 科学博物馆筹资的性质改变了,特别是引进了门票制度,这使得关闭博物馆一年或两年以进行重大修整的可能性变得微乎其微。因此,当整修博物馆的需求到来的时候,这一目标其实已经不太可能实现了。

[13] 这段话摘自1987年一份未发表的科学博物馆展厅计划文件。

[14] 参见夏平(Shapin, 1994)和迪亚斯(Dias, 1998)的作品。

[15] 参见皮克斯通(Pickstone, 1994)和夏平(Shapin, 1994)的作品。

[16] 有关"展示和讲述"的博物馆学实践及其代表性分支的讨论,请参阅巴尔(Bal, 1996)作品的第一章。

[17] 关于19世纪博物馆的"百科全书"思想,请参见普拉斯勒(Prösler, 1996)和希茨-佩森(Sheets-Pyenson, 1989)的作品。

[18] 这并不是说科学博物馆过去只收藏本国产品——它不是。这是一个关乎比例和焦点的问题。

[19] 例如,参阅福克斯(Fox, 1992)的作品。罗伯特·福克斯(Robert Fox)在1988年成为牛津大学科学史教授之前一直是科学博物馆的副馆长。值得注意的是,学者通常可以出于研究目的访问博物馆的收藏品。关于科学博物馆尽力处理不同种类历史研究方法的有趣讨论,请参见巴德(Bud,

1993）的作品。

[20] 这是更广泛的博物馆现象，参见古特（Gucht，1991）的作品。玛丽·布凯（Mary Bouquet，1995）在讨论"经纪"这个词时也对此进行了有趣的论述；在科学博物馆的背景下，罗伯特·巴德（Robert Bud）也使用了"经纪人"一词，并分析了米歇尔·卡隆（Michel Callon）关于翻译和行动者网络（actor networks）的概念（Bud，1988；Callon，1986）。

[21] 艾莉森–邦内尔（Allison-Bunnell，1998）在关于为自然博物馆拍摄电影的论述中，讨论了这一过程。

[22] 参见马丁（Martin，1994）的作品。

[23] 参见吉登斯（Giddens，1990）的作品。

[24] 例如，巴里（Barry，2001），大卫·哈维（Harvey, David，1989），赫尔德、麦格鲁、戈德布拉特和佩拉顿（Held, McGrew, Goldblatt and Perraton，1999，特别是第三章、第四章和第五章）的作品，以及拉什和厄里（Lash and Urry，1987，1994）的作品。

[25] 参见巴尔（Bal，1996：15）的作品。

请扫描二维码查看参考文献

第四章

为新的公众而生的"烫手山芋"：食品"旗舰"展览

来认识一下珍·拜沃特斯（Jane Bywaters）、简·梅特卡夫（Jan Metcalfe）、苏·莫斯曼（Sue Mossmann）、希瑟·梅菲尔德（Heather Mayfield）、凯西·尼达姆（Cathy Needham）和安·卡特（Ann Carter）。她们在科学博物馆被非正式地称为"食品团队"或"美食家们"。作为科学博物馆的常驻成员，她们被召集到一个团队中，专门致力于一个新展览项目的创建。该项目最初只是暂时被称为"食品与营养"（或者通俗地说是"水果和坚果"——这个主题招来了很多双关语，有时还是不完整的双关语）。本章将着眼于一些令人兴奋的展览制作的早期阶段，以及相关人员工作环境的本质。由于食品展览在很多方面被认为与以往做事方式相"背离"，所以这是一个很好的案例，通过它可以描述正在进行的"文化变革"的实例和应对措施。

到1988年，当我开始在科学博物馆进行实地考察时，有一些展览是在新馆长上任之前就已经开始筹划的，但是在他的任内还没有开启和完成任何展项。作为"烫手山芋"的食品展，是新的公共服务部举办的第一项展览，因而在科学博物馆中获得了特殊的象征性地位——甚至还不仅如此。这表明了科学博物馆（可能还有其他国家级博物馆）可能选择的"新方向"。有一天，食品团队的负责人珍悲伤地说："我想这算是馆长的孩子吧。但对我们来说又算什么呢？"这引起了其他队员的哄堂大笑，她们说道："你可别问！"之后她们反思展览该如何呈现出这种"附加意义"。尽管团队成员辩称，她们是"提出想法和开展工作并总体上塑造展览的人"，但她们承认，"食品与营养"展览被允许继续推进，是因为"它符合愿景"。如果她们"做了任何他真正不喜欢的事情，我们会知道的"。然而，这种"附加意义"的后果是："所有人都在关注这个展览，肯定有人希望我们失败。"

后来，在展览的计划过程中，团队发现馆长对她们正在做的某些方面不太喜欢，这对她们的工作和已经完成的展览产生了重大影响。她们还是带着每个人都会关注结果的预期工作着。当然，我的出现也起到了一定的作用。当我第一次见到珍并和她讨论观看展览的可能性时，她说："我们在其他方面都不过是小白鼠，可不就是这么回事吗？"尽管有作为实验对象的感觉，但是食品团队的成员当然不会把自己当成木偶。她们对自己正在做的事情有着清晰的想法和极大的热情。在某些方面，她们也喜欢她们的活动招致如此多的"阴谋"这一事实。她们有时会主动操纵这些"阴谋"，要么拒绝透露展览内容的众多细节（这也导致她们在科学博物馆里得到另一个绰号："女巫集会"），要么就是传播有关展览的谣言。后者包括一些展品的制作，比如她们计划安装一组巨大的茶杯和茶托，悬停在科学博物馆的中央大厅，或者展览将包括一大块奶酪和电子老鼠，又或者一个巨大的"巨无霸"（麦当劳的一种汉堡）。在这些虚假的展览描述中，她们还提到了某些真正要展示的东西——一大罐巧克力慕斯，一个可以让观众在其中体验身为一粒冷冻豌豆会是什么感觉的交互式展览，或者一家麦当劳快餐店。她们就是这样巧妙地让科学博物馆里的其他人很难知道哪些是这项展览真正要展示的、哪些不是。对展览信息的积极管理是我所见过的很多展览的特点之一，这类信息的生产通常对那些没有直接参与布展的人来说是相当封闭的。不过，那些采用"旧方式"工作的员工更容易让那些不满于这种信息传播方式或工作方式的初级员工去泄露有关他们的信息。然而，没有任何一个其他展览团队像食品团队这样以这种巧妙和有趣的方式去"泄露"信息。

一项关于原创作者的难题

在这一章中，我还想为一件我没有预料到的事情做铺垫。这件事使我很困惑：当展览最终开幕时，给人的"感觉"并不像那些一直在制作它的人所设想的那样。我之所以在这里使用"感觉"这个词，是因为无论是团队成员还是我自己，都很难确定是什么造成了对新展厅的设想与现实之间的脱节。与其他事情一样，这种脱节也是一个"氛围"的问题，正如食品团队的成员在我们后来谈论展览时所提出的那样："有点单调"，"没有我想象的那么生动"（见第七章）。当然，这可能是一种普遍的情绪松懈的一部分，就像一个人所说的"回归现实"——这项异常忙碌、引人注目、令人疲惫的日常工作结束了。

即便如此，最终展览表面上的"平淡"甚至"严肃"还是与早期的狂热和玩笑形成了鲜明对比。在展览的制作过程中，存在着一种与众不同的，甚至是大胆的、颠覆性的感觉。"美食家们"用了以下形容词来描述这次展览："激动人心的""忙碌的""喧闹的""生动的""有趣的""互动的""动手操作乃至全身心投入的""有意义的"。她们强调，这样的展览"不会无聊"，"不会是墙上的书"，"不是说教"，"不是死板罗列"[①]。相反，它将用幽默的方式来处理那些"难以理解"和政治敏感的话题。当然，它并非完全没有这些特点以及主题，但是我们将在后面看到，对于许多评论家和观众，以及在某种程度上对于团队本身来说，这些并不占主导地位。此外，在一

---

① 这里作者原文使用了"not trains"，比喻这个展览并非像一列火车的车厢那样将相似展项或者展柜死板机械地摆放。——译者注

些"前后"对比相当具体，特别是在展览看起来充满了文字展板的情况下（一些观众说他们"读得太多了"，一位策展人说这种就是"墙上的书"），展览缺少了原先计划的"互动"和"市场摊位气氛"。"编码"（展览的制作过程）和"文本"（完成的展览）之间是如何产生这种脱节的，这正是我试图通过民族志学来讲述的故事之一。在接下来的章节中，它将继续（以子情节和平行情节）进行，通过观众、评论家和博物馆工作人员自己的努力，完成展览的最终开幕，或者说是"解码"。[1]

这个难题既是理论上的，也是民族志学意义上的。对博物馆和展览的分析，绝大多数都是从最终成品的文本到假定的生产关系（一般是"主流文化利益"，特别是阶级、性别和种族的利益）。还原过程就不允许出现这里观察到的那种背离。这并不是说生产和产品之间没有关系，也不是说"还原"一定是不正确的。然而，它确实要求我们承认相关过程的复杂性，并找到理论化塑造文化产品这一相当复杂的业务的方法。正如我们将看到的，已完成的食品展览的某些方面可以被视为占主导地位的文化利益的产物，在这种情况下，就是一种食品公司和市场来主导政治的产物。然而，正如我们还将看到的，使得展览在这些术语中清晰易读的"情节"和"演员"，比有意识的"书面投票"更复杂，也比模糊的概念，例如"虚假意识"或"制度潜意识"所暗示的更加具体和多面。

于是，这个难题指向了一个更普遍的问题，即文化产品和知识的"原作者"是谁。[2] 这些也包括了科学本身和那些向公众展示出来的科学，尽管人们通常不会用这些术语来思考它们。我们可以提问：科学是在何处，由谁来构建的？是科学家吗？是"社会""国家"还是特定的一系列社会利益所促成的？是公共教育机构，还是特定的某个人，甚至技术和人工制品？抑或科学是由公众自身构建而成的？在和一组科学博物馆工作人员一道为公众创建一项科学展览之初，我的意图并不是将他们作为唯一的原创作者。我不是要预先假定一个明确的"作者"角色，相反，通过将一个特定的过程（展览的创作）和负责该过程的特定人群（团队）置于我的观察和分析视角之下，我将注意力集中在科学、国家、资料、公众以及其他利益集团之间的一个可见的交汇点上。正因为团队必须在不同的潜在参与者和实际参与者之间进行调和，所以我们可以尝试着追寻涉及展览"编码"的谈判（有时谈判的缺失同样需要关注）。

关于作者身份的思考引发了行动和行动者（如在行动者网络理论中）以及代理的问题，这是一个在社会学中已变得相当自然的范畴，并且肯定需要进一步的厘清。此外，它还把我们带到了"荣誉"或"著作权"归属的问题上，即福柯所说的"作者功能"，以及我们也可以称为"作者效应"的问题。[3] 作为一种所有权话语，它试图将特定代理人与特定文本或产品绑定在一起，而"作者身份"又涉及权威、真实性和"签名的政治"[创造性地使用德里达（Jacques Derrida）的概念]等问题。[4] 同样，它也帮助我们在科学研究、文学和人类学理论的争论（包括人类学写作争论）之间建立了概念性联系。但是，当我在这里介绍食品团队和她们所面临的任务时，我只想强调一下这样的观点：原创作者的身份比乍看之下更加松散和易解体。

任　　务

与我在参与科学博物馆的幕后工作之前所想象的相比，创建展览是一项更庞大、更艰巨、更昂贵的任务。我想，即使没有博物馆工作经验的读者也能体会到我最初的惊讶。当然，当我第一次向另外一群致力于"公众理解科学"主题相关工作的学者介绍我的民族志工作时，我被多次要求澄清这项展览的预期成本。我模仿着①说："不包括员工费用，122万英镑。"——这就是科学博物馆表达成本的一贯方式。[5] 虽然这对我的同事们来说似乎是一笔高昂的费用（比我们所有研究预算的总和还多），并且也是当时科学博物馆中最昂贵的展览费用，但若是相对于20世纪80年代后期

---

① 指模仿负责人的样子。——译者注

不断上升的展览成本来说，倒也并未显得过高。需要记住的是，尽管我使用了同科学博物馆中的其他展览一样的"展览"一词，它却不仅仅位于一个临时展厅内（这一展览曾经被预估只会持续很短时间），而是位于一座大型的新展厅（还涉及科学博物馆主体建筑的一些结构改造——尽管那是相当少的）。这个新展厅占地810平方米，计划在当地至少使用10年。在我撰写本书时，它和许多非常古老的展览都依然存在，尽管按照原先的预测，这些展览的"生命"早就应该终止了。

不断增加的成本是20世纪80年代许多博物馆馆长惊慌失措的原因，这是由于各博物馆越来越多地使用新的展示技术，包括新的视听技术、计算机技术，采用可动手操作的互动展品，以及越来越复杂的照明系统、展柜、摄影技术、三维重塑技术和图文展板等。尽管科学博物馆在20世纪80年代末不必应付艺术作品的高额费用，但由于当时艺术品市场的重大财务升级[6]，它还是完全意识到了展览作为一种"风格陈述"的重要性。拥有最新的展示技术是其中的一个重要方面。正如一位科学博物馆工作人员告诉我的那样："我们是一家国家级博物馆，我们无法逃避现实，你知道的，要'稳扎稳打，但要有创造力'。我们一定要做好。而且，如果要展示最先进的东西，那我们就很难通过那些旧的案例或以往的视听技术做到这一点。在这一点上，我们别无选择。"《博物馆期刊》是许多博物馆工作人员作为博物馆协会成员而收到的一份精美月刊。浏览杂志后可以看出，无论是专业人员和评论家对博物馆新展览的评论，还是许多不同类型的照明系统、展柜和其他展示技术的广告，都对这些问题给予了关注。

令我惊讶的不仅是举办新展览的成本规模，还有它所需要的时间。我正在进行的研究项目被规划并资助了两年。但是，我很快就清楚地知道，从展览开始到结束，再到对其开放情况进行观众研究，这些时间是远远不够的。例如，在我阅读的科学博物馆文件中，我看到了1981年的一份备忘录建议一项展览将于1988年开幕，但依然担心准备时间不足。碰巧的是，我很幸运地在一段短到让人们觉得"不正常"甚至是"荒唐"的时间内见证了食品展览工作的完成。这是极不寻常的。从可行性研究开始（那时没有承诺展览会继续进行）到现在有 20 个月，在所有六名团队成员全部就位的情况下，展览制作完成只花了 15 个月。然而，所谓的"项目启始"在实践中是一个极其模糊的概念。一方面，在许多年前人们就对有关该主题的展览提出了建议；另一方面，该项目已发生了很大变化，以前计划的许多方面（尽管不是全部）都已被抛弃。并且，试图识别"项目启始"的节点（即一切开始的"尤里卡！"时刻[①]），就像是试图搞清楚一辆不断经过大修的汽车到底是从什么时候实际上已经变成了一辆"新车"的。当我开始在科学博物馆进行实地考察时，整个团队已经成立了两个多月。这意味着我没有直接观察到项目的初期阶段，而不得不依靠与团队的讨论，通过可用的文档，以及与每个团队成员的工作日记进行"交谈"，来得到信息。我还参加过另一项展览初期的"头脑风暴"会议，该展览被临时命名为"信息时代"。这一经历，再加上同其他参与展览创作的科学博物馆工作人员的讨论，给了我与众不同的对比与参照，让我可以更深入地了解食品展览这一案例。

在下面的部分，我将首先简要介绍一下食品团队的成员——那些负责举办这次展览的人。然后我将讨论食品展览的操作对传统方式的"偏离"（这些所谓传统方式的特征被广泛认为是当时科学博物馆正在进行的"文化变革"的一部分）。萨瑟斯先生将"传统"作为我必须在科学博物馆的"词汇表"中列出的关键概念之一，这并不奇怪，因为作为公共服务部新展览方式的负责人，他一定认为自己处于与"传统"相冲突的前沿。那时，"美食家们"既凝聚了他在那场战斗中的希望和野心，同时也集中体现了他的担忧。

[①] "尤里卡"（Eureka）一词是对希腊语词汇的音译。相传，古希腊学者阿基米德在浴缸中洗澡的时候注意到，当自己的身体部分浸没在水中时，浴缸里的水就会溢出一些。这让阿基米德联想到了密度与体积之间的关系，从而解决了真假黄金王冠的谜题。阿基米德因为悟出了这一原理而狂喜，他大喊着"Eureka！ Eureka！"（我发现了！我发现了！），起身直奔大街，甚至忘记了自己赤身裸体。后来，人们就把发现了某个问题的答案所带来的惊喜心情用"Eureka！"来表达。此处作者使用该词具有反讽意味，意指确定项目真正的起始时间点是如此困难，以至于最终确定这个节点时，人们简直犹如阿基米德发现了密度测量方法那样激动。前文提到的哈利法克斯的尤里卡科学中心也是以该词命名的，以致敬科学先贤并彰显科学发现给人们带来的巨大惊喜。——译者注

"美食家们"

策展人员通过许多种可能的途径来到科学博物馆工作，并在科学博物馆发展他们的职业生涯。我们可以特别对比其中的两种。一种是相对专业的途径：某个人在特定的专业知识方面可能拥有更高的学位或正在攻读学位，以相当高的水平（比如说，D级或C级）加入科学博物馆，也可能以前在更专业的博物馆工作过（比如与航运或科学史有关的博物馆），然后，他倾向于专攻一个或一组特定的藏品和主题相关的专业领域。另一种是当时食品团队所有成员经历的普遍途径（实际上也是大多数科学博物馆策展人员开始他们职业的方式）。他们在水平尚低的时候进入一家博物馆工作，之后逐步提高。一些多面手也会提高自己的专业学科知识，并可能选择在日后成为专家，但不太可能与他们自己原本的专业教育背景紧密相关。在他们的职业生涯中，他们可能会从一个学科领域转向另一个学科领域。从这个意义上说，美食家们都是多面手，她们认为这有助于使自己变得更加灵活，更好地满足非专业人士的期待。

下面我列出了所有小组成员开始参与项目时的成绩。尽管据说萨瑟斯先生希望科学博物馆的工作人员"别那么在意等级"，但等级评定的问题其实已被根深蒂固地制度化了。例如，正如几位工作人员向我指出的那样，只有D级以上的策展人会被邀请参加所谓的"科学博物馆圣诞晚会"，而其他人则被邀请参加"受托人晚会"。[7]一位员工描述了G级的员工是如何被一些"高级"员工瞧不起的："就好像你的额头上印着G的标志一样。"随着职位的提升，这种情况可能会迅速改变。一位策展人告诉我，一旦她从G级升到F级，"高层就会开始和你交谈，而以前他们从未这样做过。"职位晋升是作为年度审核过程的一部分进行管理的，并被设定了某些目标。获得晋升的一个策略是去申请科学博物馆更高级别的职位，食品团队的一些成员正是这么做的。虽然这只是项目期间的"临时性"晋升，但工作人员显然希望这种晋升是永久的。

科学博物馆的幕后
BEHIND THE SCENES AT THE SCIENCE MUSEUM

珍·拜沃特斯，项目负责人，大约35岁。她在展览制作初期被提升为D级。否则，她将不会被允许成为有权任命其他团队成员的委员会成员。珍有微生物学学位。她在科学博物馆的许多领域都工作过，包括农业和食品技术馆，以及惠康医学史收藏馆等。在这些领域里，她专门负责民族志学材料。在从事食品展览项目之前不久，珍还曾是一个"观众工作组"的成员，她将自己所谓的"观众偏好"以及她得以"在过去十年里从一个G级员工一步步晋升"的事实归因于此。她曾指责我（在一篇论文草稿中）把她描绘成一个"女导游"，我想我可以很轻易地想象她带领着我们成功地进行一次露营探险。然而，尽管"女导游"的形象可能会体现出她良好的判断力和组织能力，却并不足以证明她的远见和幽默感。除了少数特别困难的时期，团队的所有成员都同意珍是一位"好领导者"，她成功地分派任务并允许成员自我管理，同时也为团队成员提供支持并明确方向。在科学博物馆里，珍被公认为"聪明的年轻人"之一，也被称为"有能力"和"脚踏实地"的人，而不是"独断专行"或"只想往上爬的人"（来自科学博物馆不同工作人员的评论）。展览开幕那天，在所有重要人物都离开之后，我邀请团队的每个成员在已落成的展厅中选择一个展品来拍照。珍选择了一个交互式展项——"食物金字塔"。在我为她拍照时，她决定让我帮助她将金字塔重新装满食物（图4.1）。当她被介绍给正式宣布展览开幕的约克公爵夫人（"博物馆年"赞助人）时，她穿上了时髦的服装。

简·梅特卡夫，项目经理。项目开始时，简处于E级，也是30多岁。她拥有考古学学位，并拥有博物馆研究的文凭。和珍一样，她在科学博物馆也工作了大约10年。简一直着意提升她在管理方面的专业知识（尽管她告诉我，她不想局限于此，因为她喜欢策展工作）。在加入食品展览项目之前，她一直是航空展览的项目协调员（直到项目因缺乏资金而停止）。简的主要任务之一是就展厅的实际建设事宜同建筑商、工人联系。她直率的沟通方式能够清楚地让别人知道他们事情没做好，她擅长开玩笑和寻找乐趣，这些特质都使她特别适合于这项工作。简选择在现场办公室拍照，这是她协调展厅建设过程的地方（图4.2）。在她面前的桌子上放着一个泄气

为新的公众而生的"烫手山芋":食品"旗舰"展览　第四章

图 4.1　食品展览开幕日的珍(左)和食物金字塔

图 4.2　食品展览开幕日简在现场办公室

的"土豆头先生",这是土豆营销委员会的一位工作人员送给她的。像展览中其他各种轻松的方面和简个人的喜好一样,"土豆头先生"也并未等来其最终完成的版本。

希瑟·梅菲尔德,在参加食品展览项目时被暂时提升到了 E 级职位。她帮助开展这项工作之前,曾在国家摄影与影视博物馆工作。她在科学博物馆的不同地点之间穿梭,这在馆内工作人员当中是相当普遍的。她之前做过有关惠康医学史收藏馆的工作。希瑟经常能够提出最富有想象力的主意,她也是团队里鲜明地代表展览中外行人立场表达想法的成员之一。有时,如果她认为其他人的想法不够直截了当,就会取笑他们。希瑟对科学博物馆的许多工作人员都有着有趣的昵称和描述,并且是用一种相当微妙的颠覆性方式[例如她自觉并坚持强调只称食品公司雀巢(Nestlé)为"Nestles",发音为"Nessell"]。她就是那个经常散播关于展览的谣言的人,其中包括上文提到的巧克力慕斯罐和麦当劳。我选择了一张希瑟(和苏一起)欣赏里昂茶馆装置的照片,这是她负责的外出就餐展览的一部分(图 4.3)。

图 4.3 希瑟(右)和苏(左)在展览开幕前大约三周检查里昂茶馆装置

苏·莫斯曼，也暂时被提升到了 E 级。苏曾经从事物理科学工作，并在塑料科学领域获得了一些专业知识，她后来出版了一本关于这方面的书。自 1983 年加入科学博物馆以来，她在空间科学和化学工业展览中担任助理。苏拥有考古学学位，在筹备食品展览的时候正在攻读博士学位。她积极参与博物馆的工会政治活动，通常对政治事务直言不讳，包括与科学博物馆集团有关的事务（如性别歧视、裁员和入场费等）以及与展览有关的事务。她在展览中引入了有关饥荒的内容，原本想在"购物心理学"这一展区中展示，她说，"主要是关于超市如何欺骗我们、让我们购买我们并不真正想要的东西"的内容，尽管这一部分最终还是被搁置一旁了。购物、食品的全球分销、冷冻和罐装过程等领域在展厅中都有涉及。她说话通常很快，有时会被形容为"如火花般转瞬即逝"。她不乐意忍受愚蠢、批评或她认为的政治懦弱。苏选择在 19 世纪 20 年代的英佰瑞杂货店复原场景旁边拍照（图 4.4）。

图 4.4 展览开幕日苏在 19 世纪 20 年代的英佰瑞杂货店复原场景前

凯西·尼达姆，20 岁出头，在科学博物馆工作了大约两年，现在暂时晋升为 F 级。凯西拥有地质学学位。作为一名才华横溢的艺术家，她非常偏爱美学（并喜欢戴各种各样的帽子）。她似乎经常根据特定展项的吸引力来考虑自己在展览中的角色（其他人也是如此，但凯西似乎尤其如此）。在创作展览的过程中，她最喜欢的部分被取消了，这让她有些不快。展出的部分中凯西最喜欢的是她负责的小吃展中维多利亚时代栗子小摊的复原模型（图 4.5）。

图 4.5　展览开幕日凯西在维多利亚时代栗子小摊复原模型旁边

安·卡特是团队中最年轻的成员，拥有历史学学位。她在科学博物馆工作了两年，目前也被暂时提升为 F 级。安曾经从事家用电器的收藏工作，其中一些藏品当时被安放在科学博物馆的地下室和工程部。在筹备食品展览的过程中，安还在公共服务部的资助下学习了博物馆研究的课程。安是一个开放、严肃、友好的人，她经常自我批评，但总是能高效地完成自己的工作。她不喜欢自命不凡，常常对某些工作人员和科学博物馆工作流程的缺点直言不讳，还会用一些非常直率的语言来描述人。安的展览区域是关于面包和家庭食物的，她还协助珍制作有关食物中毒的展区。图 4.6 是她在食品展览办公室办公桌前的照片。

图 4.6　开幕前大约三周安在食品展览办公室工作

在这里，我也许还应该提到我自己。展览区域没有我的工作。我参与的大多是相当小的任务，如帮助清洁物品或箱子，泡茶和倒咖啡，或去商店。图 4.7 是我在开幕日的照片。这家馆内面包房并不是我最喜欢的展览。但不知何故，我发现自己被困在柜台后面做面包卷——一方面是因为馆方急于让展览开幕，工作人员忘记了提前准备面包卷（没有这些面包卷的话，没人敢说这里还能被称为一家面包店）；另一方面也是为了给展览"增添一点生气"。这些因素综合起来的结果就是：人们很开心地接受了这家面包店。当时，我 28 岁——在"美食家们"之间处于中段年龄，学习过人文学科，又拥有社会人类学的博士学位，这样的背景很容易让我成为她们中的一员。对科学博物馆里的一些人来说，尤其是从非策展工作角度来说，我被视为团队的一员，而一些管理人员给团队起了个令人惭愧的名字——"伟大的七人组"，也就包括了我。我非常喜欢这个团队的陪伴。我经常会想，一旦我的定期研究合同到期，我是否会不喜欢在科学博物馆那个更开放和

科学博物馆的幕后
BEHIND THE SCENES AT THE SCIENCE MUSEUM

图 4.7　展览开幕日麦夏兰在馆内面包房

（凯西拍摄）

实际的世界里工作？[①] 我发现自己很难在对团队的理解支持和保持合适距离之间进行协调，我一直这么觉得。

除了那些被指定为食品团队成员的人——她们被认为是参与筹备和策划新展览的一线负责人，还有其他人也参与了展览的筹备。不过也许其中最重要的应该是设计师。事实上，在新展厅的皇家开幕式上，当馆长说这是一个全女性团队时，我旁边的一位策展人讥讽地嘀咕着："那设计师们呢？"

设计师和其他参与者

设计师——两位约翰——分别在约克郡和柴郡办公，但他们会根据不

---

① 作者在结束对食品展览的研究工作之后，将会转到科学博物馆的其他部门工作。此处她以此对比来表达自己对食品展览团队的喜爱。——译者注

同的阶段不定期地来参加会议。他们还通过传真进行定期沟通，而且在拟定展览计划的阶段，传真机简直忙坏了。两位约翰当时都40多岁，以"北方人"的形象示人（这种形象通常带有一种友好的率真），穿着风格时髦、剪裁考究的时装。在那个时代，拥有手机是相当不寻常的，它被媒体视为"雅皮士"的标志。雅皮士是20世纪80年代末和90年代初年轻向上、积极进取者的代称，他们通常被认为更加注重格调而非物质，并且在消费上比较奢靡。两位约翰用他们的手机来应付食品团队的嘲笑，有时哪怕在根本没有什么必要用手机的时候，他们也会在周围炫耀性地互相打电话。他们选择在一台自动点唱机旁合影（图4.8）。他们非常希望能将其纳入展览，说喜欢它，因为它是"一件美丽的展品"并且"复古别致"。虽然两位约翰是他们设计公司最显眼的面孔，也是食品展览最大的"设计投入"，但在他们的办公室里还有其他人，比如平面设计师。平面设计师扮演的角色更有针对性，也更具体，当然也很重要。

图 4.8　展览开幕日两位约翰在自动点唱机前

科学博物馆的幕后
BEHIND THE SCENES AT THE SCIENCE MUSEUM

除了这些被赋予特定的"创造性"投入的人，还有许多人的工作对展览的完成也至关重要。专家组咨询过很多其他人，其中许多并不是科学博物馆的工作人员，例如从事食物营养和食品历史研究的学者、实业家、专业图书馆的工作人员、其他博物馆的工作人员、具有特殊技能的组织（例如从事电影编辑、展板制作或食品模型制作等的组织），以及不同群体的代表，如"地球之友"和"好管家研究所"的代表等。科学博物馆其他相关人员还包括：食品团队的"直接主管"萨瑟斯先生和科森博士；展教人员，负责讨论展览的教育事宜，并准备一套教材以配合展览；互动团队，负责准备可手动操作的展品；视听工作人员，负责准备电子展项，例如影视资料和电脑展示；木工和其他在科学博物馆工作的人，制作展品复制品并为展览筹备展品（图4.9）；摄影师；楼房和建筑工程队，进行必要的物理建筑工作；以及人工服务人员，帮助将事情落实到位。即使从这个被删略的名单中也可以看出，大量的工作人员参与了展览的创作过程。当然，这没

图4.9　开展前约十周工作人员在木材工作室准备食品展览
（正在制作的是一个香料柜）

有包括众多人力资源之外的因素，比如香肠机（见第五章），它曾让希瑟头痛不已，因为起初发现它并不怎么合用，后来被放到展览上之后才按照预想向观众演示香肠制作。还有世界上最古老的罐子（我们还曾担心它会爆炸）、健身自行车，以及人造的水果和蔬菜。这还没包括那些导致展览意外中断的因素，例如1989年发生的多次火车工人和伦敦地铁工人罢工，这意味着展览团队的许多成员无法照常工作。还有折磨我们几个人（包括我在内）的水痘病毒，这都让某些领域的工作意外中断过。当然，我们也应该记住在展览制作中曾经使用过的许多东西，比如老是在关键时刻出故障的"可恶的"传真机、一遍一遍在上面修改展览文字的个人电脑，还有烧水壶。没有它们的话，整个布展体验就会少很多乐趣。

如果要将所有参与此次展览的人写入一本书的话，那必是一本晦涩难懂的巨著。因此，我以那些被赋予了科学博物馆内部主要代理人角色的人为起始，然后列出使这些人在馆内被选中的、值得关注的特征以及他们最开始时的想法。在下一章，我将继续讲述这些人如何试图实现这些想法、他们所寻求的帮助以及他们所遭遇的苦难甚至噩梦。

性别与团队结构

正如食品团队和科学博物馆的其他工作人员向我指出的那样，她们有许多不同寻常的地方。第一件几乎总是被提到的事就是：她们都是女性。正如科学博物馆馆长在展览开幕式上指出的那样，这在科学博物馆的历史上是前所未有的。对于他而言，将团队称为"女孩"足够有特色。

在科学博物馆策展人员中，女性约占30%，尽管她们在"低级"（公务员晋升阶段）团队中的比例过高。食品团队告诉我，筹备展览是一项"轻松的工作"（我认为这在当时并不是反语），主要是由级别相当高的员工完成的（通常由B级或C级员工负责内容）。因此，食品团队成员的工作得分也相对低。科学博物馆的其他工作人员还告诉我，创建展览"引起了轰动"，因为许多（虽然不是全部）工作人员认为建立和维护收藏才是相对常规的工作。团队成员本身对团队为什么只有女性和这种现象可能产生的后果之间有些互相矛盾的想法。有时候她们想忽略它："事情就是这样的，我们就是最适合这份工作的人。""我并不认为这会有什么不同。"她们用不含性别的术语解释了团队成员的任命情况："有一个从事过家用电器方面工作的人太好了，所以安是个不错的选择。"然而，在其他时候，她们认为全女性团队是至关重要的，也是令人鼓舞的，尽管与以往科学博物馆的安排背道而驰："这是一个用不同方式做事的机会，我认为女性更擅长在团队中工作。""我们更多是与普通人和女性打交道，他们不喜欢科学博物馆以及所有男孩玩具一类的东西。"因此，虽然团队成员并不是因为身为女性而被选中的，但人们认为，女性更有可能同意在任命大多数成员时已经确定的那些观点。我们在这里看到的是某种特殊的工作方式下的性别观念与博物馆学观点的结合，以及这些博物馆工作人员相对于"普通人""公众"或"观众"之间的特定关系。博物馆工作人员的这种自我定位，我称之为"观众劫持"，并且已经在展厅计划过程中注意到了，这可能在博物馆的日常工作中相当普遍。我观察到科学博物馆的其他展览团队中也存在这种现象，只不过由于工作人员身份或经历的明显不同而显得可能性比较低罢了。

　　另一个新特征是团队结构。正如范·梅南（Van Maanen）所指出的那样，在20世纪90年代，团队合作已成为组织中的一种"流行语"。科学博物馆利用当时的管理思想，朝着这种结构发展，而这种结构本应该以更加平等和协作的方式而不是等级分明的工作安排来吸引其成员各尽所能。[8] 以往，科学博物馆的大部分展览内容会由一位资深策展人正式决定，他通常是一位管理员（即特定收藏品的负责人）。通常，一位策展人在其职业生涯中预计主持两项展览的创建工作，尽管科学博物馆中有一些值得注意的例外，他们曾负责多达六项展览。他（偶尔是她）将负责编写展览的"故事线"，概述展览内容和附随文本，并从库藏中挑选藏品。在这种情况下，他不会完全独自工作，而是会得到其他工作人员（通常是他自己部门的初级策展人）的协助，他们的任务可能包括为展览找到相关图片或安排从其他地方借用藏品。他也会与科学博物馆的设计师一起工作，并取得不同程度的成功；他可能还会向科学博物馆的展教部门寻求建议。然而，这个模型在很大程度上指的是展览的主要"作者"——事实上，在科学博物馆里，不仅策展人经常被用他们负责的藏品来定义（例如我们已经注意到的，"苏是负责塑料的"），而且以"作者"（策展人）的名字来称呼展览也很典型——"汤姆的"或者"罗伯特的化学品"。这也是萨瑟斯先生所说的"领地"的一部分。但是，这种机制的存在与展览本身不体现策展人的名字这一现象却形成了有趣的对比。人们会在展览上列出赞助商和所有外部设计公司的名字，却不会写上科学博物馆工作人员的名字。我们稍后将看到，这种"签名的政治"影响了人们对科学博物馆的解读。在这其中，科学博物馆单个工作人员的工作被归入一个既不存在却又同时呈现在展览上的签名——这也许才是"浮动的签名"——科学博物馆本身。

尽管此处我所符合的模型是以资深策展人的角色作为一个展览的主要"作者"，但我还是从与我同办公室的设计师以及其他工作人员那里听到了大量对展览工作开展的评价，这些工作人员在展览制作中担任初级角色，并与其他人合作。初级工作人员不止一次地暗示某些高级策展人"只有在最后才介入，却把功劳据为己有"，暗示在这里"作者"不过是徒有其名罢了。然而他们也谈到了在其他情况下，无论任何人想要实质性地改变主策展人的计划，都相当困难，尽管他们也间或成功过。设计师和初级工作人员会谈论更高级工作人员的"缺乏远见"和"不妥协"，有时还会说起他们不得不使用颠覆性的策略来试图改变展览的进程。"最后我们直接删减了（文本），没有告诉他，所以等他知道为时已晚，除非他想全部重做。""我们必须先把它落实到位，然后向他表明这实际上根本行不通，所以他最终只有同意。"此外，包括食品团队成员在内的许多人认为，一些资深策展人对自己主题的热情有时会让他们忽略观众对展览的看法。"那些贴在展板上的博士论文，全世界也只有对这个主题还感兴趣的其他三位专家才可企及。""只有羊毛帽才能看懂这些。"这些是对此类展览的常见评论。"羊毛帽"是一个形容"发烧友"的术语，指的是对某种特定种类的东西有着浓厚兴趣甚至痴迷的人（正如有人曾经向我解释的那样，"那种每个周末都会花时间仔细剖析发动机的人"）。[9]当然，这是特别挑出来的一些"糟糕"的案例，但是新的团队模型要取代的正是这种单一的作者模型，而改变管理结构也正是为了改变展览产品。

虽然珍是负责人，她的级别比其他组员高，但她并不是唯一的"作者"。相反，整个团队相对而言是一种集体合作的模式，每个团队成员都被分配去负责展览的一部分工作（例如研究和撰写故事情节、选择展品、组织必要的活动等，以使其成为一个完整的展览）。按她们的话说，每个人都"拥有"展厅的某个特定部分，而且她们在日常谈话中使用人名或所有格代词来指代这些区域（"我担心我的展区""那是安的吗"）。在这种情况下，展览所有权与赋予团队所有成员的那种"作者"身份有着一定的联系。显然，要确保展览的不同部分能够"融合在一起"，还需要做很多工作，但这是一项共同的任务，需要在团队定期会议以及与外部专业展览设计团队的会议上进行。有时，特别是在展览筹备最紧张和压力最大的时期，就会出现一种紧张的气氛，这表现为"两个办公室"的等级差异（小办公室里的项目负责人与项目经理，即珍和简，与大办公室里的其他等级较低的团队成员之间的差异）。大办公室中的人有时会感到其他人没有充分地咨询过她们的意见，但这种情况很少见，大多数团队成员都自豪地（并且确切地）宣扬她们在一起工作得很好，甚至到最后也没有像其他一些员工预测的那样：女性团队一定会"互相争吵"或发生"最终互相抓挠对方眼睛"那种事情。团队努力创造和保持的集体意识也是她们的自我定位带来的功能之一，而这种自我定位与科学博物馆的其他部门正相反（这是由她们想做一点不同的事情这一意识所驱动的，这很可能会受到其他策展人的批评）。当然，只有在面对某种特定维度和"科学博物馆其他部分"的成员时，团队才会认为她们是处在对立的一面，但这种对比有助于培养她们团队自身的一致性。

然而，她们并不是唯一这样做的团队。"信息时代"项目团队在某些方面做得甚至更强烈——他们坚持在科学博物馆外停车场内的一栋建筑里进行实物拍摄。该项目的负责人把科学博物馆其他大多数部门的情况描述为"面团"或"糖浆"（在当时使用食物作为隐喻似乎相当普遍）。"渡过难关"是这个项目的非官方座右铭之一。食品团队也在科学博物馆内，但在空间上与其他大多数策展人相距甚远，她们也经常将自己与其他团队（包括"信息时代"项目团队）发生的事情进行对比。就食品展览而言，团队成员的性别也成为这种自我标记差异的一部分，例如，她们将科学博物馆的其他一些工作人员称为"男孩"。毫无疑问，食品团队的性别和群体团结可能会使一些男性工作人员感到不安。正如苏所说，她们被称为"女黑手党"和"女强人"。我认为科学博物馆里的一些人确实感到了我们的威胁。这种危机感偶尔会出现。例如，一天下午，当一名男性工作人员进来时，我们团队正在大办公室里举行一个小型聚会——吃蛋糕，喝咖啡。面对这群靠在暖气片上或坐在桌子上放松的女性，他显然大吃一惊，红着脸问一位团队成员（当时不在现场）在哪里，然后就匆匆离开了。当时我们都不由自主地笑了起来，然后简假装严肃地说："他们就是无法接受我们是如此坚强的女人这个事实！"

设计师与艺术处理

在博物馆中使用外部设计服务并非没有先例，但在当时对于像食品展览这样的大型常设展览来说，却是不寻常的。在约克郡和柴郡设有办事处的霍尔－雷德曼联合公司在竞标后拿到了合同，他们以此前在布拉德福特色彩博物馆、兰卡斯特海事博物馆和曼彻斯特联队博物馆的工作而闻名。同样，这种竞争和外部的介入是有意"与过去决裂"的一部分，这是本次展览的特点，也是它在一个特定时期作为科学博物馆一部分的体现。和许多其他类似的改变一样，人们对它的反应有些犹疑不定。对那些参与其中的人来说，这是一个"获得一些新鲜的、有点不同的东西的机会，因为如果你总是在每件事情上都用同样的设计师，你可能会陷入某种陈规"；或者是一个"应对在展览开发过程中'近亲繁殖'的机会"（来自内部备忘录）。但对于科学博物馆自己的设计师团队来说，这是科学博物馆更常见的专业技能降级的一部分（"外部设计师不会理解科学博物馆和我们观众的本质，他们可能会认为这里的展览就像任何传统遗产展示一样"），也是向外承包而不是在"内部"保持专业技能的举措。（"似乎有一种观点认为，外部设计师在某种程度上更好。"一位科学博物馆的设计师沮丧地说。）因此，这也是科学博物馆"裁员"理由的一部分：设计办公室的一些员工已经被打着所谓"自然损耗"（员工离职但并不招聘新人替补）的旗号裁撤掉，从17人缩减到"只有5.5人，其中一人是无限期休病假，其余大部分人也都在考虑离开"（一位科学博物馆设计师说）。尽管科学博物馆的员工总数并未大幅减少，在1988年仍有约440名员工，但这一总体数字掩盖了需要传统专业知识并以半永久合同聘用的员工数量的下降，以及低等级员工和定期合同工的增加，特别是负责科学博物馆新增的营销职能的员工数量的增加。在这方面，科学博物馆也是与当时英国（以及许多其他国家）普遍的工作模式重组大潮相一致的。

食品团队的另一个不寻常的特征是，它不像科学博物馆的大多数展览那样基于或专注于展览单一的某个现存藏品。这个主题第一次宣布时就引起了馆内的关注，科学博物馆的一位高级工作人员在一次研讨会上反问道："那它要展示什么呢？几只烤箱和一大堆旧的烹饪书？"这次展览可以也确实利用了科学博物馆一些现有的藏品，包括家用电器（其中确实有些被淘汰的"旧烤箱"）、来自惠康医学史收藏馆的相关藏品，以及来自交通、农业、食品技术和摄影艺术等领域的一些馆藏。然而，被选中的"食品"这个主题，并没有准确地映射到某些特定藏品上。这是管理策略的一部分，即试图切断藏品和展览之间的"天然"的联系。同样，这也是从布展过程的架构着手来改变展览的一种尝试，这种尝试至少可以被看作一些授权机构对这种制度结构本身的认同。

与此相关的是，食品团队的成员并不是因为她们的专业策展经验而被任命从事这个项目的。确实，与第二章所讨论的变化并行的另一种变化是：

她们在从事展览工作时被赋予了"讲解员"的称号。"讲解"一词是用来强调展品对观众的导向,而不是对展品的照料(策展)。不过,实际上她们总是称自己为"策展人",而不是"讲解员"或"策展人讲解员"。事实上,在项目开始之前,团队的所有成员都曾担任过策展人,并且都具有特定的专业知识。其中一些知识与这个项目是相关的,尽管并不是非常相关(例如安在家用电器系列展览中的工作经验)。除了珍(拥有微生物学学位),别的团队成员都没有其他与食品相关的专业知识了。所有人都高兴地声明,尽管她们发现食品是一个有趣的话题,并且也喜欢吃东西,但她们绝对不是食品专家。不过,这并没有被视为一个劣势,反而得到了正向的解读。因为在"观众换位"的过程中,缺乏专业知识就意味着更有能力识别非专业人士并与之进行交流。食品团队的成员认为她们并没有那种会导致她们"与普通人脱节"的障碍——那些由太多的专业知识造成的障碍。正如许多文化评论家所观察到的那样,在专家系统和专业化普遍扩散的时代,她们这样大肆宣扬自己缺乏专业知识,并不能被简单地解释为一个例外。[10] 正是由于缺乏必要专业知识的人越来越难以理解科学,团队成员才强调他们与"普通观众"(对科学内容)共同的排斥感。此外,缺乏传统意义上的专业知识和专业技能也等同于灵活性和适应性。然而,正如"灵活的专业化"所强调的那样,随着越来越专业化的领域以及独特的法人身份被各种组织所寻找和推广,灵活性可能——实际上也确实——与新形式的专业化紧密相关。在科学博物馆里,这可以通过下面的方式来看到:在理解观众的任务和越来越广泛的公众理解科学业务中,专家由于具有能够快速完成专业化这一技能,变得越来越重要;而在这种民族志学的时间框架内,正如食品团队目睹的那样,许多人偏离了原来的业务,例如去开展观众调查并通过观众来测试展品了。

食品团队在萨瑟斯先生负责(因此,他可以说是团队的"直接主管")的新公共服务部内的部分管理功能定位,是在尝试着让展览重新面向观众,而不是专家,也不是深奥的科学世界,甚至也不是藏品和展品。同样,这在科学博物馆内也不能说没有争议。尽管一部分工作人员对于这种干扰高级策展人行使权力的事喜闻乐见,并且明智地将之与科学博物馆的"公众形象"建设任务整合在一起,但其他人仍然对此表示怀疑。参与筹备另一项展览的策展人批评态度尤为明显,他感叹他在此举中感觉到了一种"能力贬值",因为现在"把展览与卫生间清洁管理工作分在了同一部门"。对他来说,这证明了科学博物馆正在变成他所谓的"文盲村"(Bozoland)、"精神病院"(Lululand)、"疯狂地"(Cuckooland)、"蠢货岛"(Nincompoopland)和"非法人士聚居地"(Wallysville)——总之是一个价值颠倒、疯狂无理的地方。①

这些就是后来被称为"引人深思的食品"的展览在组织方式上与以往展览的主要区别。尽管并不是只有这些区别,但其他展览的改变更多地涉及布展过程,以及展览内容和目的的差异。毫无疑问,在任何展览的筹备过程中,都会有一些关于新奇和差异的这样那样的说法——毕竟,主要是通过这些主张,这些差异与新事物才在现代意义上被赋予了创造力,甚至是价值。[11] 在某种程度上,这当然是我观察过或者与主创们讨论过的其他展览的一个特征,尽管在大多数情况下,所谓的"新"仅限于内容和方法,而不会贯穿于整个布展过程。变革和"重组"——"扫除旧物"——这种说法不仅仅在于食品展览本身,它还是前几章所概述的更广泛的变化的一部分。无论是在科学博物馆内部还是外部,这些变化都对本次展览产生了特别强烈的影响。

为什么是食品?

科学博物馆新管理制度下的旗舰展览应该以食品为主题。这个主题应该主要从消费的角度提出,并且应该从超市赞助中获得大部分资金。这

---

① 这些词来自美国俚语,大部分带有"愚蠢""粗鲁""无理""荒诞""未受过教育的""精神有问题的""极端环保主义的"等意。而最后一个词 Wallysville 是美国得克萨斯州的一个非法人士聚集的城镇。这表现了这位策展人对食品团队功能定位的极端厌恶。由于每个词都具有多个义项,所以译者采用了中文读者较为熟悉的词汇,进行了互文式翻译,以求在每个词能够独立表意的同时,与其他词一道,共同表达文本的完整意义。——译者注

些事情结合在一起像是对当时被广泛强调的消费者和消费行为的一种完美表达。正如我所指出的，许多博物馆（和其他公共机构）都将公众视为消费者，并将公民身份概念化，认为这是一种明智的选择。在科学类博物馆中，"公众理解科学"这一概念的流行在一定程度上是对这种现象的一种表达（尽管这也反映了博物馆与科学知识之间关系的减弱）。健康和营养的主题是这一设想的典型延伸——使用价值和信息以支持个人在自己身体领域的责任，这是可以想象的。然而，正如博物馆工作人员的评论和一些内部备忘录所指出的那样，科学博物馆（选择做食品展览）在许多方面都是奇怪或令人惊讶的（"这肯定是自然博物馆的主题，而不是我们的主题"），并且正如萨瑟斯先生在食品展览项目实施期间委托的一项问卷调查所证实的那样，许多观众（50%）都没有想到科学博物馆会举办这样的展览。[12]那么，它是如何发生的呢？

在科学博物馆里举办食品相关主题展览的想法已经存在了一段时间。英国皇家农业学会在1979年提出，将于1988年学会成立150周年和"英国农业年"到来之际，建设一个新的农业展厅。信件和会议接踵而至，但正如时任馆长玛格丽特·韦斯顿在一份内部备忘录中所写的那样，展览并不像"人们希望的那样进展顺利"。一个棘手的问题是，该学会虽提出对展览进行财政支持，但在展览的性质上与科学博物馆的看法并不完全一致。当一个设想是由承担大部分费用的外部组织发起的时候，这就是一种常见情况了。尤其是，该学会职权范围的核心是推广"农业"（正如该学会制作的一套相当枯燥的"场景还原"所表达的，"将农业展示为一种发展中的专业活动和社会需要"），这与科学博物馆关于策划一项有趣的展览方面的想法并不完全契合。项目本来还在缓慢推进着，但在20世纪80年代中期被部分地搁置了。由于玛格丽特夫人即将退休，所以把事情推给她的继任者更容易一些。

珍是早期"食品与农业"理念的构想人之一。她利用这个机会向新馆长建议举办一项食品相关主题的展览。然而，在这样做的同时，她也改进了自己的想法。她认为农业方面的内容不应该被包含在科学博物馆中，而应该在拟建的国家农业博物馆中展出。正如她向我解释的那样：

115

科学博物馆的幕后
BEHIND THE SCENES AT THE SCIENCE MUSEUM

> 我热衷于社交活动，而新馆长正是那种喜欢社交活动的人。老馆长更喜欢将91台拖拉机排成一列——她喜欢技术，而不是社交。新馆长……想要彻底改变展览的方式，所以现在是时候考虑更多的社会影响了。如果馆长不赞同，那就没有必要提出来了。

珍本人对营养学很感兴趣，并致力于与普通大众交流，她还强调了食品作为公众理解科学的一个话题的适当性。

许多其他的事情也合在一起使食品展览这个议题得到了批准。首先，它属于一些我们前文已经提到过的"背离"，特别是那些不以单一藏品为基础的背离。其次，食品是当时公众和媒体相当感兴趣的话题——一个真正的"烫手山芋"。在这一时期，人们对食品加工厂的生产方式，特别是对鸡蛋中沙门菌等健康问题的担忧与日俱增。在展览的筹备过程中，每周都会有关于食品的新文章、新发现（通常似乎会推翻前一周的发现）和新的风险提示，这给团队带来了一些困难，我们将在后面看到。再次，正如展教部门一名成员在备忘录中所说：

> 科学博物馆经常因为举办展览而受到（尤其是教师们的）严厉批评，这些展览似乎忽视了多种族社会的兴起以及妇女社会角色的改变等发展变化。很难看出我们的大多数展厅如何去展现对这些问题的认知，但"食品与营养"展览不同。它为我们提供了一个机会，表明我们意识到了这些问题，而我相信它们不会被指责为表面文章或虚伪。关于"药草和香料"或"主食"的主题领域将会留意"种族"问题。

最后，以食品为主题似乎具有吸引赞助的优质潜力，因为超市和食品公司在20世纪80年代是英国擅长赚钱的行业之一。（食品档案中的一份文件列出了食品公司的名单、税后利润，及其对科学博物馆展示方法的回应。）换句话说，这无疑是一个"与时代共鸣"的话题，但要将这种共鸣转化为科学博物馆的内部背景，既需要调动个人的主动性，也需要收集大量的统计数据和论据（包括克服反对意见——该主题不适合科学博物馆——的论据）。

食品展览的可行性研究

1988年2月，在珍的提案发送给科学博物馆的经济管理委员会（由馆长和副馆长组成）之后，她被要求准备关于该主题的可行性研究。她以个人名义邀请简和苏与她一起做这个研究。3月，她们起草了一份题为《食品与营养：在科学博物馆举办永久展览的建议——食品项目可行性研究》的报告。为了突出她们的专业水平以及该展览与其他展览的不同之处，她们让这份文件看起来"闪闪发光"，还印上了"食品与营养"的标志 [其实就是一个带有自身名字的风格化的购物车图案立在"NMSI"（国家科学与工业博物馆）的盾形纹章旁边]。报告以广泛的"头脑风暴"为基础——她们在这一阶段制作了相当精彩的大型表格，也充满了比一般可行性研究更多的有趣想法。目前我仍然可以看到这份报告并作为参考——报告里面还囊括了成本计算和对可能的受众等二级问题的研究。它也借鉴了珍在她自己的早期提案中已经做过的工作。当然，这项研究不应被简单地理解为一份意向声明，还应被理解为一份带有战略性和修辞性的文稿，旨在说服馆长和受托人批准这个项目。（在她们提交可行性研究报告之后不久，项目就得到了批准。）我将在下文描述它的一些内容。

简介和观众

本研究的简介如下：

人们对食品感兴趣。最近的调查显示，人们的兴趣日益集中在与健康有关的方面。公众越来越关注"不健康"的食品，但对什么是健康的或是不健康的，以及如何改善日常饮食，却知之甚少。目前在英国还没有关于营养和食品的大型展览。

科学博物馆打算举办一项生动、有趣且富有娱乐性的永久性食品展览。科学博物馆的国家收藏品展示了农业和食品技术的历史和现状，因此它在帮助人们了解今天的饮食状况和回答他们的一些问题方面具有独特的优势。

1989年将举办"英国食品和农业年"的庆典活动。该展览将于当年9月开幕，这将为了解英国的食品和营养提供一个长期的关注点。

在第一行点明潜在观众的兴趣，既是一种策略，旨在强调这是一个很可能吸引广泛受众的主题，也是将人们，或者说观众，置于最重要的位置。这在文稿的其他方面和后来发展出的想法中都很明显。"健康"这一层面的合理性在于它指出的广泛且日益增长的公众和话题兴趣所在（正如报告中经常引用的"调查"所证明的那样）。提及相关藏品部分是为了平衡健康和营养角度不完全适合科学博物馆这一观点，同时也有助于体现为什么科学博物馆对于完成这样一项展览的艰巨任务来说是合适的场所（"具有独特的优势"）。在此我们也应该注意到，她们并未将这一提议归功于报告的作者，而是归功于科学博物馆（"科学博物馆打算"）。这也许有点不太成熟，尽管毫无疑问在言辞上是有效的，即把人归入机构的概念之内。这一点我们已经注意到了，并且在以后的展览制作和反响中还会看到。另外，时间安排得也很合理：在"英国食品和农业年"（后来又增加了"博物馆年"）期间开幕。

最初用来表述这次展览的形容词值得我们注意："生动、有趣且富有娱乐性"。在日常讨论中，这些词将该展览与科学博物馆内那些被描述为"无聊""乏味""墙上的书"的展览形成对比。然而，在整个文件中占据主导地位的却是更为严肃的教育维度——展览将会致力于"解释"和"帮助人们理解"。正如一位展教人员所指出的，在某种程度上，这也是科学博物馆的起点（他是在与隔壁的自然博物馆进行对比），而且"我们有……不良记录"。

这里还应注意的另一个主题是"国家"。"不列颠""英国的""国家的"和"联合王国"以一种相当低调和理所当然的方式被包括在这几个段落中：博物馆是"国家的"，"食品和农业年"是"英国的"。国界被视为一个相当自然的参数，这也是具有国家级地位的科学博物馆的一个无可争议的事实。我们将在第六章回到这一主题，届时将探讨"国界"与它自动生成的诸如"英国饮食"之类的主题是如何与教育官员所称的"种族"问题进行协调的。

尽管科学博物馆接待了许多外国观众，但提案文件中含蓄地点明了英国观众。作为20世纪80年代末的一项新规定，展览的"目标观众"也需要明确定义："该展览将主要面向家庭，包括管理家庭饮食的父母。"在某种程度上，这种表述之明确令人惊讶，因为该团队在口头上倾向于强调展览是为"每个人"或"普通人"而举办的。然而我认为，这种说法不应该被解释为他们认为所有"普通人"都是家庭成员。更令人惊讶的是，可行性研究报告还确定了以"社会经济地位较高的群体"作为其"目标观众"。报告指出，有孩子的成年人，尤其是在"社会经济地位较高的群体"中，对饮食问题表现出最多的关注，有47%的观众带着孩子来参观科学博物馆，有97%的观众来自"社会经济地位较高的群体"。[13]我们应该注意到，这些数字是在引入收费措施之前得出的。在进行可行性研究的时候，已经有人提出了收费参观的建议，虽然还没有得到确认。这也许可以解释为什么文件策略性地提到那些可能有"可支配收入"的人会对这个话题特别感兴趣。

展览内容

对展览可能展出的内容的讨论从一张关于"基本原则"的列表开始。虽然这个列表有点另类，但还是有必要全文引用的，因为它既包含了打造这一展览的指导原则，也包含了我所说的展览在政治角度上的易读性——

表现了展览似乎在昭示或者压制其明显的政治意图。尽管其中一些原则后来消失了（有时会对政治上的易读性产生重大影响），但这个列表为接下来的故事提供了一个有效的起点。在这里，我会对每一个（或两个）原则的重要性做一个非常简短的说明。为了方便讨论，我对列表进行了重新编号，不过所强调的重点还是和原来一致。

（1）成功的展览都是从人们熟悉的地方开始，然后进入新的领域。科学博物馆的大多数观众来自英格兰东南部，很少有人直接体验过农业。他们对所吃食物的体验始于孩童时期的餐桌，然后才扩展到成年后的超市货架。很少有人知道他们的食物是如何到达那里的，又是如何包装、加工和储存的。

这种从熟悉的事物开始的想法是展览设计的中心维度，同时也塑造了展览的各种关键特征。这反过来又会引导展览以某种方式被解读。值得一提的是，这种想法在展览中融入了人们的消费行为和日常知识。

（2）对现代农业，很难在伦敦市中心的一个展览中以娱乐和有趣的方式进行充分展示，因为那里没有空间可以展示牲畜和耕地。作为补充，人们计划在一片绿地上建立一个国家食品和农业博物馆，以便更好地展示这些。

（3）展览将专注于食品本身，以及食品在家庭和工厂中的"加工"过程。基础性的食物生产，例如农场中的生产，虽然必须提到，但不必详细叙述。因此，有关农业本身的展示比例将会降低。

几乎所有关于农业和初级食品生产的内容都没有再被提及，这是后来所谓的"实用主义"决策所产生的结果。然而，由于这些领域被排除在展览范围之外，这对成品展览的政治易读性产生了重要的影响。

（4）科学博物馆是展示食品加工过程相关的大型实物展品的理想场所。观众希望在这里找到这样的展品，并想看到它们运转起来。

此次展览确实包含了大型实物展品，尽管它们有时表现得相当混乱。考虑到展览在走向现实的过程中发生的变化，它们也逐渐形塑了展览政治，部分原因在于它们拒绝脱离原来的实体和语义轨迹。

（5）展览将会很有趣。了解食品应该和吃食品一样愉快。展览还会涉及目前对混合均衡膳食益处的信念。

"有趣"是人们在对这次展览的口头描述中经常使用的一个词，稍后我们会回到关于"有趣"的政治层面讨论。这里关于饮食的不同之处在于，在使用"信念"一词时，我们清楚地意识到营养观念不是一成不变的。展览团队如何处理这个问题，是我们稍后将探讨的另一个主题，我们将在与科学家（营养学家）、观众的互动中看到这一点。

（6）展览将首先说明人们需要吃什么，以及简单的原因。营养将成为连接整个展览的主题，它将展览的每个区域都置于一个整体的环境中。营养理论在不断变化，因此展览的设计应便于时时更新。但是，食品展览没有必要去管消化系统（像在自然博物馆中那样）或营养物质的分子细节（比如在未来的生物化学展览中）这些问题。

在这里，我们看到了首先提出简单想法的原则，以及（至少在营养方面）科学不断变化的特质。作为一种合理化的策略，这里还体现了将某些领域转移到其他博物馆或展览中的策划过程。

（7）我们应该考虑在展览中的某个地方放置人们可以吃喝的一些真实食物，包括咖啡，即使它们没有什么内在的营养价值。

121

以后，这将成为广为人知的原则的一部分。我们将看到，这一展览原则（以及政治原则）既有优点，也有缺点。这也是本展览大众化和强调消费的一部分。

（8）展览不应害怕面对公众关注的那些有争议的问题，如食品短缺、食品过剩和添加剂等世界性的食品问题。事实上，农业、渔业和食品部的调查发现，在人们心目中，食品成分对健康的危害排在第三位（仅次于吸烟和环境污染）。他们报告说，公众对食品添加剂的认识是"媒体引导的"。人们普遍认为添加剂有负面影响，但很少有人知道它们的具体用途。

在这里，展览明确将有争议的问题包含在内。所有这些主题都被纳入了展览，尽管观众和评论家们并不总能注意到。其中的原因十分有趣，下面我将会说到。科学博物馆可能作为媒体的一部分或作为媒体的对立面而发挥着独特的作用。

（9）食品是一个很大的主题。展览的设计应该允许观众选择他们想看的东西，然后在资源区域提供更详细的信息。

在展览中允许选择，将会成为一个核心主题，但要做的事情却比提供更深层次信息多得多。（信息提供工作是通过计算机程序完成的，它们本身允许对"路线"进行"选择"。）这也是展览政治易读性的一个关键方面。

图4.10显示了该项研究建议展览涵盖的主题。在顶部，我们可以看到两个主要的消费主题，它们是展览的一部分："购物"和"饮食习惯"。从后者向下延伸就是文件中所描述的"营养脊柱"。这里将会提出一些针对特定食物的营养的想法。图中列出的每一种食物都被认为在饮食中具有特殊的营养贡献，如肉类和鱼类（提供蛋白质、脂肪、矿物质）、茶和咖啡（提供水分）。此外，展览对每种食物都举例说明了个别生产过程，如肉类和鱼类

（腌制、干燥）、蔬菜（装罐、冷冻等，这正是大型实物机器所适用之处）。还有其他各种信息（主要是历史类信息），比如"20世纪60年代咖啡吧的发展"。为此，可行性研究报告还囊括了一些案例研究，概述了每一个领域可能会包含的内容。

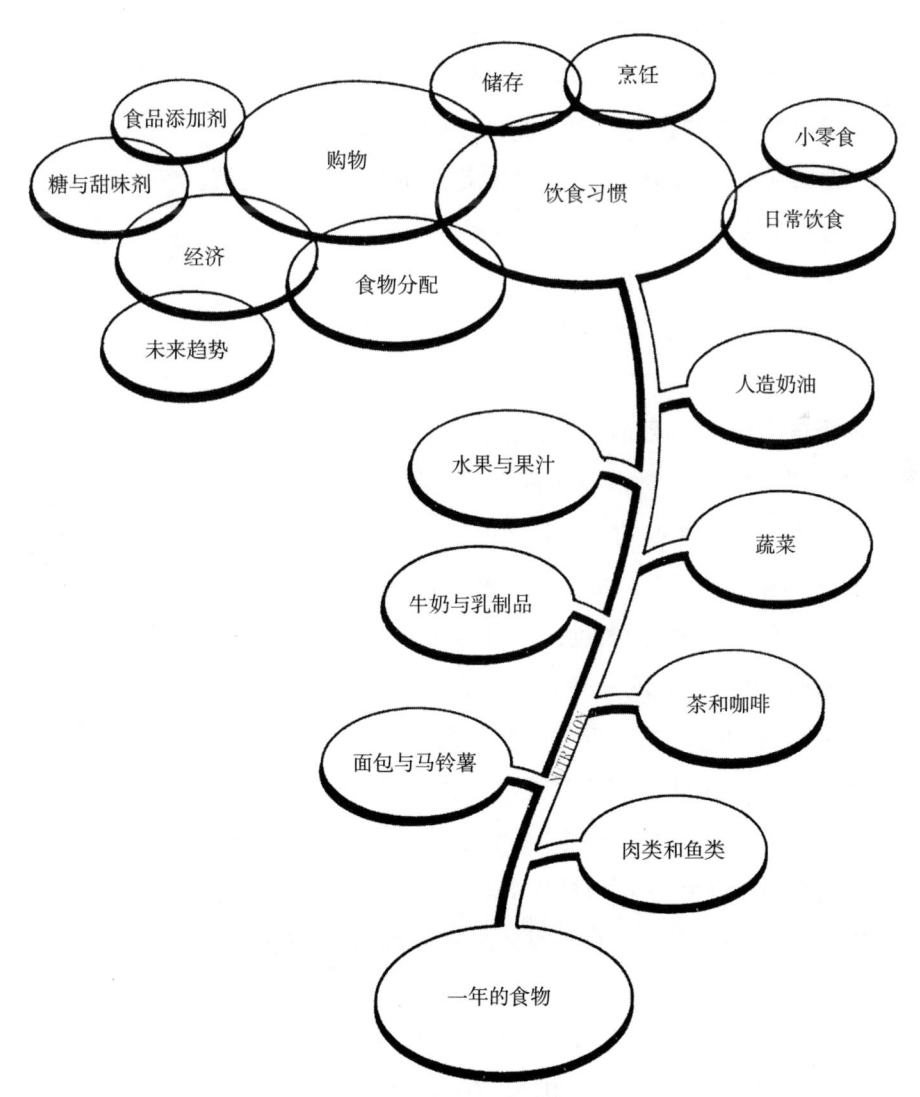

图 4.10　可行性研究报告列出的可能会使用的展览主题

"产业合作"和预算

该研究还涵盖了所谓的"与食品产业合作"的预想,具体如下:

· 就展览主题的范围和内容提供专家意见。
· 获取食品生产关键流程的技术专长。
· 作为唯一或联合赞助商,为展会提供资金支持。
· 为已列入计划的展项提供展教文字和材料方面的支持。
· 为展览的持续更新提供资金支持。
· 允许访问档案和影视资料。
· 协助确定并提供实物材料来用于展览或充实国家收藏。

该报告指出:"到目前为止,已经与食品行业内的许多大公司和组织进行了接触。"对于大多数展览来说,寻求企业赞助是必要的,这既包括了财政资助,也有通常所说的"实物援助"(如提供工艺展品),这出现在食品展览中并不稀奇。不过,报告将一些特定的部分——如相关展教文字及其更新——也作为获得独立赞助的"机会",相对来说算是一种创新了。

正如研究的下一部分——预算所表明的那样,食品行业的这种"投资"(报告原文就使用了这样的字眼)将是至关重要的,它有助于在预计有十年寿命的展厅内,提供近150万英镑的建设成本和79000英镑的维护成本。该研究称,科学博物馆(再次以一种展览"作者"的身份)"预计将为大部分人工成本提供资金"(不包括在150万英镑的预算中),并在附录中计算出人工成本将近30万英镑。在当时,这是科学博物馆举办过的最昂贵的展览。

批准和赞助

由于馆长和受托人现在已经批准了这个项目的提案,在接下来的几个月里，他们致力于为这项展览争取一些实质性的赞助来支付新展厅的巨额费用。正如研究本身所指出的，他们已经初步接触了一些潜在的"产业合作者"。这些会谈可能是关于"技术问题"的，赞助被"悄悄"加入讨论中，就像珍访问雀巢公司总部和瑞士的"食品馆"时一样。私人关系比如馆长与大卫·塞恩斯伯里（David Sainsbury，拥有英国大型连锁超市英佰瑞的塞恩斯伯里家族的成员）的关系，也被调动起来。他们还邀请了可能的赞助商代表在"馆长俱乐部"（伦敦雅典娜酒店）共进晚餐。当时的决定是首先接洽两家可能的主要赞助商（英佰瑞公司和雀巢公司），并和其他一些"较小规模的"赞助商联系，以期他们能够资助展览的特定方面（例如展教部分）。

截至4月底，塞恩斯伯里家族信托基金会旗下的盖茨比慈善基金会，也是当时对资助互动展览特别感兴趣的基金会，已经确认将出资50万英镑；雀巢公司也有可能赞助25万英镑。因此，5月份，食品团队成员得到了进一步的任命：简被调任到该项目，苏和希瑟在面试后被任命到两个E级岗位。她们所有人都开始强化这样的信念——"疯狂阅读，我们要从头开始，记住"，并和潜在的展品建立联系。所有这些都是为了创造所谓的"大纲脚本"。安和凯西也在接受面试后，于夏季担任了F级职位。那时，设计师们也任命完毕了。霍尔-雷德曼联合公司拿到了合同，这不仅因为面试委员会（由馆长、萨瑟斯先生、珍和简组成，苏也出席了会议）喜欢他们的提议，还因为他们被认为是"可以相处的人"。简当时指出：

> 我喜欢他们北方人的直率。我很希望这个项目是由"策展人领导"的。我认为通过霍尔-雷德曼联合公司我们更有可能实现这一点。这并不是说他们没有自己的想法可贡献，从我对他们工作的观察中可以看出他们是有自己的想法的，只不过我对他们的倾听能力有信心。

在这里，她表达了策展人对设计师可能"试图接管"展览的常规性恐惧。一家竞争失败的设计公司手写的字条上写着："想在**内容**方面成为主导！"

科学博物馆的幕后
BEHIND THE SCENES AT THE SCIENCE MUSEUM

雀巢公司在5月份确认了他们将出资25万英镑，但他们提出，这"取决于我们之间能否达成一份令人满意的合同，该合同须界定我们品牌的商机所在和活动范围"。然而，科学博物馆不愿认同这一点，特别是考虑到英佰瑞可并没有提出这样的要求。但是，（在与大卫·塞恩斯伯里的私人谈话中）与英佰瑞达成一致的是，"英佰瑞"这个名字应该出现在展览的名称中。这在科学博物馆历史上是前所未有的，也成为策展人发表负面评论最多的话题。同年6月，塞恩斯伯里家族又提供了25万英镑的赞助，但非常明确地表示："塞恩斯伯里家族的名字应该与展览永久、独家地联系在一起，这样它就能被称为塞恩斯伯里展厅或展览了。"他们还明确指出，展览中不能出现其他食品零售类赞助商（或其营销的食品），但食品制造商可以出现。科学博物馆方面提出"雀巢"的名字也应该出现在展厅里，但被英佰瑞拒绝了。谈判持续了好几个月，也没有达成令各方满意的协议。最终，在对展览内容的某些方面又进行了一些额外的争论后，雀巢公司退出了展览。虽然这样的谈判是专门针对这一展厅的，但也特别强调了一些关于赞助科学博物馆的问题。赞助商显然期望他们的钱有所回报，而科学博物馆的问题是：只有某个主题引起了赞助商的兴趣，他们才会赞助展览。在某种程度上，以赞助商的名字命名展厅（就像许多其他博物馆的做法一样，比如国家美术馆的英佰瑞翼楼），而不是允许其直接影响展览内容或得到更具体的"商业机会"，似乎是更合适的选择。然而，就像我们将在第八章看到的那样，由于学科之间的联系，就语义学来说，科学类博物馆对人们解读展览的方式的影响与艺术类博物馆是不同的。

所有最终为食品展厅提供资金的机构都对这个主题感兴趣，它们是：国家乳制品委员会——5万英镑；泰特和莱尔制糖公司——每年1万英镑，用于未来五年展厅的翻新；肉类和家畜委员会、玛氏公司和"好管家研究所"也捐赠了少量资金。鉴于当时媒体对饮食问题的广泛报道主要是对乳制品、糖和肉类的批评，这些组织很可能希望通过这种方式提升其产品的形象。团队成员经常强调，她们自己掌握着她们所谓的"策展控制权"，只有她才能对展览的内容最终负责。但她们也承认，有时很难确定达成了什么非正式的协议，因为赞助往往是建立在"君子协定"之上的。此外，即使在与公司进行交涉的最初阶段，公司中负责交涉的人员没有要求在展览中植入任何内容，这些信息也不一定能够传达给公司里那些与策展团队直接沟通的较低层工作人员。而且这些工作人员（他们通常是公司的公关人员，负责公司的贸易展览）很可能理所当然地认为，他们的目标应该是确保公司利益得到尽可能好的体现。

可行性研究已经制定了日程（图 4.11），其中列出了将要开展的活动和时间。尽管在展览的制作过程中，人们总是感觉时间紧迫，但事实证明，这个日程相当准确。像那种被科学博物馆内部委婉地称为"无法挽回的滑坡"的情况发生的可能性极小。到 1988 年夏末，食品展览筹备工作蒸蒸日上，不仅有了主要的想法，任命了团队和设计师，确定了部分展品的名字，获得了实质性的赞助，还一致通过了该展览应该在原天文学展厅所在的楼层开展。最后这个决定还存在一些争议，因为尽管人们普遍认为天文学展厅需要翻新，但无论从它所展出藏品（撤展后，这些藏品将被放回仓库）的数量还是重要性来看，它都是一个相当"物质丰富"的展厅。天文学展厅预备搬走的展品清单读起来就像一首诗：

> 牛津太阳仪、东迪钟、赖特太阳系仪、原始太阳系仪、纳斯神话望远镜、格鲁姆布里奇经纬仪、裘园相片日光仪、西森壁画象限、沙克伯勒壁画象限、舒克堡赤道、罗斯镜、史密斯赤道、牛顿反射望远镜、短反射望远镜、巴特菲尔德象限、伽利略雕像、贾维斯钟、科罗纳里地球仪、斋浦尔十二宫、节日太阳系仪……

"他们把天文学撤出来，再放进去一个汉堡店……公众会为此支付 2 英镑吗？人们是来看历史文物的。"一位策展人挖苦道。作为收取门票的第一项永久性展览，食品展览在某种程度上将是对观众们想要什么的一个测试案例。然而首先，在许多科学博物馆工作人员带有敌意的目光下，展览团队面临的任务是把她们的想法变成现实：展览本身。

科学博物馆的幕后
BEHIND THE SCENES AT THE SCIENCE MUSEUM

```
                    1988年                    │      1989年
        2月 3月 4月 5月 6月 7月 8月 9月 10月 11月 12月│ 1月 2月 3月 4月 5月 6月 7月 8月 9月

        概念**********                        │
        赞助人************                    │
              # 任命团队***                   │
        脚本纲要/设计纲要*******               │
              设计招标*****                   │
                    # 任命设计师              │
        设计/策划提升************************  │
                    粗略时间表*******         │
                    费用概算*****             │
                    设计定稿******************│
                    承包商招标**********      │
                          # 任命承包商******  │
              拟定展项制作纲要************     │
                    划分展区**********        │
        实施空间结构作业**************************
              正式委托/实施展项制作***************************************
              场外施工************************************
                    确定时间表****             │
                    确定费用****               │
                    确定展品******             │
                    选取图片**************    │
              展品征集/储存/翻修********************************
                    文本撰写************************
              开始宣传工作***********           │
                    装置/模型概要********      │
                                    # 确定分包商**********
                          场外装置/模型制作********************
                          图片征集/整理**********
                                宣传册大纲******
                                    制作光盘*************
                          征集/整理、准备宣传册用图片*************
                                    平面设计********************
                                准备开幕日展品***********
                                          场内施工│
                                          │宣传册文本******
                                                │      开展庆典*****
                                      展柜/展示装饰************************
                                                │  印制宣传册*************
```

图 4.11 食品展览可行性研究中的日程

【尾注】

［1］参见霍尔（Hall，1980）的作品，本书第一章、第八章和第九章有进一步评论。

［2］关于与文化生产相关的作者身份的进一步讨论，请参阅贝克尔（Becker，1982）、博恩（Born，1995）、伯克（Burke，1995）、福柯（Foucault，1995）的作品。

［3］参见福柯（Foucault，1995）的作品。

［4］参见德里达（Derrida，1995）的作品。

［5］正如希拉里·罗斯（Hilary Rose）在那次会议上向我指出的那样，这项展览（以及任何展览）的成本本身就是一个有趣的文化建构。例如，为什么不包括人力成本？科学博物馆工作人员向我解释说，因为他们已经被雇用，所以这对科学博物馆来说不属于"额外"费用。尽管如此，"不包括员工费用"这一项必须增加的描述是为了提醒观众，尤其是潜在的赞助人，科学博物馆实际上正在做出更多的贡献。造成这种情况的部分原因是，在与赞助商的谈判中，科学博物馆经常建议其贡献一定比例——例如，预留一部分比例给其他外部赞助来"填补"，但需要注意的是，它的贡献至少不完全是"以实物的形式"，特别是通过提供员工专业技能和时间。由于后者关乎科学博物馆可以行使相当大酌处权的计算问题，所以其实这为谈判提供了一种有益的灵活性。即使是在计算成本之内（在这个案例中总计为 160 万英镑），科学博物馆也有酌处权，尽管团队自己很少能做到这一点。因此，"预算"和"支出"之间相当不协调，特别是后者超过前者时。

［6］参见费斯特和哈钦森（Feist and Hutchinson，1989a）的作品。

［7］在特殊情况下可能会邀请其他工作人员。所以在 1988 年 12 月，所有的食品团队成员都被邀请了，某个人讽刺说因为她们正在进行的是一个所谓"旗舰项目"。科学博物馆或者受托人聚会的费用由科学博物馆经费支付，而其他聚会，例如馆内各部门的聚会（所有工作人员都将被邀请参加）则不是这样，一些工作人员对此表示不满。一位从未被邀请的工作人员告诉我，D

级以下的人是不被允许参加的,"因为他们认为我们不知道如何表现自己,他们怕我们会在受托人面前出言抱怨"。

[8] 参见范·梅南(Van Maanen, 2001)的作品。在管理学研究中,这种工作结构有时被称为"业务流程再造",或简称"再造"。基思·格林特(Keith Grint)解释说,这种工作结构是以过程团队的使用、多维工作(也许需要"多技能")和"员工关注点"的转变为特征的——从对老板的关注转向对客户的关注,至少在理论上是这样的(1995:94)。

[9] 我从未听说过对展品的热爱与对羊毛帽的痴迷被相提并论,尽管它们在人与物品的关系上有明显的相似之处。也许"羊毛帽"——正如这个被贬损的词和对它的评论所暗示的那样——正是因为这种对物品的喜爱的相似性和延伸,才让科学博物馆工作人员感到不安。在埃尔斯纳和卡地纳(Elsner and Cardinal, 1994)、皮尔斯(Pearce, 1995, 1997)的作品中,有关于收藏及其分类是正当还是不正当的有趣讨论。

[10] 关于"专业知识"和"专家系统"的系列文章,可参见吉登斯(Giddens, 1990)等的作品。

[11] 对"原创性"更广泛的文化关注中有一部分是"对新事物的崇拜"。这种文化关注与"个体性"的概念深深交织在一起(Taylor, 1985),同时也是"富有想象力的享乐主义"的一部分。坎贝尔(Campbell, 1987)认为这是现代消费主义的一个独特而关键的特征。

[12] 参见麦克马纳斯(McManus, 1989:4)的作品。

[13] 这份报告来源于英国旅游局1982年的一项调查,报告称该调查提供了"最新的数据"。"高等社会经济群体"在这里指的是除D级和E级之外的所有群体。根据报告,29%的人是A级和B级,这表明如果作者愿意,可行性研究可以对结果做出不同的解释。

请扫描二维码查看参考文献

第五章

"现实来临"：付出的努力与梦想的实现（以及协商的噩梦）

展览开幕后，我与团队成员进行了交谈。她们都把展览的筹备描述为一个变化的过程，用苏的话说就是："从创意万千到艰难跋涉。""好吧，你从所有这些美妙的想法开始，"简解释道，"然后，嗯，现实就来了。""我们确定的每一个区域都能够构成一个完整的展览，所以最后我们不得不变得残酷。"她们的叙述中提到了削减开支、损耗、"实践性"原则的意外干预，以及时间和金钱的极度匮乏。在这一章，我将探讨食品展览由计划到落地并成为展品和展示空间的过程中关于"现实来临"的一些经过。这样做的目的不是简单地讲述一个关于梦想被挫败的寓言，而是试图强调一些特别重要的参与者、工作过程和假设，这些一道（有时以意想不到的方式）塑造出了展览的最终呈现结果。

这一章将继续讨论前一章所提出的展览的原创作者的难题，以及贯穿整本书的对文化和科学生产的广泛关注。在通常感觉像是过山车般的展览制作过程中，每天涌入的问题是：放置什么东西，放置在哪里，如何处理空间不足或位置错误，从哪里拿到合适的物品来展示一个特定的想法，如何简单地表达一个概念，如何找到足够的资金并保持预算合理，如何使所有参与其中的人按日程表工作，简而言之，如何管理创建展览的全部繁杂业务。尽管这项工作并不总是给人这样的感觉，但不管怎样，所有这些都对想象观众的方式、科学的表现方式以及后来展览的政治易读性产生了影响。

尽管在整个展览制作过程中有许多事件和决定影响了最终结果，但其中有三个时刻似乎尤其重要：①展览科学顾问团队的早期干预对展厅的组织原则之一提出了批评，并导致了它的改变——我称之为"重组"；②计划的第一个主要修改阶段，我称之为"撤退"，因为团队的想法被映射到展览的实际空间中之后，很多东西不得不被抛弃；③后来，让团队始料未及的是，在科学博物馆馆长的批评下，展览进行了被称为"重新思考"的修改，团队成员为此感到沮丧。我将依次处理每一个问题，并试图追溯一些产生重大影响的例子，展示它们是如何逐渐固化到展览空间中的。在每一个案例中，我还将以展览发展中的特殊干预和时机为基础，讨论与以下方面有关的更广泛的问题，这些问题涉及：①科学家在科学展览制作中的角色；②物理空间、展品、媒体以及设计师的角色；③一些关于知识、展览和公众的基本概念的作用。在每一节，我还会着重强调一些假设，以及一些看似琐碎的决定或事件——比如计算机程序中的漏洞，这些情况只有在现实环境中才会充分显现出来。

科学与"重组"

在科学博物馆大多数展览的制作过程中，策展团队都会与相关行业的工作人员有很多接触。企业人员参加策划会议，提供一些通常被称为"技术援助"的工作，也并不少见。例如，在化学工业展览的策划过程中，帝国化学工业公司的一位"已退休"的员工来参加过例会。[1]"信息时代"项目团队还打算让计算机公司的人加入他们，以帮助他们提供详细的技术信息。就食品展览而言，这被认为是不合适的。第一，因为展览涵盖了广泛的主题，并没有明确哪一个特定行业；第二，正如珍向我解释的那样，"即使那不是他们公司的产品,也很难让他们提出任何负面意见,因为他们担心这会对整个食品行业产生影响"。而展览是为了应对那些潜在的争议性问题,如食物中毒、添加剂和健康问题,所以这也是个矛盾。虽然珍最初认为她们可能会与她所说的那些"商业科学家"保持密切联系,但她最终却选择了不这样做。

赞助公司是一个特别复杂的类别,因为食品团队很早就了解到,作为赞助商的一家制糖业公司的代表似乎非常热衷于将糖以"能量"的形式呈现——能量被认为是一个比"碳水化合物"或"卡路里"更积极的范畴。展览团队对此表示反对,强调在此问题上"客观"的重要性。苏决定在糖类展区中展出一艘奴隶船,部分地是为了向自己和其他人表明,这次展览不是由赞助商策划的。这个例子被团队视作一个关于"争论"的警示,如果赞助方科学顾问(例如英佰瑞的首席科学顾问)被允许对项目制作过多介入的话,那么争论可能会随之而来。这并不是说不允许赞助商参与——赞助商英佰瑞会被定期告知项目的进展情况,而所有赞助商都收到了与他们产品相关的展览部分的草案文本。不过,这是在与展览的主要官方科学团队进行讨论之后才做出的决定。官方科学团队是一个由营养学及食品科技领域的教授组成的五人顾问团。该团队举行了两次会议来审查展览的早期计划,然后其成员讨论了有关展览的具体问题并审查了展览文本。除了提供信息和检查展览的"事实准确性"(这是最受欢迎的说法)这些明确的任务,教授们还有一项非正式的任务(他们可能并没有意识到这一点),就是让团队可以说她们的顾问团已经批准了某些特定的事情,从而帮助她们避开那些"商业科学家"的意见。这些大学教授是团队利用所谓"客观性"的一种手段,尤其是在与赞助商打交道时。

尽管教授们为美食家们提供了很好的托词,可以用"事实准确性"和"客观性"等术语来避免他人试图改变她们自己的想法和文本,但在许多时候,她们也强调这些术语并不准确。在许多问题上,比如关于某些营养物质和食物的营养价值,教授们之间也存在分歧,这反映出了在涉及食物和健康的"科学观点"时,大众媒体经常提出的广泛异议。(例如,其中一位教授强烈主张大幅减少脂肪摄入量,而另一位教授则抨击说这正是造成"麦片早餐营养不良"的原因。)这促使珍决定在展览中强调这种共识的缺乏。然而,另一个意想不到的转折是,当教授们被要求说出他们的观点时,他们都选择了一些毫无争议的观点。也许是因为他们知道,这些观点有可能会被公开展示十年左右。珍的设想因此受挫,于是展览被题为"争议还是共识?"。不过,对五位教授的肖像及其精选名言的展示情况表明,他们之间的共识远远大于争议。

顾问团共识的一个方面是,展览团队通过特定食物来介绍关于营养物质——例如用面包来说明碳水化合物(正如我们在可行性研究报告中看到的那样)——的原始想法是不恰当的和"过时的"。专家更喜欢人们把所有食物都看作营养的组合。这是一种早期的策划干预行为,我称之为"重组",因为它导致团队对如何组织展览进行了改变。这些改变当时令人烦恼,但最终来说却也算相对地无伤大雅。作为对这一批评的回应,她们决定将营养展区(后来更名为"食物与身体")划分为一个单独的区域,而不是把它用作展览的一条主线,从而切断它与食品生产领域的联系。因此在展览中,营养(从广义上说是食品的健康维度)与食品生产在物理空间上是分开的。后来,随着食物中毒和食物污染等主要食品问题的出现,这种分离就显现出了问题。这些问题从1988年年底开始频频登上新闻头条,并在此后不时出现。在下一章,我们将重新考虑展览是如何在其快速"具象化"(即将想法转变为实际展览的过程)的框架内处理这些问题的。

从食品团队的体验中可以清楚地看出,向公众展示科学不仅仅是简单地从"科学"中提取思想并将其重新包装以供公众消费。第一,"科学"本身并不是同质的:科学家有不同的类别,他们不仅专业不同,而且研究方法也不同。而那些参与展览制作的人不仅要"拾取"科学思想并表现它们,还要在不同类别的科学知识之间进行协调。第二,这个过程远非简单的线性过程。科学家们的干预在展览制作过程中的各个阶段都有体现,有些干预只有在与其他决策交互时,甚至展览最终完成时,才能真正显现出来。此外,科学家们在进行干预时,并不仅仅是从"科学"的角度出发。

他们还关心他们的个人贡献被接受的情况，关心其观点如何被科学博物馆的观众所理解，以及他们认为的可能会对公众产生的影响，等等。这一点在某些方面表现得很明显，例如来自企业的科学家不愿对食品生产的任何方面提出批评，以及教授们不愿在未来十年公开展示他们那些有争议的观点。

痛苦之前的快乐——扩充

科学顾问团的干预相对早于展览的制作，发生在可行性研究完成并提出初步构想之后，但在这些构想开始转化为实际布展行动之前。在这个过渡阶段，食品团队成员开始深入研究分配给她们的展览区域。她们开始阅读"基本上我们能找到的任何东西"，从图书馆搜索和来自顾问团及她们遇到的其他人的建议开始，其中包括童书和报纸文章，以及更具学术性的图书和期刊文章。就像希瑟带着一点遗憾说的那样："就算做出来的东西可能像一本'瓢虫书'，你也要做好所有的研究才能达到目标。"[1] 她们还参观了相关的工厂和档案馆，同时调查可能会用到的图片和展品，特别是可能会在展厅中展示的大型机器。此外，她们还到加拿大安大略省、美国芝加哥市和瑞士各地参观了其他食品主题展览，以便通过对比来完善自己的想法。[2]

虽然这些旅行有助于剔除团队不想做的一些事情（"听起来不错的一些互动实际上并不怎么样"），但它们也提供了积极的灵感。总的来说，这是一个扩充的阶段，展览因之增加了很多内容，尤其是团队成员个人喜欢的内容。这些内容有时是附加的主题或想法（比如关于"为什么英国人不喜欢易拉罐"或"古怪的奶油与臭氧层"之类），但更多时候是团队成员在旅

---

[1] 《智慧小瓢虫》系列是英国著名童书，这里希瑟的意思是指最后整理的布展资料看起来像是儿童科普书一样。——译者注

行中遇到的特定展品（图5.1）。例如，希瑟在科学博物馆原有藏品中发现了一个"相当漂亮"的希腊酒壶，上面有一幅鱼的图片，她认为可以把它"塞到"自己的鱼类专区。当苏在亨氏公司的档案馆看到一个小小的塑料小黄瓜时，她迫不及待地想把它囊括进展览中（"它是不是很棒？我必须拥有它！"）。在这令人兴奋和膨胀的几个月里，在展品方面，更多的是增加而不是放弃。

图 5.1　凯西和希瑟检查展览可能会用到的展品

与此同时，在团队的定期会议和办公室日常互动中，展览的一些"基本原则"得到了重申或重塑。其中一方面是就科学博物馆内对展览的一些批评，包括展教人员的备忘录，做出回应。关于展览可能有点"说教式"这样的评价令团队感到反感，对此，她们再次强调她们那种"有趣"的布展方式：她们不打算"说教"，展览也不会"无聊"。她们打算用来避免"打哈欠因素"的方式之一是在展览中避免使用文字展板。至于用什么来代替，还没有决定。不过团队成员们经常提到展板，就像珍有一次纠正自己之前说的那样："或者我们用什么东西来代替展板，反正我们不会用展板，因为展板很无聊。"（但最终，展览上有 160 块展板。）她们也热衷于强调展览的体验性。"有趣"的另一个关键因素是，展览将不仅仅满足视觉感受，而且还提供嗅觉（通过装有各种香料和食物香精的橱柜来实现）、听觉（通过可以再现与食物相关的不同声音的展品来实现，例如爆裂的香槟软木塞、咯吱作响的薯片或薯条）和味觉（这部分将会通过一个品尝展区以及展览中的就餐区来实现）体验。滑稽和有趣的展览也将包括在内：巨大的巧克力慕斯罐和一些可以让观众看到自己变胖或者变瘦的、具有游乐场风格的镜子等。而且团队还有使用卡通元素的计划。美食家们热衷于尽可能多地加入一些"社交元素"。一些团队成员表示，她们个人认为这些元素是最有趣的。这些内容包括她们列出的"每个地区的传说和时尚"，比如"胡萝卜和黑暗中的视觉""大蒜和吸血鬼""盐和魔鬼""忏悔节""姜饼人"，以及一些有趣的历史和文化信息的片段。[3]总而言之，在这个阶段，关于展览内容的提议无疑是"繁多的"，团队赞同并经常使用这个词来形容它。

  这一阶段的另一个特点是，针对科学博物馆内流传的对拟议展览的一些批评做出回应。这也是我们需要了解的为什么后来的改动让美食家们感到"非常非常地痛苦"。展览中不包含历史实物的想法（比如像前面关于天文学与汉堡店的评论中说的那样）尤其让人恼火。一些批评把美食家们说成是挥舞着粉笔的女教师，这让她们对"说教式布展"的批评更加反感；而"空洞无物"的批评又似乎在质疑她们作为策展人的身份。展教人员的意见是这次展览不太可能包含很多实物展品。作为回应，她们愤怒地列出了展览将包括在内的仿制模型，如"世界上最古老的罐头"、最早的鸟眼豌豆冷冻机①及一台茶叶包装机。有几次，团队成员会报告她们与其他策展人的对话，她们"不得不指出，我们确实有实物展品"。希瑟后来描述自己在这个展览阶段"对没有任何实物展品这种说法耿耿于怀"，这就是她"拼命想弄一些进来"的原因。所有人，尤其是珍，都意识到策展人中间的一种担忧，即展出的实物展品越少，对那些认为策展人不应该参与创作展览的

---

① 鸟眼是发轫于美国的一家连锁冷冻食品公司。——译者注

人来说就正中下怀，而且更普遍的一个观点是"缩减"策展人员。珍经常激烈地反对这一点。例如，她反对那种聘请外部文案人员来负责食品展览的建议："作为策展人，为观众解释展品是我们的工作。"作为策展人，团队的所有成员都经常表现出对展品本身的爱，尽管这次展览是"以信息为主导，而不是以展品为主导"（正如馆长所描述的那样），但她们常常感到自己被强迫（"一定要有！"）将展品与美学（"我认为它们如此怪异"）、情感（"我真的很喜欢它"）、历史（"它是第一个产生的"）或其他因素（比如"没人见过这样的东西"）相结合。对展品的热爱、对博物馆内部批评的反击，以及对展品匮乏所带来的政治后果的认识，都助长了展品的扩充。布展空间是可以扩展的，虽然有些展品相对小，如"最古老的罐头"，但其他的，如茶叶包装机和冰箱，却非常占用空间。

其他物品也是成倍增长。这包括从一开始就打算使用的融媒体，如过程演示、音视频和电脑演示，以及受到特别强调的互动展品。虽然1960年后科学博物馆的许多展览中也包含了这其中的一些展示方法，但食品展览依然被认为与众不同，因为它打算使用比例很高的互动展品。用博物馆界谈论这些问题时使用的语言来说，它更像是一个"添加了一些实物展品的科学中心"，而不是"在实物展品的基础上添加一些演示"。此外，正如团队希望强调的那样，互动展览不"仅仅是按钮"，而是会有"适当的互动"。在我看来就是："不仅仅是按钮，不是那么被动……我们想要一些观众参与度更高的东西。"因此，有些展品将不仅仅是"动手"，而且是"亲身体验"。在当时，这类展品包括：一条隧道，观众可以通过它"体验冷冻豌豆的感觉"；一个"闻香器"，观众可以尝试辨别不同食物的气味；一套"有趣的蛋和勺子"展项，巨大的"蛋形厨房计时器"试图将油和水搅拌在一起；一台糖离心机；一台带有显示能量消耗面板的健身车；以及一个超市收银台，观众可以通过它扫描装满仿真货品的篮子。许多展品，尤其是"亲身体验"式的展品，都会占据很大的空间。但展厅空间是有限的——太有限了，容纳不了这所有的梦想。

设计与"撤退"

对团队工作的第一个主要限制出现在 1988 年 10 月。她们在兰开夏郡租了两间相邻的小屋，与设计师们一起花了两天的时间试图做出大纲脚本，即如何将美食家们想要在展览中涵盖的基本想法和艺术品映射到实际的展厅空间中去。这不是她们第一次与设计师见面，他们之前就有过会面，但是兰开夏郡的这次"撤退"会议被所有相关人士视为在"现实背景"下进行"残酷削减"的一个重要的"真相时刻"。可以不无讽刺地说，会议被称为"撤退"是由于它是在离科学博物馆非常远的地方举行的（这是为了防止会议中断，并且这样也能够真正集中精力完成任务）；除此之外，会议被视为一种"撤退"，也是因为它撤销了之前很多想法，并且从某种意义上来说，美食家们还不得不从已经蓬勃发展的许多想法中后退一步。

早些时候的会议已经确定了拟议展览的哪些展品将放在什么地方。这次会议的目的是更详细、更具体地指定空间——确定每个特定的艺术品和展品将被放置在哪里，以及展览的每个部分将被给予多大空间。鉴于展览的每一部分是由不同的人来组织的，本次会议还涉及协调不同小队成员之间的关系，比如是否应该从成员 X 那里拿走空间给成员 Y（两位约翰中的一位将此称为"交易"）。

设计师们已经提前收到了大纲脚本，也带来了可能的展览平面布局图。平面布局图画在大幅的薄页纸上，它可以叠放在表明展厅及其结构的基础图纸之上（图纸显示了各种关键结构性事项，包括在什么地方可以放置较重的物体）。针对某些情况，他们也已经预备好了替代方案，准备了橡皮、铅笔和尺子，随时准备在计划改变时重新绘制图纸。时间一点点过去，每个成员都在珍的陪伴下（通常简也在场），与两位约翰一起仔细检视各个区域的计划。这个过程远不仅仅是设计师们在"包装"策展团队的计划，而是一个更具建设性的过程——计划中的一些素材被切割、压缩或重新构思。除了美观，设计师们还对展品的"有趣"或"无聊"提出了自己的想法。

由于展厅有太多不同的小区域，设计师们特别担心这个空间会"混乱"和"零碎"。这既是团队渴望展厅看起来"热闹"的结果，同时也是不同的人在展览的不同区域工作所带来的结果。为了减少这种潜在的"零碎感"，设计师们建议尝试将一些区域组合在一起，这样它们就可以在视觉上和空间上联系起来。大家都很高兴，他们共同设法把展厅分为几个部分："在哪里？"（食物的分配和食品经济），"为什么？"（涵盖节食和饮食习惯），"是什么？"（"你需要从食物中得到什么？"——这个领域现在[①]被界定为不仅要包括营养问题，还要包括"愉悦"和"食品安全"），以及"怎么做？"（"你怎样准备食物？"——这包含食品在家庭中和食品工业中的加工过程）。然而，由教授们发起的这种分类，其实是将食品生产与食品同健康之间的割裂进一步固化了。更重要的是，这使他们每个人都产生了一种相应的特殊转变。在"你怎样准备食物？"这个标签之下，食品生产成了一个纯粹的技术问题，用来说明机器和技术是如何工作的。相比之下，"你需要从食物中得到什么？"这类标签又让布展变得非常个人化。这种变化通过将个性化的口味和营养结合在一起，深深地融入布展叙事的故事线之中，这有助于将饮食预期的呈现方式表述为："就像一个人的衣服一样，适合某一个人的不一定适合另一个人。"设计师呼吁让这些区域在实体上或视觉上都与众不同一些，从而使得区域之间的区别更加明显。休息时间的许多讨论都集中在如何有效做到这一点上，尽管我们当中甚至没有人考虑到这种分割本身可能会产生的影响。这不仅仅是一个实用主义和审美趣味谁占主导地位的问题——尽管它们之间的争夺的确经常存在，而且也是展览的前瞻性投射和观众模式预设的结果。"喧闹"和"无聊"，"打哈欠因素"和对观众身体的考虑——他们是否会因此感到疲劳、体能"超负荷"，这些都是展览的概念框架，它们直接地塑造了展览，间接地塑造了观众。

特别值得注意的一个问题是所谓的"观众循环"和"观众流"，即设想观众在展览中移动的方式。在想象一个具体的观众进入我们意想中展览的

---

① 指作者开展调研的 1988 年。——译者注

静态空间时，人们特别担心所谓的"瓶颈"（观众过多的区域可能会有人群聚集并阻碍他人通行）、"死胡同"（观众不得不沿着原路返回，而不是"流入"一个新的区域），以及"废弃空间"（仅仅为了帮助观众流动而不得不留出的相对空旷的空间），还有也许是最特别的"混乱空间"。这在很多方面都是策展团队想要那种"热闹"展览的结果，也是她们自己对展览向任何一个特定方向发展的预设进行抵制的结果。反过来，这又与她们想要创造一个不太说教的展览的愿望有关，她们认为说教性的展览是单向性的。[①]对她们来说重要的是，不应该强迫观众走一条特定的路线，而是要让他们可以选择自己的参观路线。正如我们将在下面的章节中看到的，这种让消费者自己选择的理念深深地影响了这次展览的许多方面。在这一点上食品展览并不孤单，正如我们在第三章所讨论的"多博物馆"概念中所看到的那样。然而，一方面是对选择和多样性的渴望，另一方面又要创建一个"不混乱的空间"，这就给观众的流动性带来了问题。在某种程度上，这次"撤退"会议期间产生的平面布局图是一个脆弱的折中方案——展览包含了许多形形色色的小展区和可供观众选择的方向，但是仍然具有计划好的主要路线和某些宽泛的"主题"（设计师计划通过他们所谓的"视觉符号"来标记这些"主题"）来把各个展区"联系在一起"。

尽管有些时候，尤其是在厨房的时候，有些美食家抱怨设计师"试图在策展方面介入太多"，但总体来说，"残酷的削减"是以一种相对能够达成共识且温和的方式进行的，这可能部分是由于两位约翰在解释他们的建议时所采用的方式（并且他们在提出建议时非常谨慎，即使这些建议还有更深层次的意义），而且他们得到了珍的支持。又或许，原因在于非正式的环境（所有人都穿着牛仔裤，我们还不得不轮流泡茶和生火）。最重要的是，事实证明东西太多了，没法都被放入可用空间之中。每隔一段时间，一位约翰就会拿出一个大大的木制卷尺来展示某个空间（与我们所用房间的大

[①] 之所以说"反过来"，是因为她又确实有一个自己的展览方向，也就是"不说教"。——译者注

小相比）或者展品会有多大。由于实际展示"空间的限制"，削减展品数量已是势在必行。

削减展项

削减的数目很多，而且各不相同。这其中包含"糖"（包括一项有关工厂生产过程的电脑游戏和糖类包装的工作演示）和"零食"的区域，有一些专门用于展示主食的区域，还有许多区域的特定展览（"中世纪市场"被缩小到只有一个中世纪的女巫，膝盖上放着篮子）。尽管削减的项目种类繁多，但这样做的某些合理性原则往往占主导地位。其中之一是，某个区域是否"真正"与食物有关或者"真正"与展览的某个部分相关。例如，珍认为喷雾状奶油展示和臭氧层的内容"离题太远"。另一个理由是，在展览开幕时或者在开放期间，某些东西是否会"过时"或者变成"无人问津的老话题"，比如我们提到的在鸡蛋中发现沙门菌这件丑闻。一项展览是否包含有趣的互动内容通常是至关重要的，而重要程度稍次一等的是，是否会有珍藏展品或其他实物展项。互动展项需要特别大的空间——设计师认为5平方米的空间是必不可少的，这有时意味着已经被允准包含在互动展项群内的其他展品必须被排除。因此，为了包含互动式糖离心机，关于制糖过程和历史的展项被削减了。

一个明显的例子是，苏建议的购物心理学部分成为以上两者结合的牺牲品。苏想要"通过展示超市，从根本上说明超市是如何诱使我们购买物品的"。她解释说，在超市的常规布局中，购物者首先看到的是色彩鲜艳、外观诱人的新鲜水果和蔬菜，因为它们价格相对昂贵，如果我们已经在超市花了太多钱，那我们就不一定会买这些水果和蔬菜了。像面包和牛奶这类主食通常被摆放得很巧妙，人们在到达它们的货架之前必须经过许多其他商品。还有，那些价格昂贵的货品经常被摆放在购物者的眼睛能够平视的位置上。苏的计划是通过文字和图片来展示她大多数的创意，尽管她确实对实物展项也有一些想法，比如展示照明系统如何使肉类看起来更美味等。然而，正是这种相对来说缺乏互动或实物展品的情况成为导致该部分被削减的原因之一，特别是当苏面临在她负责的购物展区的其他部分和这一部分之间进行选择时——另一部分包含了一些互动展项和藏品原件，那些物件都已经开始制作和购买了。她自己得出的结论是：相比之下，购物心理是"模糊的，在展厅里很难表现"，博物馆的物质世界无法为其提供空间。还有些观点认为：这个区域将很快过时，因为超市将汲取新的研究成果，而当前的智慧必将过气。苏也被这样的观点所说服了，并且她还不太情愿地承认：她的设想可能会导致与赞助商之间"非常有争议，非常尴尬"。一般来说，后者倒不会阻止她，尽管与其他因素结合起来，这种顾虑可以被视为自我反思的因素之一。因此，由于考虑到种种"实用主义论点"，苏所计划的购物心理学部分被取消了。而在后来，当展览完成后被批评为只是食品公司和超市肯定希望看到的东西时，她感到很懊悔。

"撤退"会议的一项成果是，团队意识到要按时准备展览就需要大大提前于预期的时间完成脚本定稿。也就是说，她们需要更详细地确定本展览最终将包括哪些展品和展项（许多依然处于谈判阶段）、它们的大小以及附属的文字和图形材料的数量。美食家们返回科学博物馆后，加紧努力以保证一切准备就绪。但是，其他事情很快打乱了她们的日程安排——就在展览开幕前十个月，馆长呼吁她们彻底"重新思考"整个展览。

重新思考：信息，信息，信息

当时的感觉就像是"一则重大的爆炸性新闻"（简如是说）。开始时她们打算向馆长进行一场精心策划的演示汇报。人们认为馆长经常会在工作的开展方式上横加干预（尽管他坚持对我说——也许是知道自己有这样的名声——他对这个展览"完全不插手"），因而美食家们担心他可能会"试图在工作中捣乱"。她们计划通过全体参加汇报并谈论各自负责的区域来

科学博物馆的幕后
BEHIND THE SCENES AT THE SCIENCE MUSEUM

"转移馆长的注意力",向他展示一些详细的布局计划和有吸引力的展品,让他等到最后再问问题,使他无法轻易"抓住任何一个他那些该死的、对历史或任何其他事物的兴趣点"。苏在她的一次产业调研中学会了"视觉速记"一词,她们计划利用这一点:"虽然博物馆界不常用这个词,但馆长会喜欢的。"不幸的是,对于美食家们来说,用大量细节和历史片段"转移馆长的注意力"这一策略最后被证明不是个好主意。

在1989年11月一个指定的日子里,穿着整齐的我们在会议开始前一刻钟进入了馆长宽敞的办公室。我们在餐具柜和咖啡桌上摆放了一些精选出来的展品——主要是食品包装类——并将展览的平面布局图放在了大餐桌上。科森博士带着"他一贯的孩子气、热情的自我"(用安的话说)进入办公室,并表示他非常期待听到展览的进展情况,因为"每个人都知道这个项目是关于什么的……你不需要解释这一切"。珍接受了这一建议,并表示她们会简明扼要地说明这一点,不会停下来回答问题。她向众人分发了一份六页的文件,题为《故事大纲》,其中列出了展览的一些主要的展区主题及其内容。该文件称,此次展览是"关于食物及其变化"的,并提出了新的"是什么?""怎么做?""为什么?""在哪里?"的分类,以及以前确定的一些标题(如"茶和咖啡"或"购物"等),来说明每个展区。

珍在会议上的介绍中强调,展览将"坚定地走大众化路线,这不是一个面向专家的展览,而是面向普通大众的展览"。她还表示,策展团队已经确定"展览大约有500件可能的展品"(这是她们喜爱藏品的结果,也是一种反驳馆内批评的尝试),不过她们不打算把所有这些藏品都包括进去。汇报演示的其余部分就像观众穿过展览一样,尽管从三个不同的方向进入,但每个团队成员都说明了她所负责的展区。这一切比原定的20分钟要长得多,但科森博士克制自己不去问问题,尽管我注意到他变得越来越烦躁不安。珍最后总结道:"但这不是一个标准的科学博物馆展览……从任何方面来说都不是!"科森博士笑着同意了这一点,并以迷人的谦逊开始了如下对团队来说毁灭性的回应:

这是一个很好的起点，不是吗？因为在我看来展厅似乎并不打算展示我们那些伟大的收藏。它从一系列主题开始。我们科学博物馆的收藏中有一些材料可以强调或说明一些主题，而像其他主题要是没有展品的话，你还得去寻找。还有一些主题，我们的藏品不太合适，所以你可以使用其他的媒介来表现。我的第一反应是，你们的陈述和主题听起来很丰富，但似乎和你们最初的目标联系不起来。我只是想知道是否有必要后退一步，看一看这个展厅到底要展示什么，或者你们想通过展览来表达什么，以及这些展品是如何构成你们的主题或一系列故事的。我并不是说它们现在没有做到，我只是有点困惑或者说迷茫。另一个问题是，我想你们在展厅里安排的展品异乎寻常地多了。（珍：是的。）我只是想知道，你们是否会因为展厅中过于丰富的元素而丢失了核心信息的清晰度？这只是现阶段出现的一个问题，我们可以就其进行辩论——任何一个问题本身都可能是迷人的。但是，它实际上如何有助于传达你们的核心信息？（珍：我们对信息量也有点担心。）它看起来非常密集地塞满了想法和信息，当然我的意思并不是说我已经用步子丈量过，或者在地板上用粉笔画出了界限，等等。就拿"茶和咖啡"这个例子来说……"茶和咖啡"展区的核心信息是什么？

珍回答说，该展区的核心信息是"茶和咖啡是膳食水分的主要来源"。对此，馆长说：

这似乎是一个超级、绝对清晰的信息，但我在所有关于茶壶的展示中都没有感觉到。我不清楚茶壶对这个信息有什么贡献。我们对茶壶很熟悉，因为我们用它来沏茶。但这和茶的历史有什么关系？[停顿]和传达信息的必要方式、基本方式有什么关系？

馆长继续向团队施压，让她们告诉他展览的不同部分试图"传达"什么，以及"核心信息"是什么：

科学博物馆的幕后
BEHIND THE SCENES AT THE SCIENCE MUSEUM

那么展厅的根源是什么呢？如果你们不介意，我想开始进行一些简短精确的表述。因为我想你们会更清楚——我故意扮演"魔鬼代言人"的角色，你明白的——这些信息是如何强化核心信息的。这真的有点像金字塔，不是吗？展览会有一个核心信息，还可能有一系列的次级信息来指引展厅每个区域的地理位置。然后还可能会有一些孤立的微末信息，等等。我担心的是里面总共有多少信息，以及你可能得到多少信息。我只想知道我们是否可以从每一条微末信息追溯到某个中央层级的简短精确的表述，上面写着食品展厅就是这样的。

在讨论了某则信息所传达的是否"食物变了"这个内容之后（馆长："食物变了……呃，呃——那又怎样呢？"），珍改变了策略，说这是在"帮助人们理解食物"。馆长认为这指的是食物的营养成分，并对汇报给他的各个章节的相关性提出质疑。他还关心团队提出的"信息"是如何在展览中传达给观众的（"他们怎么知道'茶和咖啡'属于'膳食水分'？"），以及观众有没有可能对这些信息感兴趣。当我终于有幸听到了馆长那件臭名昭著的"当我还是个诺丁汉小伙的时候"的轶事时，对提案各部分的探讨已经进行了几个小时。美食家们被派去打听用问题和答案组成的金字塔式的信息，这是馆长一直在寻找的。在她们离开前，馆长告诉她们：

关键是信息。展览的成功或者失败即系于此。对你们来说，经历一下争取那些对展览没兴趣的人的过程是很重要的。最终来参观的观众就是这些本来对展览不感兴趣的人。

尽管感觉有点泄气，但回到办公室后，团队成员承认她们确实在展厅里放了太多展品，馆长的评论有助于她们认识到这一点。然而，珍担心馆长建议的那种回归本源的方式可能会导致工期延长。她们本以为馆长会喜欢她们在展览中所强调的历史意义——"他一般都会喜欢这个的"。她们还担心，如果听从馆长的建议，"所有的营养类展品、所有的现代展品都要移除","要展示的是历史的部分……这些才是有趣的"。然而，回顾会议记录却发现，馆长这次似乎并没有站在她们的对立面上，"他不像往常那样热衷于历史"——可能他对某些有趣的核心历史信息已经感到满意了。但是，由于这种将"历史"与"科学"进行对比的潜在趋势，对馆长的评论就显现出了一种"非此即彼"的解读方式：今天他想要的不是历史，而是科学。更普遍的是我在科学博物馆的其他情景中也能看到的一种典型趋势，即工作人员根据他们对馆长喜好的猜测来规划自己的行为，这是因为他们认为只有馆长才具有"生杀予夺"的大权。在某些情况下，这可能会限制员工的创造力和自主性，因为这样他们就不会坚持自己的想法，也不会试图说服馆长相信自己的价值。就像在这个例子中一样，员工会殚精竭虑向馆长呈现他们认为他想要的东西，以此尝试安排一个对自己有利的结果。然而，这并不总能奏效，因为馆长并不一定喜欢自己上次喜欢的东西。这样做的另一个后果是，员工对馆长的描述往往是负面的，他被认为"反复无常"或者"追求短期流行的展品"，因为员工预测他应该喜欢的那些东西，他并不总是喜欢。

在接下来的几天里，美食家们努力应对她们所谓的"重新思考"。珍认为，其中的两个目的是"梳理我们的想法，并让馆长通过"。我们需要一个"严谨的概念框架"，而"严谨的"这个词也就成了我们的口头禅（有时我们甚至会喝一杯"严谨的"咖啡）。在萨瑟斯先生的坚持下，尽管团队最初不是那么情愿，但还是聘请了一名顾问来帮助她们完成这个严峻的任务。在数小时的会议中，展览提案被彻底剖析，标题也改了（"茶和咖啡"变成了"饮料"），她们还按照馆长的指示制作了一个问答金字塔。这种重新思考意味着需要对展览的一些空间布局进行改变（例如，将"糖"和"零食"展区对调），尽管为了尽可能减少对正在进行的设计工作的干扰，这些空间的改变已经力求最少了。展览新定义的目标是"帮助人们理解科学技术对我们食品的影响"，并附带了一个问题："科学技术怎样影响你吃进嘴里的东西？"在展厅内表现的"科学和技术"是与上面提到的"历史"进行对比的产物，同时它也被视为在这个困难时期科学博物馆进行的一项根本性转

147

变的产物。团队尝试制定一个工作目标，来达到珍确定的那两个目的，并尽可能多地保住已经定好的内容（以免日程表被打乱太多）。从这样的意义上来说，"科学和技术"被认为是一个不错的选择，因为人们曾经在不止一个场合说过（有时都有点说够了）：我们毕竟是一家科学博物馆。"科学和技术"也被认为是相对"安全"和"价值中立"的，代表了一种更容易展示的途径，而且在能够保住所有那些已经竣工在望的大型工业机械和互动展项的情况下，是完全合理也容易符合要求的。因此，我们所看到的是一种"制度回归"——在危机时刻，回归到被视为已确立的、没有争议的制度中来。

图5.2展示了"金字塔"的第一层——每个展览主要区域的目标和问题。那种"怎么做""是什么""在哪里"和"为什么"的框架，现在被认为很难向公众"传达"信息——它已经被遗忘了。取而代之的是每个篇章都有一个标题，包括"食品"这个词，希望观众能理解。然而，"历史"部分并没有被抹除，而是被包含在整个"科学技术"的信息中。在被要求明确展览内容的压力下，团队将其任务的一部分确定为过去一个世纪英国食品选择的增加。再加上"科技的影响"这一主题，这个故事成了科技如何给我们带来更多选择的故事之一。同时，在新的明确目标下，解释技术问题成为展览的核心。这使得希瑟努力保持她所谓的"更社会化的"和"更有趣的"部分，她担心"这项展览正在成为食品加工业的赞歌"。然而，她所关心的问题并未得到解决，因为团队成员感到她们已经承受了太多的压力，并且远远落后于计划了。

应对"强行插手"

在制作展览的过程中，美食家们必须不断处理与他人的关系。在许多方面，这是在面对其他类型的参与者"强行插手"时，努力维持策展人身份的一个过程。这也是一个管理自我职业身份的过程。美食家们认为她们

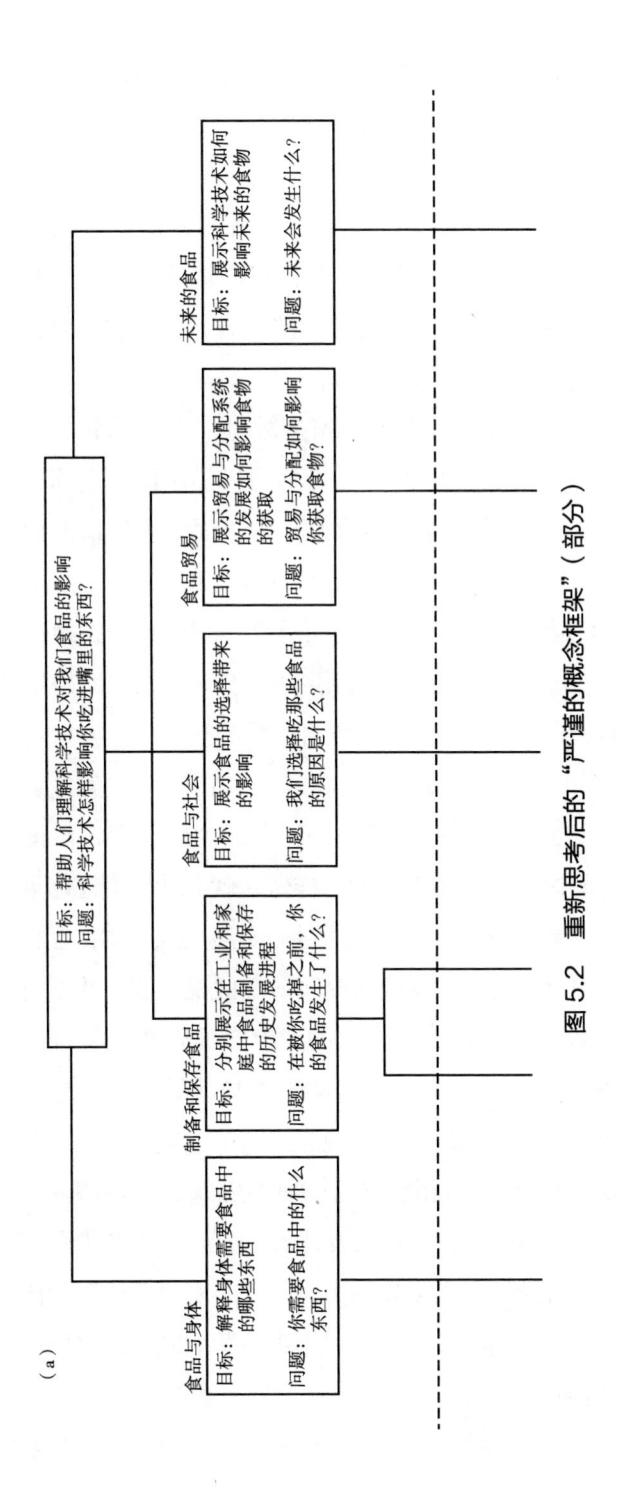

"现实来临"：付出的努力与梦想的实现（以及协商的噩梦）　第五章

(a)

食品与身体
目标：解释身体需要食品中的哪些东西
问题：你需要食品中的什么东西？

制备和保存食品
目标：分别展示在工业和家庭中食品制备和保存的历史发展进程
问题：在被你吃掉之前，你的食品发生了什么？

目标：帮助人们理解科学技术对我们食品的影响
问题：科学技术怎样影响你吃进嘴里的东西？

食品与社会
目标：展示食品的选择带来的影响
问题：我们选择吃那些食品的原因是什么？

食品贸易
目标：展示贸易与分配系统的发展如何影响食物的获取
问题：贸易与分配如何影响你获取食物？

未来的食品
目标：展示科学技术如何影响食物
问题：未来会发生什么？

图 5.2　重新思考后的"严谨的概念框架"（部分）

149

的职业身份意味着策展人的角色，并且经常谈论她们拥有展览的"编辑控制权"，她们将其归结为一种更高级的"科学博物馆权威"，称之为"科学博物馆编辑控制权"。例如，这导致她们坚持认为，为重新思考而聘请的外部顾问只是"一堵挡住我们想法的墙"，并强烈反对他撰写展览文本的建议。作为职业身份认知的一部分，美食家们承认她们必须解决科学博物馆馆长（她们的"直接管理者"）所提出的问题，但她们还是试图限制那些对她们已经在做的事情产生影响的方式。

在与科学家特别是赞助方科学家接触时，"科学博物馆编辑控制权"对美食家们来说尤为重要。她们处理着不同科学家群体之间的关系，以提防他们据称颇具掠夺性的"商业科学家"的一面（人们认为他们想利用展览来为自己的产品辩护）。团队认为，"客观性"和"事实准确性"的概念——假设任何科学家都不能用它们来吹毛求疵——对于保护她们自己的专业界限至关重要。然而在实践中，其实很少基于这些原因而出现争端，成功的情况更少，这种修辞手段只是偶尔适用罢了。

在雀巢公司仍被视为赞助商的日子里，它曾反对美食家们描述速溶咖啡发明历史的方式；更普遍的说法是，食品团队表示，雀巢在这个主题上希望占用的空间过多。（"如果他们这样做，就会让我们忽略展览中其他的一切。"）特别是，据说雀巢公司还想通过一个展区来强调自己在食品史上的地位，而忽略通用食品公司。尽管研究团队反驳说，这"并不完全符合事实"，但这一论断并没有像人们一直想象的"事实准确性"策略那样，构成强有力的、不容置疑的论据。首先，"事实"本身就是有争议的：雀巢和通用食品都有自己的历史记载，没有谁有绝对更高的权威；其次，关于雀巢自己发明的速溶咖啡，完全有可能讲述一个"事实准确的"故事——但"事实准确性"本身并不能避免偏见或巧妙的沉默；最后，"事实准确性"的修辞在涉及该主题的空间分配问题上用处不大。与"事实准确性"相比，大多数疑难案例涉及的是更模糊的、被认为是"主观性"的问题，比如向公众表达某件事的最佳或"最恰当"的方式。[4]另一个例子是，卫生部的一位科学家告诉珍，她有一个"圣约翰急救人员（指非专业的护理人员）会知道的故事"。

在一起食物中毒事件中，她的描述是"有用，但并不完全准确"。然而，这位科学家认为这对公众展览来说是合适的，因为科学上那些更正确的描述太不确定、太复杂，不可能对公众"有所帮助"（也不太可能让人们改变习惯以避免食物中毒）。

除了设计师，科学博物馆内外的众多技术人员和其他工作人员对于将美食家们的梦想转化为现实也是至关重要的。例如一些外部公司的设备被用来编辑展览上所要播放的影片（主要是关于食品工厂的生产情况的）；还有制作图形和文字展板的公司，以及提供食物模型的公司。这些公司的人员之间的关系并不总是和谐的，特别是在截止日期的问题上。在某些情况下，他们会对正在制作的展项产生误解。不过总体来说，这些公司管理起来相对简单，因为它们是分散的，并且只关心指定的、具有明确界限的任务。相较于管理这些公司，更为困难的是与实际负责布展工程及"展项安装"的公司建立更长期并且绝对至关重要的关系。在过去六个月左右的时间里，简只是为了确保所有的一切都能按部就班地进行就几乎花费了所有的时间，这意味着她在一个与展厅直接相邻的"现场办公室"里花费的时间越来越多。她把这里发生的事情描述为一种"完全不同的文化"，这种文化让她参与到一种独特而"直截了当的对话"中，完全不同于她在科学博物馆里与人打交道的方式。她似乎很擅长这样的工作：可以更与众不同地展示她的北方口音，并且能熟练地从开玩笑转变成非常坚定和直接地表述。这些工作需要掌握特定的语言和专门的知识，"否则他们就会设法欺骗你"。她要处理一系列互相关联的特定要素，包括隔墙（分隔展区的隔板）板条固定的深度，运转和维修"樱桃采摘器"（一种小型吊车）的方法，以及消防人员的规定。这项工作有着它自己的独特气味——办公室的烟味和展厅温热的尘土味，而刺鼻的强力胶水味是它的前调。

建筑工作也是与科学博物馆自己的建筑部门——建造和楼宇服务部——一起进行的，该部门负责与团队和设计师一起起草展览标书，提供信息并进行监督。与建造和楼宇服务部的会议在个别的会议室里召开，在缭绕的烟雾中，与会者各抒己见。我不得不承认，在我看来这非常无聊，

科学博物馆的幕后
BEHIND THE SCENES AT THE SCIENCE MUSEUM

好像那些对于地板上特定部位重量限制的讨论，永远也停不下来。建造和楼宇服务部的工作场所位于科学博物馆外停车场的一个预制房里——这或许表明，这个部门的角色被认为与科学博物馆的主要业务是有些脱节的。事实上，建造和楼宇服务部往往被策展人员视为一种引发不良反应的刺激物。据策展人员描述，这群人几乎总是要通过发现"问题"、缓慢摇头和更缓慢的解决方案来摧毁任何创意。利用外部公司来完成展厅的工作（"否则展览根本不可能在1989年开幕"），部分原因是为了"打破建造和楼宇服务部的垄断"。但即便如此，与他们的谈判对展厅的建设也是非常重要的。

科学博物馆内的其他团队也参与了展览的制作。其中一些重要的部门包括：展教部门，为学校教师制作了一套与展览相辅相成的教学资料包；互动部门（发射台），创建了互动展览；视听部门，负责视频和听筒的技术支持；以及制作工坊，制作所有复制品和展台，修复要展示的东西。其中，食品团队与前两者的关系被认为是问题最大的，其原因又一次落在了"创造性参与""干扰"以及不同群体寻求专业自主权的问题上。关于制作工坊和视听部门，专业知识的界限一般是明确的，团队尊重这些工作组的技术能力，因为她们认为这些工作组没有侵犯她们的"布展内容"领域。然而，在教育和互动方面，这种内容与技术的划分却并不是很清楚。作为新的公共服务部设置的一部分，展教部门应该更多地参与展览筹备，在某种程度上他们也确实这样做了。展教部门对展览的可行性研究作了评价，其后又由一名展教人员向教师们介绍了拟议的展览。然而，尽管萨瑟斯先生希望建立更密切的合作，这一愿望却没有真正实现。部分原因是食品团队认为展教部门人员的参与对她们的策展人自治权具有潜在的威胁（即"强行插手"），还有就是她们对展教人员就可行性研究发表的一些评论表示不满。她们认为，这说明展教人员没有正确地理解她们所要做的事，并过多地从狭隘的教育角度来看待它。这种相当疏远的关系所导致的一个结果就是，为教师制作的教学资料包以一种与美食家们所设想的截然不同的方式描述了展览，甚至给展区取了不同的名字，并以一种团队没预料到的方式对它们进行了分组。美食家们对此非常恼火，并声称这就是教师们有时说展览"令人难以理解"的原因之一。对此，展教人员回应说，他们不得不以这种方式为教师们重新命名展览，因为展览未能充分响应新的国家课程要求（当时正在推行的英格兰和威尔士学校通用教学大纲），而且它的组织逻辑也让人很难把握。

与互动部门有关的类似争议也涉及专业身份和自主权。互动部门的另一个名称是从科学博物馆的主要互动区域——发射台得来的。全英国各地都建立了许多互动科学中心或开办了相关展览。作为接触这些领域的较早的部门之一，科学博物馆的互动部门也在一定程度上向其他人提供建议，甚至受委托为其他地方制作展品。作为制作工坊的早期分支，它从以前科学博物馆的地下室搬到了独立的办公室，并越来越不愿意与工坊模式相关的策展人或讲解员产生关系。其中一方面原因在于，互动部门的工作人员声称他们需要创造力，坚持认为，自己的工作不是一项任务。如果是任务，那么一项展览可以简单地按顺序制作。相反，他们需要仔细考虑实现自己的想法所需的最佳方法，这在一定程度上其实是一项实验。发射台的工作人员声称，这样就使他们很难确定某个展品的制作需要花费多长时间。对于食品团队而言，这是令人懊恼的，因为她们时间紧迫，并且需要确切地知道什么展项放在什么地方。她们说发射台已经变成"半独立"状态，并且这里已经"容纳不了他们了"。她们将发射台的一些需求解读为：他们更关注的是"提出自己的政治要点"，而不是任务本身。尽管如此，互动部门也不得不处理一些非常困难的实际问题，在试图创建承载了团队希望的互动展品时，他们也会去努力寻找走出实际困境的方法。

更普遍的情况是，物料——展品和展厅的物理空间——也有其自身的需求。这些需求体现在对数量（多大空间）和质量（什么样的空间）的要求上，并与策展人自身相当特殊的情感关系相呼应。当设计师努力在他们的薄页纸平面图上寻找空间时，还有当他们与展厅空间实际接触时，展品和展项都时常拒绝到达人们原本希望它能到达的位置。（事实证明它们太重了，某些位置的"地板荷载"达不到要求，或者它们阻碍了使用重要电源插座的通道，又或者它们所需要的空间比预期的要大。）有时它们完全难

科学博物馆的幕后
BEHIND THE SCENES AT THE SCIENCE MUSEUM

以捉摸。苏心心念念的豌豆冷冻机（在展览开幕前八个月举办的新闻发布会上宣布过的首要展项）从未完成过，部分原因是发射台未能成功解决他们所谓的设计问题。希瑟投入了大量精力来向展览中加入一台香肠机。当她终于找到一台合适的机器时，就重量和操作要求而言，它又显得很笨拙。最终，这台机器必须加上防护玻璃罩（以保护观众免受它的伤害，而不是像许多情况下那样保护展品以免被观众损坏），并且只能在指定的时间内在人工协助下进行展示（图5.3）。即便如此，它仍然坚持生产出了令人反感的糊状香肠，以至于肉类和家畜委员会对这台香肠机的"不良行为"产生了不满。（委员会当然选择责怪食品团队。）

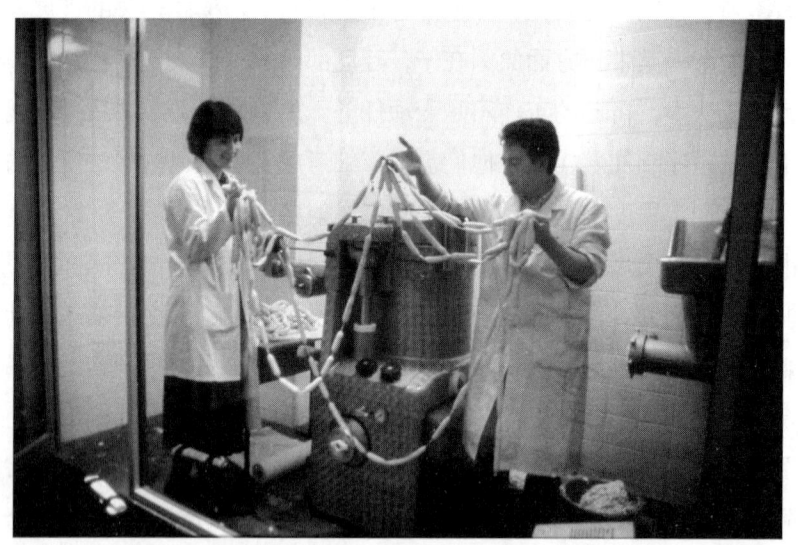

图5.3 顽皮的香肠机最终在人工协助下得以运行

金钱，或称"预算"，也对展览进行了干预。尽管原本看起来就已经花费颇多了，但许多项目的成本比预期的还要高上许多。珍一直努力将花费"保持在预算之内"，并且在展览期间，她仍继续为特定项目寻求额外的赞助。但还是有一些本打算展示的展项由于预算的原因而未能列入展厅。其中最引人注目的就是配套就餐区。从一开始，就餐区就被视为展览的重要配套设施。但为它寻找赞助的努力并没有成功，部分原因在于潜在的赞助商不希望自己被归入所谓的"英佰瑞展厅"。因此，展厅里最终就没有按照最初设想的那样配备就餐区。

时间又是另一个十分关键的因素，因为留给团队布展的时间非常有限。此外，随着日子一天天过去，不仅开展日期越来越迫近，而且对已经就位的展项进行拆除的机会也减少了。这让我对整个展览有一种感受——无情地猛冲向前，任何要求重新思考或修改已完成的任务的呼吁或建议都被认为是极具破坏性的。这样的后果就是一种"抢救倾向"：许多已经做好的展项必须保留下来，否则就是浪费时间。可以理解的是，这种抢救伴随着不愿在任何修订中"挖太深"或"走太远"的想法。这些想法都被视为与准时开展（或者至少不要拖延太久）这一主要目标背道而驰。

我们在这一章看到的是一个从"非常有创造力到艰难跋涉"、从思维发散到逐渐收敛的过程。然而，这并不是一个简单的线性过程，它涉及的远不止从一个（科学）世界去"包装"和"运输"思想到另一个（公众）世界。哪怕是科学家们自己选择呈现给策展人—讲解员的那种科学，都在不断地被想象中的观众——有时甚至是真实的观众——蚕食着。我们将在下一章看到。

当然，我在这里叙述的是关于在一个特定的机构举办一项特定的展览的状况。在其他地方和其他时间，人们不同程度上会有不同的做法。我的目的是强调在本次展览期间提出的一些假设和合法性提议——它们其中一些将具有更广泛的意义。特别是，通过聚焦于食品展览规划中的三个"关键时刻"——"重组""撤退"和"重新思考"，我试图强调一些当时常被认为相对次要或无害的决定——这些决定在完成的展览以及观众对它的解读中变得更有意义。在下一章，我将更具体地探讨人们在展览构建过程中构想观众的方式，以及与科学相关的问题，更具体地说，食品这一具有敏感性的主题是如何被呈现的。

【尾注】

[1] 参见巴德（Bud，1988）的作品。

[2] 参观同类博物馆通常被认为是博物馆培训的一个重要方面，尽管没有被正式规定。科学博物馆有时也会安排工作人员集体参观其他重要的博物馆，一些员工称之为"欢乐之旅"。例如，苏就参观了巴黎最近开放的科学中心——维莱特科学与工业城。

[3] 在我2001年的一篇文章中讲述了这些地区的命运（Macdonald，2001）。

[4] 参见汉德勒和盖博（Handler and Gable，1997：97）的论述："威廉斯堡殖民时期对事实的粉饰常常使人们难以提出这样一个问题：这些被制造出来的事实加起来对特定历史究竟意味着什么。"

请扫描二维码查看参考文献

第六章

虚拟消费者与超市科学

在展览筹备过程中，充满了"幽灵观众"——虚幻或虚拟的观众。[1]在本章，我将探讨构想观众进入食品展览的方式，并在博物馆背景下广泛地观察"配置观众"的过程。正如史蒂夫·伍尔加（Steve Woolgar）所说，这种配置"包括定义未来用户的身份，并对他们未来可能采取的行动设置约束"。[2]这一过程也同被更精确地"配置"了的"产品"紧密地联系在一起——在这种情况下，这里所说的产品就是展览和科学本身。观众如何被感知，以及展览制作的实践过程如何影响虚拟观众（有时也包括真实观众），都不可避免地会对完成后的展览产生影响，并在不同程度上影响到真实观众与展览的关系。然而，这并不是一个简单"写入"的过程——在那种过程中，观众的行为会像展览制作者明确设想的那样。相反，正如我们将在第八章看到的，他们会以各种方式拒绝遵从展览制作者构建的观众行为模式。"写入"也不仅仅与试图定义"目标观众"和描绘出"观众的样子"这些明确的问题有关。还有许多其他问题，有时甚至是一些被忽略了的问题，也都在影响着完成的展览邀请观众来参与的方式。并且，本章的目的是强调这其中最重要的问题，它们在不同阶段有着各种变化，这可能会对许多展览的制作有重要意义。

作为英国公共服务中新强调的消费者权利的一部分,尤其是作为在科学博物馆中公众理解科学方法的一部分,此次食品展览试图以前所未有的方式优先考虑观众。这种新方法在食品团队看来是积极的和民主化的:这是一个为"普通人、每个人"而不是为"所有超越普通人思维的人"举办展览的机会。她们希望这个展览能吸引那些她们认为目前很少来参观科学博物馆展览的群体,特别是女性和少数族群。这一愿景不仅仅是为了增加"观众数量"而设计的管理意义上的计算方法。毫无疑问,食品团队对它非常尽心竭力并且满怀激情(特别是在展览筹备的开始阶段,也就是说,在实际情况开始对展览筹备过程产生影响之前)。正如我在第四章所提到的,她们清楚地表达了自身的性别以及关于自己在科学博物馆中的结构性地位的愿景。与此同时,正如我们在前一章看到的,她们也努力保持自己的"编辑控制权",特别是在与"商业科学家"的关系方面。

展览开幕时,团队除了因为它看起来"有点平淡"而感到失望之外,一些早期的批评也令她们感到恼火,如:"它对女性没有多大帮助(科学博物馆的一名女性工作人员这么说)";"它具有'超市逻辑',而这正是英佰瑞超市想要的"[德里克·库珀(Derek Cooper),第四电台《美食节目》主持人]。就美食家们的初衷来说,展览为什么会被解读成这样呢?"编码"和"解码"之间到底发生了什么?本章首先将重点放在"虚拟观众"的配置上,以民族志学的角度对展览作者的身份和权威性、文化和科学的生产等问题进行深入研究。接下来在本章的后半部分,研究将着眼于展览的某些方面,特别是科学的表现方式上——更具体地说,是那些与食物有关的、具有争议性和政治意味的事情上。

构想公众

食品展览是科学博物馆第一批进行所谓"形成性评估"的展览之一。在布展完成前先向观众试着展示一些想法和展品,并使用新的计算机"可读性"程序来确保它的文本会达到正常观众的"阅读水平"。所有展览都不可避免地通过对"目标观众"和"预期观众"的明确陈述来构建"虚拟观众",而且通常会通过对文本(应该假定什么样的知识和能力水平)、内容(观众已经熟悉的是哪些内容)、媒介(它会吸引人还是分散观众注意力)、审美(它们会被观众喜爱还是排斥?)等来确定"虚拟观众"。展览制作者试图想象观众的反应:他们会理解吗?他们会感到疲劳(或"被时代淘汰了")吗?他们能找到参观展览的路线吗?她们提出的问题以及这些问题的相对重要性,都是对观众的设想的一部分,都对展览的塑造发挥着各自的作用。这当中,某些问题没有被提出,某些构想练习也没有开展。但事实上,这些"沉默"或"没有被思考过的事情"对于随后展览的可读性也是相当重要的。

大多数时候,展览制作者会勾勒出一个标准观众。[3]这是他们的"理想观众"。但这并不是说这是他们所希望的最佳观众,而只是对行为相对一致的观众的一种抽象构想。然而,这一理想的观众在构想的过程中也并不一定没有矛盾。正如人类学家在其他语境中所发现的那样,例如对仪式符号的解释,不同的含义很少被结合在一起并明确表达出来。[4]因此,矛盾并不会暴露出来。此外,在某些情况下,展览制作者还会对构想中的观众或"特殊观众"进行细分。因此,前面提到的"羊毛帽"或"发烧友"是一些策展人可能试图去迎合的一个特定的观众类别(尽管美食家们坚决反对这样做)。专家和科学家也是如此。正如我们所看到的那样,就食品而言,明确地旨在成为"平民主义者"而不是"专家主义者",仍然被认为是争取"事实准确性"和"使事实变得正确"的关键。这样做十分重要,原因之一是(除上一章讨论的原因之外),如若被一位观众(也许是一位科学家)指出已完成的展览中的错误,这将会令人非常尴尬。以这种方式"被指出",会公开揭露某个主题没有经过适当研究,进而造成策展人的职业耻辱。

这是一个令人担忧的问题,甚至对食品展览中宣称自己缺乏专业知识的策展人—转译者来说,也是如此。可以想象,这里的批评家有时是公共媒体的评论者，而与此同时，越来越多的人把他们看作科学博物馆"文化变革"的另一面。（早在开幕日期之前举行的新闻发布会就是食品领域这一新重点的一个例子。）然而，在大多数情况下，预想中的批评家是科学博物馆的其他工作人员，尤其是其他策展人。正如我们已经看到的，美食家们往往专注于她们想象中的科学博物馆其他工作人员将如何反应，尽管她们有时喜欢制作一些其他策展人（尤其是"保守派"或"无聊鬼"）不喜欢的东西，以及试图对抗潜在的批评（例如，通过展品来实现）。在这一点上，她们当然不是唯一这样做的人——事实上，科学博物馆里经常有人说："策展人的展览主要是为其他策展人做的。"（所以为了防止这种情况发生，展览的制作筹备工作从策展人转移到了公共服务部。）然而，即使是在这种新框架下举办的展览，同行的专业人士接受展览的方式——这些专业人士终究还是会去参观展览的——仍然是展览的制作者所关注的重要问题。

在科学博物馆的日常谈话中，经常见到观众被认为是麻烦、障碍、破坏者和愚蠢者的观点。[5]正如伍尔加在他的计算机民族志学中所观察到的，这种谈话的一个功能就是强化了"局内人"和"局外人"之间的区别。那么在我们这里，也就是博物馆的专业人员和观众之间的区别。尽管从经济角度来看，科学博物馆的付费观众似乎太少了，但对于那些不得不在博物馆互动展区附近巡视的工作人员来说，他们通常又太多了。观众被描述为"愚蠢的"或"像羊一样"，因为他们聚集在特定的展厅里，而不是分散到科学博物馆里更空旷的地方去。对于许多策展人来说，观众可能不理解科学博物馆所传递的某些信息，而这就是观众无知的证据。博物馆里流传着观众以有趣的方式完全误解了展览的故事——也许他们试图研究互动展品出错的地方，或者混淆了展项运作的结果与原因。

观众有时也被描绘成离经叛道的人，特别是对那些故意破坏公共财产的人来说。在制作食品展览的过程中，人们投入了大量的精力使展览"免遭破坏"。这被视为一个特殊问题，因为展览的理念是试图消除观众与科学博物馆之间、公众与科学之间的心理和物理障碍。既要让观众不逾越展品周围的物理界限，又要尽可能地让他们接触展品，这被视为以一种尽可能不令人生畏的方式呈现科学目标的逻辑实现。然而，这常常给文物与展品的保存和保护带来问题。作为应对办法，设计师努力提供尽可能"不显眼"的屏障，通常使用透明的有机玻璃和几乎没有可见支撑的展品外壳设计。这样的展示方式也是为了避免某些其他类型的"异常"行为。科学博物馆的工作人员认为黑暗的封闭空间是儿童性骚扰发生的潜在场所。(据说这是科学博物馆的矿业展览被关闭的"真正原因"之一。)例如，苏不得不小心地在她的卡车集装箱里提供尽可能多的照明，这个集装箱是她的食品运输系统的一部分。但在使用科学博物馆的过程中，令人恼火的异常行为不只是来自儿童性骚扰者和故意破坏公共设施的那些人。有一天，当我和萨瑟斯先生一起进行他的一次定期"实地考察"以了解食品展览建设进度的时候，我们路遇一家人，他们正蹲在农业展览的展厅边上吃三明治。"我们最大的问题，"他边走边对我说，"与其说是那些去破坏东西的人，不如说是那些忙于偷工减料和节省一点钱的人。中产阶级家庭可能是最大的流氓！"

中产阶级的"流氓行为"从某些层面来说是科学博物馆强调消费者权利带来的副作用，就像食品展览中"故意损坏财产的行为"问题一部分是其"观众优先"的理念所导致的后果一样。相比之下，人们很难想象19世纪参观大英博物馆的观众会决定在博物馆的展厅里停下来吃点东西。正如肯尼斯·哈德森（Kenneth Hudson）所描述的，大英博物馆的潜在观众必须提交一封信，证明他们的动机是好奇和研究。如果被接受，他们将被允许在特定的日期、特定的时间进行半小时的陪同参观，馆方不提供任何有关展品的信息，他们也没有机会停下来仔细观察任何展品，更别说吃三明治了。[6]然而，在20世纪80年代，更多互动区域的引入、视听展项带来的噪声增加，以及展示空间监管度的降低（以"博物馆参观者"更宽松的着装风格和"请勿触摸"标志的消亡为代表）等因素，使得某些观众行为模式不像以前那样明显不可接受。科学博物馆的策展人经常抱怨发射台的出现导致了一种超越界限的观众行为。

发射台带来的问题是，他们（观众）不知道什么时候该停下来，所以他们到处破坏科学博物馆的其他部分。你可以看到他们在任何地方都试着去推拉摇摆，但是那些老展厅不是为此（互动、操作）而建的，他们不应该这样。我们也不希望所有展厅都变成"发射台"！

食品展览原先计划把互动式展项和历史文物放在一个展厅里，这可能是一个有风险的策略。然而，食品团队热衷于这样做，因为她们的展览理念和由此带来的观众配置，在某种程度上就是打算消除"局内人"和"局外人"的区别。

"选择并组合"：作为活跃消费者的观众

预想中来参观食品展览的观众被设想为：想要参与展览，会珍惜这个"活跃"又"忙碌"的机会，享受这种放松（有时候可能享受得太多了），并且也想选择展示的方式和内容；他们在博物馆里不仅寻找"基础知识"，而且也寻找"乐趣"。除了认为观众可能会觉得传统的博物馆展示（"成排的玻璃柜""黄铜和玻璃"，以及展板）很无聊，食品团队也通常认为观众对科技不感兴趣，并且相当地不了解。她们设计了许多策略，试图专门迎合那些寻求娱乐的观众，因为只有当这个展览或者科学博物馆提供了他们喜欢的"产品"的时候，那些观众才会选择来参观。

其中一个策略是加入"乐趣"。虽然科学博物馆和科学中心使用互动式展览的理由在于它们的教育潜力，但在食品团队内部的非正式讨论中，观众认为互动展品"有趣"这一点也同样重要。虽然一些互动展项是为了解释科学原理（如乳化剂在油水混合物中的作用），但其他展项（比如让观众像冷冻豌豆一样被冷空气包围着）被公认为更具娱乐性。更广泛地说，正如前面所提到的，还有人试图进一步展出一些有趣的展品，比如一个巨大的巧克力慕斯模型。"乐趣"被认为是一件十分重要的事，因为它使展览变得触手可及，打破了传统博物馆那种不接地气的权威形象（有时候食品团队就会这么描述传统的科学博物馆)。就其本身而言,乐趣和愉悦等同于民主,这一概念在当代其他与文化产业相关的技术中也得到了认同。[7]

与民主相结合的另一个重点是在展览中创造"选择"机会。将互动展品、藏品、视听展品、复制模型等多种媒介结合在一起,就是给观众提供"选择"的一种方式(表6.1)。选择就意味着观众必须"积极"起来而不是"被动"参观(以利用那种在科学博物馆以及文化、社会和媒体研究中使用的新的侧重点)。观众被认为不是只会被动接受科学博物馆向他们展示的任何东西,而是会在不同类型的展示之间积极地做出选择。这些观众有如商场中的购物者:他们忙着在货柜过道里穿行、挑选和触摸商品,并选择任何能让他们心动的东西。

表6.1 混合媒介:"引人深思的食品"展览中的展项类型

展项类型	编号	展项类型	编号
互动展项	48	计算机信息查询点	6
操作演示	3	藏品	87
视频与/或听筒	11	复制模型	11

不同类型的媒介不仅会呈现出各种各样的信息传递模式,而且还会鼓励不同类型的观众参与活动("动手操作""亲自体验""使用手持设备"),并充分调动观众的各种感官。观众不仅会被邀请使用视觉,还会被鼓励使用触觉(如"动手"的展项)、嗅觉(如"闻香器"展项或香料柜)、听觉(如"通过声音识别食物"展项),在最初的计划中还包括邀请观众体验味道(但由于健康和安全规定而最终未能实现)。食品团队期望展览能囊括广泛的多种主题也是尝试提供"选择"这一理念带来的结果(这种尝试所遭遇的挫折也让她们重新思考)。此外,展览将向观众提供不同"层次"的文字说明—— 一种相对简短直接,另一种则比较详细(见下文)——以便他们能够选择想要获得多少信息。这种做法在提供计算机信息查询点方面得到了进一步加强。即使是涉及展览中的观众流动问题,美食家们也坚持希望能够为观众提供"选择"或"选择并组合"的机会,因此"观众流"的

安排须与这一愿景进行协调。同样地，与其他"更加传统""单调"的展览相比，"具有可选择性"的规定被认为是民主化的一种表现。传统展览被认为具有"说教"意味（"权威"的一种形式），是因为科学博物馆把一个已经成形的故事强加给了观众。相比之下，一个有着多种可能的替代路线的展览，则被认为是为观众赋予了去哪里和看什么的主动性。这对食品团队来说是如此重要，以至于她们努力使这个想法至少在一个空间内能实现，而这个空间在某些方面并不合适——科学博物馆中庭一侧开放的狭长展厅内（图6.1、图6.2）。

图6.1 空而有形的空间：开展前大约六个月的展厅

美食家们对于特定布展技术和展览建筑所扮演角色的理解，同批判博物馆学的分析产生了共鸣。[8]单线叙事的布展呈现，以及它们在展览空间上的映射，使得参观者必须在物理层面遵循故事线的设定，这已经被视为一种特别重要的思想演变和进展。这样的空间配置，是19世纪公共博物馆的显著特征（尽管这种特征一直延续到了20世纪），是在试图通过强迫观众向着"正确"的方向前进来"杜绝"潜在的偏差或"错误"的解读。而

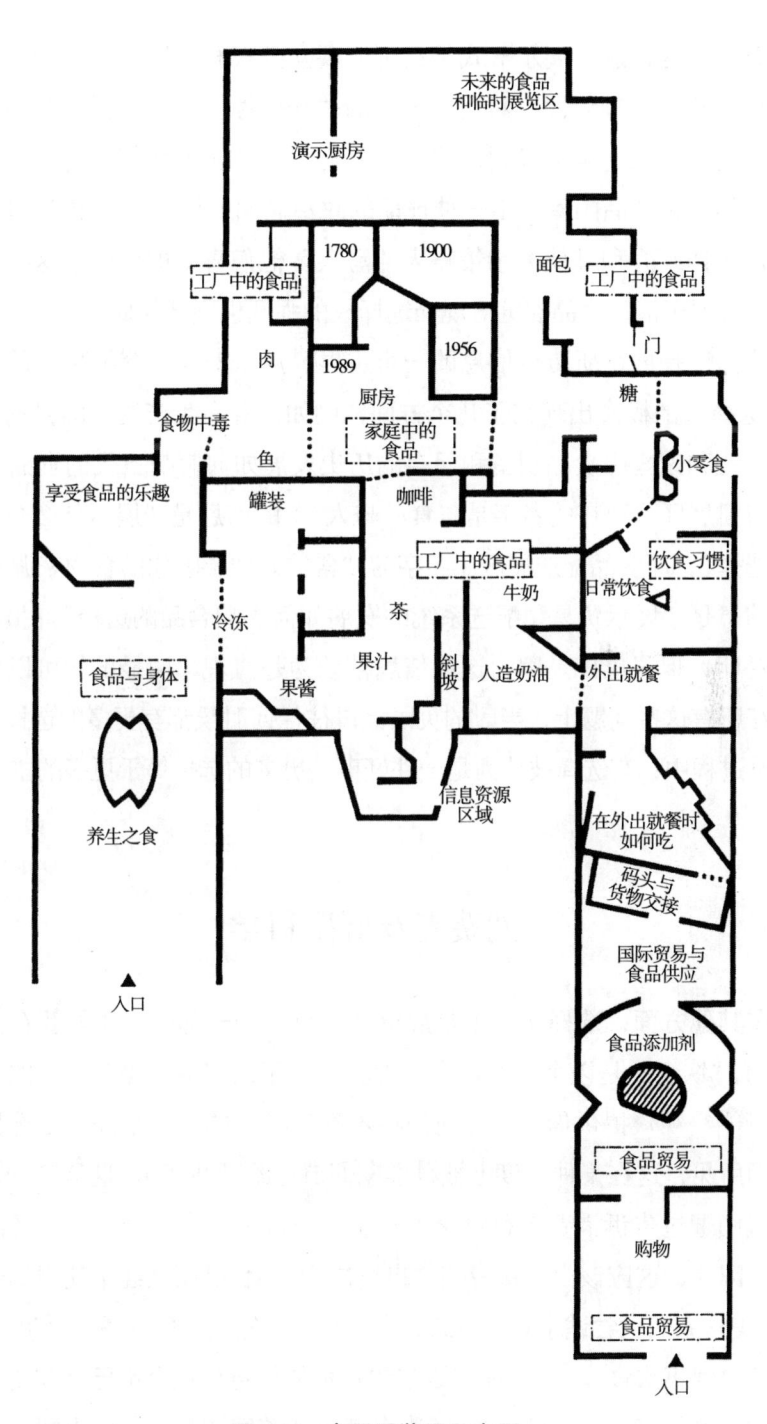

图 6.2 食品展览平面布局

美食家们认为，这种展示形式是在削弱观众的权利，因而对她们所拥护的民主化政治是一种诅咒。然而，更多的"开放性"和"多样化"的展示形式能否明确地赋予观众权利，这一点并无定论。正如我们不能毫无疑问地从最终的文化产品中解读出一种预期的政治倾向一样，"文化创造者"也不能通过选择媒介和其他展示策略来"写入"他们喜欢的政治。这些问题在政治上含混不清，食品展览对观众选择权的强调也同样如此。

选择也是展览所传达信息的一个主题。后来对"概念框架"的反思发现，"选择"的概念出现在了几个方面，例如，食品生产展区的目的是"展示在工业和家庭中食品制备和保存的历史发展如何影响当代的食品选择"，饮食习惯展区（现在的名字是"食品与人"）的信息是"展示什么会影响食品的选择"，而食品配送展区（名字为"科技如何影响你的食物来源？"）传达的信息是"展示贸易和配送系统的发展如何影响食品的选择"。虽然没有明确说明，但这也许是因为这些信息被认为是直观、明显的。可以假定的是，在所有这些问题上，当时的英国比以往任何时候都有更多的选择。在整个展览过程中，有选择被认为是一件好事，更多的选择等于更多的主动性。

消费者友好型科学

在其他方面，选择功能也是展览"信息"的一部分。正如我在前一章指出的，"饮食"是以个人生活方式为场景展示出来的。美食家们的意图也是尽可能给观众提供信息，让他们在不同科学家的观点之间做出选择（正如我们所见，这在某种程度上被科学家们自己给破坏了）。这是又一次有意识地试图通过告诉消费者科学家不一定是正确的，来改变二者之间的力量平衡，因此，这应该由消费者们"自行决定"（食品团队经常使用的一个短语）。美食家们也尝试了其他方式，一块展板上写着："并不是所有的科学家都同意'健康饮食'。关于你应该吃的食物的信息和观念都已经改变了，而且仍然在变化着。"展览还包括了来自英国和美国的身高与体重图，从而使展出的科学知识得以进行相互比较。

在团队看来,她们的首要任务之一就是让科学和技术变得"触手可及",把科技"有趣"地展示出来是其中的一部分。互动性还包括让科学易于理解,从而能够邀请观众与之互动,而不是让观众被动地观察科学。其目的还在于以一种物理和视觉上尽量可接近的方式来展示所有藏品。因此,在任何可行的情况下都应尽量避免使用展柜。[9]另一种策略是首先向观众介绍他们所熟悉的日常经历,以便让科学显得不那么深奥难懂。食品展览的饮食消费前台(供观众购物和饮食)设置是该策略不可或缺的部分。这就是为什么在展览的入口处——人们认为大多数参观者可能会去的地方,在复原的20世纪20年代的英佰瑞超市旁边,会摆着带有扫描仪的超市收银台。这也是围绕"熟悉的食物"——例如烤豆子和炸鱼条——来组织展览的理由。

另一个表明展览重要性的标志是美食家们付出了巨大的努力,使展览的文字尽可能容易阅读。在回顾了最近科学博物馆内完成的一些展览之后,食品团队的两名成员完成了一份简短的报告,她们集体决定了以下规则。展品介绍文本将有两个"层面":一段不超过50个粗体单词构成的简短的概述,和一段最多100个常规字体单词构成的展开介绍。团队决定将目标锁定在12岁的"阅读年龄"。虽然并非基于什么正式的标准,但这个年龄被特别选出是有理由的:这一年龄正处于儿童阶段的末期(又还没达到青少年阶段),所以能够实现团队的目标,即在文本不被过分简化和限制的情况下,儿童群体也能看懂。

为展览撰写文本始于展览开幕前的2月份,文本历时数月才得以完善。在办公室里很常见的情况是,食品团队的成员在撰写文本时互相询问自己的写作叙述是否清晰。例如:

安:这有意义吗?你真的认为这足够清楚了吗?
希瑟:嗯,我明白了——如果我能理解的话,任何人都能理解。

我也参与其中。有时,我是代表我的孩子们被提问:"夏兰,你认为什么对你的孩子最有意义——细菌、虫子还是病菌？"在这样的角色模拟中，参观展览的观众被想象成（不具备专业知识的）外行人和小孩。女性被认为特别擅长替代这类观众。这种非正式的观众模拟也与广泛的、更正式的文本编辑过程相结合。这要求团队成员首先阅读彼此的文本并对其进行评论；然后珍和简阅读并提出评价；这之后，来自科学博物馆其他部门的另一位策展人（她被选中是因为人们认为她有着"良好的常识"，并且"坦率而明智"）进行角色模拟；最后用计算机程序进行可读性分析。完成这一过程之后，文本被提交给萨瑟斯先生、科森博士、咨询团队成员以及所有赞助商。此外，食品团队的个别成员有时会就她们觉得难以表达的特定问题选择咨询专家（就像珍与卫生部科学家讨论该如何谈论食物中毒那样）。每个人都觉得整个写作过程非常疲惫，而且时常伴随着痛苦。正如苏后来回忆的："只是为了让文本正确，写作就已经算是一种折磨了。首先是削减字数——嗯，这就令人发出痛苦的尖叫。所有那些珍贵的文字呀！但是当你经历了几次之后，你就不再在乎了。是的，挺好！"

每一位编辑者都成为观众模拟者之一，他们因此不可避免地会提出略有不同的建议。团队必须处理这些建议。她们倾向于根据观众模拟者的真实性或客观性程度的不同来处理。来自藏品管理部门的策展人倾向于要求更多的解释文本，这意味着她的建议并不总是能被接受，她有时会被"降级"，即不再扮演"普通观众"的角色。（"我认为她想要的是更多的技术，但那不一定是我们的观众想要的。"）计算机可读性分析程序的假设被更加正式地进行了编码，但并没有像研究团队预期的那样编入具体的"阅读年龄"。[10] 食品团队选择了"儿童故事书"的水平作为概述文本的标准，而"简单的报纸或杂志文章"水平则作为长文本的标准。后者在某种程度上超过了希瑟所说的"瓢虫书"的水平。即便如此，团队还是发现很难传达她们想要表达的内容，而计算机程序却不会将这样的文本归类为"花哨"或"模糊"。该程序强调复杂的语法和词汇，并提供同义词备选，但它既不纠正文本，也不"知道"输入的内容是否有意义。尽管如此，它的干预和相当粗暴的分类还是被食品团队成员们毫无异议地普遍接受了：一种不同于人类评论的技术被认为是"客观的",它与个人身份地位无关,并且相对谨慎,因为它不会与科学博物馆里的其他人谈论文本的质量。这是第一次在科学博物馆中使用这样的程序,也是当时在博物馆界快速扩张的观众管理特色理论和技术的另一种表现。

管理"真实的"观众介入

但是"真实的"观众呢?尽管项目从一开始就强调观众,但只有在项目开始顺利进行之后,才能对科学博物馆观众的需求进行研究,而这很大程度上是由于苏在1988年9月参加了(由世界遗产协会主办的)国际博物馆评估会议之后受到了启发。关于开展这样的研究,人们有着复杂的想法。一位设计师强烈地认为这是浪费时间,因为观众在看到展览之前不会真正知道自己想要什么。(他还声称这通常只是展览"被视为已经完成了"。)而团队的其他成员则认为,虽然原则上来说这是个好主意,但为时已晚,因为现在已经制订了这么多计划,这种研究可能会打乱已有的、紧张的日程安排。珍告诉苏,如果她真想做这项研究,那么就只能在日常工作之外去做。最后,一直在尽可能地推动观众研究的萨瑟斯先生资助了一位顾问,由这位顾问来根据食品团队提出的问题(特别是苏提出的问题)去进行研究。

直到二三月份的时候他们才最终决定在9月展览开幕之前进行这项研究。这个时候,展览的大部分三维设计已经完成,而且已经进行了互动测试,许多展品已经选定,实际的展品说明文本也开始编写了。出于这个原因,观众研究的问题都相当具体,并且针对的是报告中所说的"评估观众对某些特定主题的理解和语言的使用情况,以便团队成员在撰写展览文本时获得有帮助的见解"这一内容。向研究对象(观众)提问的目的是"确认和落实将某些主题纳入展览的决定",但"如有必要,(团队)也将根据观众的反馈修改计划要展示的内容"。像"什么是有机食品?""怎样使食品成为有机食品?"以及"你如何描述卡路里?"这些问题,证实了美食家们的猜测，即观众们对这些事情根本不清楚。观众还会被问及是否吃罐头、冷冻食品和其他被定义为"常见"的食品，多久吃一次（大多是多项选择）。对其中一些结果的解读，不同的研究者之间存在一定的差异。例如，研究顾问指出，大部分观众（约三分之一）不吃烤豆子。然而，负责罐头食品展区的苏选择了烤豆子作为一种常见食品，她更倾向于把这个解释为大多数人都吃的食物。可以说，只有萨瑟斯先生提出的一个问题，才有可能让观众对展览内容有重要的影响："在我们关于食品和营养的展览中，你有什么特别感兴趣的东西要看或了解吗？"团队对他的"强行插手"有点恼火。（"他老想着掺和一下。但在这个阶段，我们又能拿他怎么办呢？"）当三分之一的调查对象说"不"或"没什么特别的"时，美食家们松了一口气；而其他人大多提到的是当时新闻正在报道的事情，例如食物中毒（当时的一个新闻话题）和营养（许多新闻评论是关于健康饮食和食物好坏的），或者那些可以被定义为"太具体而没有代表性"的事情（例如，要求展示一些有助于治疗某个亲属的疾病的东西）。

后来，8月份，一些原型互动展项和展品说明牌样品被带进了科学博物馆，并在海德公园的科学博物馆展览中试用（图6.3）。这个展览只是整个食品展览的一小部分，但它为后来的正式展览带来了一些微小的调整。与其他（布展完成前的）"形成性"观众评估一样，这被认为是一种较新的尝试，尽管从某种程度上来说作用有限，但也算让观众参与到展览的建设中来了。这也是科学博物馆内其他形式评估的一部分，例如为工作人员举办研讨会，帮助他们"评估展品的传播效果"（正如我所参加的科学博物馆工作人员评估研讨会的信息表所解释的那样）。科学博物馆和观众之间的关系在很大程度上隐含着这样一种观点，即科学博物馆的工作是传递认知"信息"。例如，研讨会上的问题之一是"展览是否向公众传达了明确的信息"，其他人也以同样的方式继续着这样的反思。这不仅把观众在寻找这样的"信息"作为一种不证自明的公理，而且也把传递信息看作科学博物馆的任务。然而在当时，"基于信息"和"基于展品"通常被视为两个不同且不易兼容的业务方向。

图 6.3　形成性评估：在展览开幕前大约两个月对食品展览的展品进行测试

"真实的"观众参与展览的制作在很多方面都受到严格的限制。虽然允许一些观众代表改变展览内容，但受邀观众参与内容修改的形式（特别是预先确定的封闭式调查问卷的形式）、时间安排（来不及改变太多）和解释方式（尽可能不要干扰太多）都会受到严格限制。虚拟观众的引进限制了"真实"观众的参与，他们被想象成已经进入展览的人，他们想看的东西、厌倦阈值和"阅读水平"都已经被决定了。

国家饮食

构想公众进入展览的另一个维度是食品团队对"英国性"的诉求。正如前面提到的，"英国"被认为是一个"天然的"类别，这只是对科学博物馆的国家地位这一逻辑的延续（"英国食品和农业年"也是如此）。此外，"英国饮食"在当时的媒体和某些官方报道中经常被提到，根据基于众数和中位数的统计来看，它是一种广义上的"不健康"饮食。团队的研究和总体展览规划参考了"英国饮食",他们以这种统计上的国家饮食均质结构为导向,将这个概念复制和物化到展览的结构之中。展览的原则是"从人们熟悉的食物开始",并围绕"常见的食物"来布展,而这些"常见的食物"被解释为"英国饮食"中的普通食物。(一个来自可行性研究报告的例子指出,"我们选择了天然的和合成的甜味剂……因为它们是英国饮食中人们所熟悉的部分"。)那么,展览中所复制出来的就是"英国饮食"了——部分仿照自美食家们自己(白种人)模仿观众时的研究。相关食物主要包括:面包和土豆、牛奶和乳制品、水果和果汁(特别是果酱)、人造黄油、蔬菜(例如烤豆子和冷冻豌豆)、茶和咖啡、肉类和鱼类(例如香肠和炸鱼条)。以上每一样都将成为食品展览的一部分(这一想法虽然受到了质疑,但依然在很大程度上保留了下来)。通过这种方式,人们对英国文化的刻板印象和同质化观念被深深地根植于食品展览的内容和布展安排之中。有人认为,在展厅的某个入口处立着一个黑人妇女雕像,旁边的手推车里装着"一个普通的英国成年人"一个月的食物(她背后是一个白人男孩),这可以被认为是将各种族、性别和年龄的潜在"差异"融入了这种统一的国家图景之中(图6.4、图6.5)。

图 6.4　表征性别、年龄和种族：食品展览入口处特写

图 6.5　表征性别、年龄和种族：从食品展览入口处看向"食品与身体"展区

然而与此同时，人们意识到了性别差异和年龄差异，以及教育工作者所说的"种族问题"——英国是一个"多种族"社会。后者在名为"饮食习惯"的展区中得到了明确的体现。该展区是为了讨论过去一个世纪英国人饮食习惯的变化，以及不同群体的饮食变化在宗教、文化、伦理或医学方面的原因。像展览的许多主题一样，"饮食习惯"是一个覆盖面非常广泛的主题，希瑟希望提供大量的材料：在外就餐和快餐的发展、关于理想身材的观念变化、不同人的饮食、特殊医疗饮食（比如肾脏疾病患者的低盐饮食）、不同宗教的饮食、素食主义等。她为此提出了一些很好的想法，例如在关于理想身材的观念变化这部分，她使用镜子向观众展示稍微胖一点和稍微瘦一点的自己的镜像，还使用了本世纪不同时期一些拥有"理想"身材的人物的轮廓，包括崔姬（Twiggy）[①]和戴利·汤普森（Daley Thompson）[②]。选择黑人运动员作为理想身材的代表，表明她有意识地兼顾各种族。此外，她决定使用特定个体的表征，帮助她避免看似在暗示每个

[①]　崔姬，英国模特、歌手、演员。——译者注
[②]　戴利·汤普森，英国十项全能运动员，曾多次参加奥运会。——译者注

人都有着相同的身材理想这个问题（这是一个类似"英国饮食"这样的概念中固有的"普遍问题"）。

希瑟在规划展厅的时候倾向于将所有"不同"的饮食进行分类：医疗的（例如糖尿病患者的饮食）、素食主义的和"宗教的"。这一部分缘于她试图将大量的材料组合在一起，另一部分是因为她含蓄地定义了自己的材料所反对的那种广义的"英国饮食"。最后一项又分为"佛教徒的""犹太教徒的""后期圣徒的"和"穆斯林的"。与身体理想一样，希瑟也将这些部分进行了个性化。在这种情况下，她使用了那些同意提供信息的"真实人物"的叙述。这种做法被标准化成一种常见的格式："我的名字是……我是一个（佛教徒/犹太教徒/后期圣徒/穆斯林/素食者）"，然后解释他们吃什么和不吃什么，某些情况下他们还会举例说明特定节日吃什么。然而，"基督教饮食"却并没有以这种方式个性化，而是与"英国"联系在一起。因此，对圣诞晚餐的描述是这样的："圣诞节是庆祝耶稣诞生的节日。在英国，我们传统上吃火鸡和栗子布丁。"

尽管在最终的展览中，医疗饮食和宗教饮食在空间和风格上有所不同，但差异相当微小，并且还使用了相同的基本格式。这在很大程度上是由于它们基于潜在的规范被归为一类：它们是"例外"，或者——用希瑟创建这个部分时使用的语言——它们属于"限制性饮食"。当我在这个项目的早期第一次听到希瑟使用这个词时，我非常震惊，我在考虑是否应该告诉她为什么我认为将所有这些饮食一起定义为"限制性饮食"是非常有问题的，并专门用一页半的笔记记录了这种思虑。后来，我决定我必须得告诉她。第二天，我对她说："你不会真的要把它称为'限制性饮食'吧？"她看着我，好像我有点疯狂似的，说："当然不会！"她解释说，这只是她自己把这些事情归类的方式，以便把它们都归到一起。当时我感到如释重负，也像希瑟一样，不再真正考虑它在最终展览中的样子。然而，与其他例子一样，在展览筹备的早期阶段为了方便而使用的分组和术语可能会留下最初未被注意到的印记，这就像污渍似乎被洗掉了，但后来又重新出现了。

种族差异明显体现在饮食习惯上的另一个地方是一排食品柜（其中

一个是家用冰箱)。同样,这也是一个在视觉展示领域内吸引眼球的好主意(希瑟在这方面有特殊的天赋)。希瑟又一次给展览带来了一些更个性化的表达,她录下了一些特定角色(包括凯西的爸爸、希瑟的奶奶和科学博物馆里的一名服务员)对食物的评论,这些评论会在食品柜被打开的时候播放。在展厅的建造过程中,希瑟发现——食品团队其他人也在不同程度上发现——她实际拥有的布展空间比她希望的要少,她无法拥有她想要的那么多食品柜。面对这种情况,她决定将随着时间的推移而变化的主题和当代的变化结合起来,因此,20世纪50年代的食品柜变成了牙买加人的食品柜(20世纪50年代是许多牙买加人来到英国的时期)。"重新思考"也给这种"压缩"增添了动力。在此期间,展览的目标之一是展示"过去100年英国的变化"。虽然这在许多方面已经表达得比较含蓄了,但这是对展览主要"信息"的明确国家化,所有的子区域和主题都必须指向这些信息。随着时间的推移,空间改变——"饮食习惯"领域的另一个主题——被纳入了关于日益增多的变化或选择的表述。因此,牙买加的食品柜成了"为英国带来更多选择"这个故事的一部分。然而与此同时,由于很难获得太多包装和食品以放入20世纪50年代牙买加人的食品柜,并且现在的深冷柜中也根本没有库存,所以食品柜可以被解读为一种进化和发展。牙买加人且留在过往,今天普遍吃着炸鱼条和冷冻豌豆的英国人正居巅峰。

在所有这些例子中,我们所看到的是定向性类别(例如"英国""国家""熟悉"和"随着时间的推移选择增多"等)的概括性力量,最终使得展览与食品团队原来明确的目标背道而驰,而倒向了"政治正确"(在当时的英国这还是一个较新的概念)。正如种族差异经常被认为在国家建设中被边缘化一样,在这次展览中也是如此,尽管出发点是好的。同样的问题也可以说是"政治正确"这种思维方式的特征,即强调明显的视觉或听觉层面——使用"正确的"语言或图像形式——而较少注意布展的潜在结构。在这个例子中,我们还可以看到,在展厅的建造过程中,有时出乎意料的决议变更、干预以及事件会导致最终展览出现始料未及的内涵。

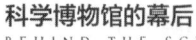

食品生产中的巴氏杀菌法

完成的展览也有其他意想不到的含义，不过，我们可以通过对展厅建造过程的民族志学考察来挖掘它们的考古学意义。一种方法是在展览中展示食品生产的方式。正如我所指出的，在展览的组织中，消费将成为重点；而关于食品那些不太常见到的方面，包括食品的加工，将通过消费（特别是"常见"食品的消费）来引入。此外，"熟悉化策略"就工厂生产来说具有双重意义，因为它在概念上也与在家准备食物联系在一起。两者在很大程度上相似，只是工厂生产规模更大、更自动化。

与此同时，正如我们看到的，食品生产并没有与特定食品的社会和文化信息紧密相连，而是作为展览中一个独特的展区而存在（这是上一章我们讨论过的，是各种干预和删减的结果）。工厂里的食品展览和家庭中的食品展览的主要目标是："展示工业生产和家庭中食品制备和保存的历史发展是如何影响了今天的食物选择的。"上一章讨论的展览删减的决定带来的另一个结果是，关于食品生产的展示不怎么考虑食品的营养含量以及其他质量问题了。此外，展览开始之初的一项决定抹除了对初级生产——动物饲养等——的所有关注（第四章）。虽然所有这些决策单个来看都是基于合理的局部原因，但它们共同对食品生产的展示产生了一种更加独特的影响。

在大范围削减一般信息的情况下，工厂的食品生产被描述为利用"科学技术"的一个纯粹而清洁的过程，比家庭中的同一工作做得更好、更快。将工厂生产过程与家庭食品展览并置，能够使工厂生产变得"家庭化"，从而看起来安全而又舒适。此外，与食品展柜一样，这里也有一个关于进化的故事。在家庭食品展览中，我们展示了一系列复原的厨房：1780年、1900年、1956年和1989年的厨房。最古老的厨房相对来说比较脏，里面有一只毛绒玩具猫，之后的每一个厨房都变得越来越干净，看起来也越来越空。最新的厨房并没有被放置在有机玻璃的后面（这也就是它不像旧厨房那样凌乱的原因之一），而是与食品工厂展示区的食品部分衔接，让这两个展区之间建立了联系。与食品展柜一样，这让人联想到一种进化式的解读，即食品生产从肮脏的旧式家庭化生产方式，逐步过渡到清洁的现代化工厂生产方式。尽管出于现实原因，1989 的厨房与 1780 年的靠得很近，但值得注意的是，观众经常尝试将厨房按时间顺序排列。他们从厨房信息面板依次看过去，然后将这些信息面板转向，试图让它们"排成一列"。毕竟，这种场景复原是文物展览中历史叙述的典型方式，因此这种展示方式也会引发类似的解读方式。与此同时，清洁的大型加工机器本身（通常位于透明有机玻璃后面，以保护它们免受公众的损坏，或者避免观众被它们伤害）则作为传统的博物馆展品而出现。它们就那么陈列在那里，吸引着观众赞赏的目光，却很少讲述与它们纠缠过的（也许是）艰难的生活。它们也无法讲述工厂加工食品可能存在的营养和健康方面的不利影响——营养和健康不是这一部分展览的关注点。这些展品——牛奶巴氏杀菌装置、香肠制造机、人造黄油均质机——都清除了所有可能带有的"污垢"。它们本身就是"巴氏杀菌展品"，"为了预防消化不良而进行了巴氏杀菌"（图6.6）。[11] 因此——部分原因是担心在展览上将食品展示得过于沉重——加工过程最终在很大程度上变成了一件家庭大事，包括追求如何将大批量的食品加工得更快、更好。

图 6.6　食品生产中的巴氏杀菌法：展示中的干净机器

科学博物馆的幕后
BEHIND THE SCENES AT THE SCIENCE MUSEUM

"你应该经常洗手"：食物中毒

相对于"无害"展区，这次展览中观众关注的另一个区域是关于食物中毒的。[12] 展览筹备期间，这一问题在媒体上备受关注，人们尤为担心鸡蛋中的沙门菌。1988年11月，英国卫生部副部长埃德温娜·柯里（Edwina Currie）声称英国大部分的鸡蛋都在生产过程中被沙门菌感染，引发了一场巨大风暴。柯里的说法引起了极大的争议，她因此被解雇。但后来在沙门菌属食物中毒导致多人死亡之后，政府不得不发布指导方针，警告"易感人群"不要食用鸡蛋，这才证明了她的说法是正确的。1989年，当食品团队努力为展览开幕做准备的时候，媒体上也出现了"食品恐慌"（这是当时的称呼），涉及李斯特菌、肉毒中毒症和牛海绵状脑病（或称"疯牛病"）。事实上，报纸上几乎每天都有关于食品问题的报道。正如珍恼怒又骄傲地说的那样："这个话题也太热门了，简直是邪门！"

珍在展览中提出了处理展览的话题性和"事实究竟如何"的不确定性所带来的问题。一些人，尤其是农业游说团体提出的一个问题是：食物中毒的发生率到底是真的增加了，还是报道和"危言耸听"的言论更多了？例如，李斯特菌食物中毒事件到底是反映了这类感染的真正增加，还是"李斯特菌癔症"（许多报纸用来描述这种现象的一种术语）这种媒体本身煽动出来的思想恐慌？如果食物中毒真的有所增加，那么原因是什么？是更集约化的耕作方式和被污染的动物饲料造成的吗？或者是新型的食品加工过程导致的（也许是使用了以前没有用过的动物器官）？运输过程和商店的储存有问题吗？还是因为消费者没有遵循合理健康的食品卫生习惯而造成的？正如珍所说的，弄清"事实真相"，"几乎是不可能的"！

因此，处理展览中这些有争议的食品安全问题是极其困难的。不仅"事实"本身难以捉摸，而且人们还有一种感觉，即信息也在迅速变化，今天的"事实"明天就有可能被证明是错误的。珍还担心今天被"大量媒体炒作"所包围的话题，日后回想起来可能会"有点像茶杯里的风暴"。珍认为，尤其是鸡蛋中的沙门菌问题，"等到展览开幕时这也许都已成为一个过去的话题了，所有被感染的鸡群应该都已经被处理掉了"。此外，在食品展览不仅已经规划好，而且还经历了一些艰难的调整阶段之后，食物中毒成了媒体关注的"一个主要问题"。虽然主创人员已经打算将"食品与身体"展区的一小部分专门用于展示食品安全问题，但问题在于：在其他内容都被大量削减的情况下，是否还留有足够的空间去扩大这一部分？还有，这个看起来不太可能包含其他展品或互动展项的主题应该如何展示？最终，与"食品生产"展区相邻的"食品与身体"展区开辟了专区来展示这一主题（有希望在这两个展区之间建立联系）。分展区的名字从"食品安全"改成了"食物中毒"。（珍说道："坦白说，现在再给它取别的名字似乎没有任何意义了。"）展览所传达的"信息"也由"我们买的大多数食物都是安全的，我们在家中处理食物的方式可能使它变得不安全"改为："我们的身体需要安全的食物。什么是食物中毒？"

尽管如此，早期是"我们"让家里的食物不安全的观点仍然清晰可见。"食物中毒"展区包括五块展板，所有展板的顶部都有一个醒目的黄色警告标志，上面画着一个骷髅和两块交叉的股骨。在一面墙上还陈列着一件显然是干净的炊具，按下按钮就会发出紫色的光。正如周围的文字所说，这暴露了"隐藏的威胁"，警告观众"即使你的盘子或手看起来很干净，但它们仍然携带数百种细菌"。旁边一块题为"细菌如何跑到食物上"（展板上的原文如此）的展板展示了家庭厨房的照片，并解释道："看起来干净的手往往会携带细菌。它们需要经常清洗，尤其是在处理食物之前和上厕所之后。"该展板还列出了一系列最有可能导致中毒的食物，并解释说："常见的能够引起食物中毒的病菌通常存在于食用动物的肠道和粪便中。当动物被屠宰后，这些病菌会留在尸体上……如果我们在家或在工厂里不细心准备食物，就会把病菌从这些源头传播到煮熟的或干净的食物上。"虽然有一段简短的提示（小字）写道污染可能发生在工厂，但重点是"我们"，是消费者本人。我们需要洗手，注意遵守适当的卫生规则。一块题为"避免食物中毒的黄金法则"的展板进一步强调了这一点。所有这些都是"你""消费者"或"我们"消费者（整个展览略去了观众和展览的创作者这些称谓）能做到的，比如"完全按照包装上的说明烹饪食物"。这当然对消费者有潜在的好处，但它并没有解决这样一个事实问题：即使人们遵循所有这些规则，最终还是有可能会发生食物中毒，因为污染可能在食物到达"你"或"我们"手上之前很久就已经发生了。

旁边的一块题为"为什么食物中毒越来越多"（这位平面设计师不喜欢用问号）的展板，注意到了报告病例的增加（1987年报告了2.2万例，1988年超过了4.4万例），并指出："科学家们相信这种增长是真实的，但对其原因仍存争议。"有人说饲养动物、准备或烹饪食物的新方法会使食物被污染。还有人说我们忽视了家里的基本卫生，没有正确处理我们的食物。（珍有些不情愿地说道，那些把感染人数的增长归因于报道增多的观点，只是少数人的观点，"不能算数"。）在接下来的展板上有15条消费者导向的"黄金法则"，观众可以很容易地得出这样的结论：这个展览是在说，"别人"都做对了。

尽管食品展览——在某些方面不同于科学博物馆的典型展览——包含了争议性话题，有可能带来对食品生产方式的重大批评（当然也引起了公众的极大关注），但它却很少涉及食物在到达我们手上之前是如何变得危险的这一领域。对此缺乏关注的部分原因是先前人们假设大多数食品是安全的，而且展览中完全不涉及初级食品生产，所以人们认为展览的食品加工部分应该有"食品如何制作"的相关信息，并且展览总体上应该在更加显著的位置展示食品消费。后者被解读为：观众可以在家里做一些事情来保护自己。

观众、政治和超市科学

展览的早期决策（通常被认为纯粹是组织性的或业务性的）与观众的愿景共同塑造了这项展览。从某些方面来说，展览可以被认为具有那些批评家所说的"超市逻辑"。预测消费、将生产作为纯技术展示而不涉及环境或健康风险，全心全意地描述进步并庆祝选择的增多，所有这些都容易使这种表达被理解为（批评家所说的）"塞恩斯伯里先生非常想要的效果"或希瑟担心的"食品加工业的赞美诗"。大卫·哈维（David Harvey）对商品拜物教以及超越眼前表象的看法如何被封锁的评论，很容易被应用到食品展览上：

> 当我们用一种物品（货币）交换另一种物品（商品）时，隐藏在商品生产背后的劳动和生活条件，喜悦、愤怒或沮丧的情绪，以及生产者的心理状态，都隐藏在我们的视线之外。我们可以不用考虑从事早餐生产的无数人，就能享用我们每天的早餐。所有剥削的痕迹在物品中都被抹去了（日常所吃的面包中可没有剥削的痕迹）。就算我们仔细观察超市里的任何物品，也看不出其生产背后的劳动条件。[13]

同样地，对食品展览中任何展品的思考都不会揭示其背后的劳动条件。然而，这并不是因为团队以一种精心策划的策略去展示食品工业。相反，食品团队试图与食品工业保持距离（因为她们回避"商业科学家"），并且（苏）认为自己从支持观众和消费者选择的角度以及在关照女性和少数民族方面"相当激进"。那么展览是如何变得如此清晰易懂的呢？

在本章和上一章，我已经展示了早期决策是怎样遭遇意外之变的。就如"隐藏的威胁"展项那样，早些时候隐形的"细菌"可能会在后来显形于聚光灯下。我希望从中得出的结论并不是说展览制作者永远无法真正知道一项展览将会如何发展（对于那些平庸的制作者来说这很可能是正确的），而是我们需要理解什么样的做法和思维方式会导致什么样特定的结果。我们需要了解拐点是如何出现的。因此，隐含的东西需要被弄明白。

食品展览的虚拟观众在很多方面都被当作儿童来分析。在为展览进行的非正式讨论中，团队成员经常会考虑孩子们是否会理解一些东西。她们的目标是"瓢虫书"水平的文本或儿童读物，她们邀请我替代儿童观众，确保她们在科学博物馆里对展品进行文本格式测试时可以关注到孩子们的反应。在我们的想象中，步入如此之多展品中间的并不是勤奋的成年人，相反，食品展览的观众很容易感到无聊，注意力持续时间短，缺乏知识和成熟的认知技能，寻求乐趣和多样化选择，对科学不那么感兴趣。所有这些都是为了避免创造一项会"超出普通人理解水平"的展览——一项没有参观展览所需要的知识、技能或耐心就无法理解的展览。然而，以这种方式去想象观众也意味着展览的某些其他特征没有得到如此强调。特别值得一提的是，在她们的概念中，观众不太可能对展览进行严格的政治评论。尽管食品团队很清楚，一些观众（比如一些策展人和一些压力集团[①]）可能会这么做，但他们也不会对展览的政治影响进行持续的审视。相反，展览在制作过程中受到的压倒性批评是关于展览的内部衔接性和信息清晰度的问题。这些问题的解决花费了大量的时间和精力，却并没有适当的程序来评估其潜在的副作用。

这并不是说团队成员从来没有想过展览的政治易读性。相反，无论是在她们有时称为"展览理念"的方面，还是在特定主题和观点方面（如性别和少数民族问题），她们都考虑过了。然而，正如我在上面的例子中所展示的那样，在这两种情况下，易读性是以一种团队完全没有预料到的方式实现的。为了更充分地确定这里所涉及的和更普遍的困境，有必要进一步仔细地研究它们和更多案例。在接下来的部分，我将从一些特定的政治话题开始，进一步思考团队的展览理念以及观众和科学博物馆的角色概念。

团队成员（苏）认为，在"摆脱'伟大的'白人男性的视角"时，融入对不同种族群体和女性的强调非常重要。正如苏向我解释的那样，仅仅是提及任何不同种族或女性的举动"在这个地方就相当具有革命性"。她并不是唯一一个有这种感觉的人。事实上，在展览开幕之后，科学博物馆的一位女性工作人员向她表达过，她发现这个展览"实际上包括了一些女性形象"，这"令人耳目一新"。仅仅是添加了女性或某些种族群体的图片和文字，就

[①] "压力集团"是西方政治学术语之一，指的是处于政府和公众之间的一种团体，它们有一定能力影响选举，但本身并不参与选举，可视为连接政府与公众的一种桥梁性的非政府组织。——译者注

是一个值得赞扬的成就。与此同时，这种看法本身就是问题的一部分——似乎仅仅包容就足够了。一些规划文件指出了某些主题将如何帮助"应对"或"解决""民族问题"，其语言表述以及在展览制作过程中关于"引入"女性或黑人形象的评论，都说明了这种思维方式。与此相关的危险有两个。其一是被指责为"走形式"（食品展览因此被另一家博物馆的女权主义策展人指责），展览主题或其观点并没有发起对现状的任何重大挑战（这位女权主义策展人声称展览没有"为代表女性提供很大帮助"）。我们可能会看到一个女性收银员的形象，但这并不可能改变人们对女性和科学之间关系的看法。另一种危险是强调"民族性"饮食带来的：在努力"加入一些东西"的过程中，人们可能会通过另一种叙事方式（比如进化叙事）来阅读它，但并没有进行深入探究。

科学博物馆的工作人员无疑会发现自己在这里处境艰难，因为他们面对自己在现状中的角色往往相当矛盾。他们的任务是试图改变现实还是"表征现实"？展览包含了女性和少数民族的形象，这被团队认为是"纠正了其他展览的偏差"。她们的展览是对这些群体存在过的一种"记忆"，而其他展览往往"忘记了"这些群体的存在。她们认为这是一项合法甚至必要的任务。但是，是否应该更进一步，尝试"做些什么"来改变女性或少数民族目前被广泛理解的方式？这被理所当然地视为超出了食品团队的职权范围：她们只能寻求"表征现实"，而不能改变现实。在我参加过的另一个展览规划会议——"信息时代"项目规划会上，对这个问题的辩论更为激烈。科学博物馆的管理人员告诉策展团队，展览可能会对政府和信息行业做出重要贡献，让女性更多地参与到计算机科学中。因此，这就要求策展团队了解如何做才能使更多的女性参与其中，并鼓励她们从更积极的角度看待计算机。然而，团队中的一些成员认为这与科学博物馆所表征的角色相反："这是在要求我们从事社会工程学，这不是我们该做的事情。"这可能是政府的工作，而不是科学博物馆的工作。这种回应来自一种广泛共识，即科学博物馆必须坚持表现"事实"和"事实准确性"（这种主张也是展览团队拒绝其他人建议的方法之一）。

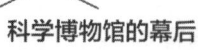

事实与社会责任

"事实"和"事实准确性"虽然通常被认为是安全和没有问题的(前提是你能"掌握它们"),但它们本身可能会产生困境。如前一章所述,许多存在争议的问题不能通过诉诸"事实"来解决,它们更多的是有关偏见、排斥或表述的问题。再举一个例子:在建造展厅的过程中,英佰瑞公司建议在展览中加入有关酒精的内容,因为酒精已经成为英国人日常饮食中越来越普遍的元素了。在一次规划会议上,食品团队讨论了是否应该将其包括在内。珍也认为,如今人们会消费更多的酒,这的确是"一个事实",但随后她又以一种熟悉的方式辩称,现在展览"对此采取任何重大行动"为时已晚。不过,她认为,有"明显位置"包含这个主题中"某些内容"的,应该是"食品与身体"展区,这是一个主要关于营养的展区。但是关于酒精的"事实"包括哪些呢?团队讨论是这样的:

苏:所以,你会讲酒精损伤肝脏吗?

珍:不会。在糖类展区(苏负责的一个展区)我们也没这么说——没说糖会腐蚀你的牙齿。

苏:但那是因为糖类主题讲的主要是糖的加工过程。

珍:嗯……我们能说酒精中含有多少卡路里吗?

苏:但是我们不应该鼓励喝酒。我们该谈论的是健康风险。

珍:我们在整个展厅的任何地方都没有谈论健康风险,甚至在脂肪展区中也没有。

苏:但是我们不应该鼓励喝酒——尤其是在目前的环境下。埃德温娜·柯里今天在《卫报》(*Guardian*)的头版谈论了有关在圣诞节活动上饮酒的问题。

我们在这次交流中看到的是在谈论是否存在特定主题或角度时涉及的许

多因素：①"事实"（那些可以"确切地"说出的内容，比如卡路里的"数值"）；②已规划好的框架（不同展区是"关于"什么的，展厅整体上展示什么以及不展示什么）；③社会责任（健康结果）；④话题性（一个话题或角度的外在意义是否可以忽略）。这第四个因素也表明了对展览政治易读性的认识——如果没有关于酒精的警告，展厅很可能会被视为"在目前的环境下"对社会不负责任。所有不同因素之间的权衡最终导致啤酒作为一个例子被加入"食物漫游人体"的互动游戏中，但是增加了一条关于政府建议的酒精消费水平的注释（这条注释忘记了展览面向的观众通常是小孩子）。

在这个例子中，正如我们从雀巢公司关于自己在速溶咖啡发明史上的角色之言论（见第四章）中所看到的那样，赞助商也能够动用"事实"的措辞以试图说服策展团队接受某个特定的主题或角度。这方面的另一个例子是关于再现20世纪20年代的杂货店的问题，这比让珍勉强地接受在展览中包含酒精带来的健康风险要困难得多。苏在研究展览的这一部分（以及其他一些部分）时，使用了英佰瑞公司的档案库以及其他资料，英佰瑞公司的档案管理员对此非常感兴趣，并参与了展览筹备，她帮助苏找到了复原杂货店的好素材。苏原本的想法是制作一个一般杂货店的复制品，而不是一个特定的商店，但档案管理员对此提出了质疑，认为展示一家特定的商店会"更准确"，并提供了复原20世纪20年代的英佰瑞杂货店的信息。苏不愿意接受在展览中有一家英佰瑞杂货店这件事，她担心这会"看起来太偏向赞助商了"，于是她试着使用英佰瑞杂货店的基本原型，但不在复制的店铺上写上实际的店名。这引起了激烈的争论，档案管理员认为，如果不写店名就是"不准确的"，因为它是"真实原物"的一部分。通过调用科学博物馆工作人员通常使用的论点——关于准确性、事实和真实性的论点——档案管理员赢得了这场辩论。苏关于政治易读性的担忧并没有完全作为制度化中的优先事项，而是被搁置在侧（这令她相当烦恼）。正如我们后来看到的，英佰瑞杂货店被放在了展览入口处（由于对消费的关注，购物区已经被设置在那里了），这种显眼的存在对观众解读展览产生了显著的影响。

在这些例子中，我们所看到的是一些具体的决策——通常被"事实准确性"的言论所合法化——但它们没有完全推断出对于最终展览的政治易读性可能发生的后果。展品的具体布局——它们相对于其他展品的摆放位置、它们在某些"关键区域"的位置等——往往对一个展览至关重要。然而,这些问题往往没有受到充分关注。在展览制作过程中,"信息"被认为必须是明确的和语言化的,而对展览制作过程中更微妙的三维因素的关注则要少得多。

公民身份、选择权以及企业

然而,这次展览确实具有一种理念,这种理念是对科学博物馆的角色和参观者的本质进行社会性思考的结果。在这种理念之下,人们提出了关于展览类型、展厅布局和展示方式的各种思想。这次展览"社会化"的关键在于强调选择、消费和乐趣,所有这些都隐含着与主动性的联系。提供更多的选择、消费和乐趣就是提供了更多的主动性,因此,也赋予了观众更多的权利。这是观众作为"积极公民"的一种概念,这与他们在其他地方相对来说被更消极地看待形成了对比。

这种状况是人们对公民身份的理解发生转变的一部分,在当时十分普遍。尼古拉斯·罗斯(Nikolas Rose)将这种"新"的视野与早期的视野进行了对比,他解释道:"公民应该是积极的和独立的,而不是消极的和依赖的。因此,政治主体应该是这样的个体:其公民身份是通过在各种选项中进行自由选择来体现的。"他指出,当时的内政大臣认为"积极的公民身份是对企业文化的必要补充"。[14] 正如罗斯进一步指出的那样,这种对公民身份的重新定义并不局限于内政大臣参与其中的政治权利,也不是通过"国家"主导的"技术"就能简单表达的。

虽然人们可能普遍认为应该鼓励公民积极而不是消极,但也有人批评从企业文化角度来将这一问题概念化的方式。从塑造公民身份以及更加根本上的"恰当的人的构成"之角度来看,对选择权的提供者来说,消费在公民身份和人格的表现中具有卓越的标志性地位。也许消费者的比喻不仅特别适用于描述博物馆观众，也适用于描述这种新型公民。那么，到底是何种消费者呢？这种消费者不是那些小心谨慎、拼命想在有限的预算下维持收支平衡的消费者——他们很可能会觉得购物是件令人沮丧的苦差事，而是如同预想中食品展览的消费者一样，积极地从体验中寻找乐趣、喜欢做出选择，不求获得深入的信息，并且乐于"忙碌"，依据冲动和欲望行事。将选择权作为公民身份的核心概念是玛丽莲·斯特拉森（Marilyn Strathern）所说的"规范消费主义"的一部分：人格变成了做出选择的问题，而个性则被看作我们所做选择的累积。选择成为"差异的唯一来源"。[15]此外，"规范消费主义意味着除了行使选择权之外，别无选择"。[16]你无法选择不去做一个积极进取的决择者。然而，尽管企业视角在某些方面颂扬差异，但同时在另一些方面却没有认识到这一点。不仅是与企业无关的选项不受重视，而且将消费者理解为"主权者"也未能认识到影响消费者选择的各方面因素差异，例如收入、教育和家庭教养等方面的差异。从企业的角度来看，人生结局的差异都是选择不同生活方式的结果（就像饮食是个人口味的问题一样），而不会受到社会、政治和经济结构因素的影响。

对选择本身的欢呼庆祝也忽略了一个事实，那就是人们必须从被提供的某些东西中做出选择。正如斯特拉森等人所观察到的那样，不仅被提供的选项最终是由生产者决定的，而且它们往往与对"顾客想要什么"的感知紧密相连，形成一个自洽的反馈回路。[17]因此，消费者不仅要对自己所做出的选择负责，还要对被提供的选项负责。"我们被别人告知我们想要什么。"如果观众看起来想在最终完成的展览中得到一些并不会存在的东西，那么至少有一部分责任要归咎于那些在形成性评估过程中接受访谈的观众本人，即这个责任从生产者转移到了消费者的身上。然而，就食品展览来说，观众应该"自己做决定"的想法贯穿于整个制作过程以及大部分已经完成的展览中，这就引出了一个问题：我们基于什么样的信息而做出选择？

保罗·希勒斯（Paul Heelas）和保罗·莫里斯（Paul Morris）认为，这种强调消费者需求的知识供给蕴含着一种"最小公分母效应"。[18]因为实际上并不是所有潜在消费者的愿望都能得到满足，所以会有这样一种倾向：追求实现大多数人的愿望（这些愿望可能会相当世俗）和那些相对容易实现的愿望。他们认为，这很容易产生庸俗的，甚至是相当肤浅的文化产品。进一步来说，尽管对"知识"的要求往往会带来"到底是什么知识？"这样的问题，但那些有关快乐、兴趣或娱乐的知识更有可能被认为"本身就是知识"，不需要进一步解释。这也使它们最有可能成为"人们想要什么"这个问题的首选答案。如果"人们想要的"是乐趣，那么乐趣以及更普遍的流行元素就被认为是不受任何社会政治影响的（"乐趣就是乐趣，与权力无关"）。[19]这使得乐趣和流行元素超越了批判：它们被直接视为一种民主的表达。

从更普遍的意义上讲，知识与其说被看作不断累积的真理，不如被看作一堆信息，消费者从中选择他们想要的或需要的东西——知识变成了一件关于"挑选与混合"的事。无疑，这种"知识"虽然在许多方面是有价值的，但它同时也受到了局限，因为它必然限于个人的选择。因此，这样的知识不能够"迁移"，无法被转移给其他人或其他领域。例如，在"引人深思的食品"展览中有许多展品，如哈哈镜和健身单车，它们的目的不是提供一种可以被带走并应用于其他地方的普适性知识，而是与个体经验和主观感受有关。正如在消费者和企业文化的其他方面所体现的那样，对个体和经验的这种推崇，也可以使人们将问题从政治和生产上转移开去。换句话说，这也可能有助于一种"超市逻辑"的形成。

在强调这些让食品展览明晰易懂的可选方式之时，我的意图并不是说真的就要非此即彼，而是两种方式都可以（甚至其他方式也可以）。正如罗斯（Rose）所指出的，造成这种状况的其中一个原因是：公民这一活跃的概念比单从企业视角分析得出的结果要广泛得多，其中涉及的许多基本理念是与政治领域共享的。[20]大卫·马夸德（David Marquand）指出了企业文化视角和他在塞缪尔·比尔（Samuel Beer）之后提出的"浪漫的反抗"之间的重叠："真实性、自发性和个体性等'浪漫主义'价值观的一种新主张，以及对等级制度、官僚主义和外部强加的阶层与身份的反抗。"[21]

对于食品团队的成员，以及科学博物馆和许多其他博物馆的工作人员来说，这段时期感觉是有点像一种"浪漫的反抗"——在某种程度上，团队成员喜欢用这种术语来描述她们正在做的事情。她们反对传统的、高人一等的、男权主义的做事方式，她们是为公众、为大众、为普通人服务的。

然而与此同时，她们的许多言论也被"新右派"所接受，而这些人的许多观点并不被"浪漫主义"所认同。谈论"活跃的观众""参与""访问""问责制""选择权""消费者""公众理解科学"以及寻求保护观众，虽然属于同一种语言，却带有相当不同的政治含义。正如我们在其他语境中所注意到的，由于有着相同的形式，不同的语型变化很难被准确地发现。[22]此外，在实际的展览制作中，它们常常被以非语言的方式植入实物展品中，这也很容易使它们本来可能并不相同的易读性变得含糊不清。再加上缺乏制度化的手段来探索展览的潜在含义，导致了对展项的各种解读，而这些解读甚至可能对展览的制作人不利。

在接下来的章节中，我们会看着展厅一步步从开幕到逐渐被媒体、科学博物馆的其他工作人员以及那些制作它的人所接纳。让我们来看看为这个大日子——以及以后的日子——所做的疯狂准备吧。

【尾注】

[1]"幽灵观众"这个词是我用从布鲁斯·罗宾斯（Bruce Robbins，1993）的作品里借来的［而他是从沃尔特·李普曼（Walter Lippmann，1925）的文献里借用的这个词］，罗宾斯用这个词来讨论创造一个真正的参与式公民身份的困难（这甚至是不可能的），同时也强调了"公众"在关于社会和公民身份的辩论中的言论或政治地位。

[2]参见伍尔加（Woolgar，1991：59）的作品。在文学研究中，"隐含读者"的概念与配置观众的概念类似，但可能没有后者那么宽泛。在霍尔（Hall，1980）的编码/解码模型中使用的"首选阅读"的概念也是如此。在某种程

度上，伍尔加在他的计算机研究中也使用了文本的隐喻，这虽然有用，但无法解决一些关于物质性和客观性的有趣问题，而这些问题恰恰与博物馆十分相关。西尔弗斯通（Silverstone，1994，1999）在将电视作为一种技术来强调时也提出了类似的观点。

［3］或者是伍尔加（Woolgar，1991）提出的"一般用户"。

［4］这方面的经典例子是维克多·特纳（Victor Turner，1967）对"恩敦布牛奶树"的研究。① 另见科恩（Cohen，1985）的作品。阿登纳的"空心类别"概念（Adenner，1989）也抓住了不同含义可以共享同一种形式这一特征。斯塔尔和格瑞史莫（Star and Griesemer，1989）的文献中，讨论了一个与自然博物馆有关的类似现象，即"边界物"的形成。

［5］参考伍尔加（Woolgar，1991）关于计算机用户的"暴行故事"，和福赛斯（Forsythe，1992）关于"责怪用户"的文献。殖民地威廉斯堡的工作人员也谈到了"无知的观众"（Handler and Gable，1997：28）。最近一本关于大英博物馆幕后故事的书，包括了一系列观众提出的有趣而无知的问题（Burnett and Reeve，2001：104）。这和大学里谈论学生的某些方式有相似之处。举例来说，比如发送"奇葩考生"列表邮件这种常见做法——那些愚蠢的答案都在试卷上写着呢。②

［6］参见哈德森（Hudson，1975）的作品。另见维特林（Wittlin，1949）的作品。这些规定直到1963年才被正式修改，尽管在那之前其执行已经有所放宽（Hudson，1975：190）。

［7］参见伯兰（Berland，1992：47），另见后续讨论。

［8］参见如巴尔（Bal，1996）、班尼特（Bennett，1995）、邓肯（Duncan，1995）以及乔丹诺娃（Jordanova，1989）的作品。

［9］参见佩内洛普·哈维即将出版的作品（Harvey，Penelope，forthcoming）。曼

---

① 特纳探讨并总结了恩敦布人的仪式，他揭示出仪式是在特别指定的地点举行，使用有着特殊称呼的建筑物和材料，并有程式化、规范化的动作、语言和关系。——译者注

② 欧美国家的一些考生会在试卷上留下一些"奇葩"答案，例如，问："美国《独立宣言》是在何处签署的？"答："在底部。"英语语境下这一类考生被称为"Exam Howlers"，意为在考试中出现滑稽可笑的错误的人。一些欧美大学在考试过后经常流传这种汇总了本次考试各种"奇葩"答案的邮件，在有的地方甚至成为一种传统。——译者注

彻斯特科学与工业博物馆展示了一台具有历史意义的计算机，它也为尽可能多学科领域的透明和互动性提供了类似的目标。

[10] 1988年，他们使用了斯堪的纳维亚电脑系统公司为国际商业机器公司生产的程序。这个程序和其他类似程序通过识别单词的长度和某些语法结构等进行工作。这样的系统无法检测语义，因此对某些东西是否有意义的判断超出了它们的能力范围。长单词自动被认为是"难以理解的"，尽管孩子们可能会发现某些长单词其实很容易辨认。有关在博物馆中使用的一些可读性测试的讨论，请参见卡特（Carter，1999）的作品。

[11] 西尔弗斯通描述了更普遍意义上的消费对象，并且认为商品与其说是被异化的对象，不如说是专门为我们的消费而准备的对象（Silverstone，1994：174）。

[12] 麦夏兰和西尔弗斯通（Macdonald and Silverstone，1992）对此进行了更广泛的讨论。

[13] 参见大卫·哈维（Harvey, David, 1989: 101）的作品。

[14] 参见罗斯（Rose, 1992: 159）的作品。他解释说："本世纪上半叶，政府的思维方式是将公民作为一种社会存在的形象。他们试图建立一种政府与公民之间的契约，这种契约以社会责任和社会福利作为表现形式。在这种形式的政治思想中，如果要避免恶性后果，社会需求的满足就必须以个人为中心。反过来，个人也必须承担政治的、公民的和社会的义务与责任。这种政治上的合理性被转化为社会保险、儿童福利，以及社会和精神卫生计划，等等。教育手段（从普及教育到英国广播公司的广播节目）被认为是培养负责任的好公民的一种工具。有计划并且社会化地组织而成的机制编织出了一个复杂的网络，将领土上的居民捆绑进一个单一的政体，一个受管制的自由空间"（1992：158）。另见罗彻（Roche，1992）的作品。

[15] 参见斯特拉森（Strathern，1992：172，170）的作品。另见斯特拉森（Strathern，1992a，1992b）的作品。

[16] 参见斯特拉森（Strathern，1992：170）的作品。另见吉登斯（Giddens，1991：8）以及马夸德（Marquand，1992）的作品。

[17] 参见斯特拉森（Strathern，1992）的作品。另见米勒（Miller，1998）的作品。

[18] 参见希勒斯和莫里斯（Heelas and Morris，1992：14）的作品。另见苏珊·雷·斯塔尔（Susan Leigh Star，1991）关于标准化和处理少数民族问题的论述。乔治·里茨尔（George Ritzer，1996）对麦当劳化（McDonaldization）的讨论中也提到了这一问题，并且鲍克和斯塔尔（Bowker and Star，1999）进行了更广泛的讨论。

[19] 参见伯兰（Berland，1992：47）的作品。

[20] 参见罗斯（Rose，1992）的作品。另见科恩（Cohen，1992）的作品。

[21] 参见马夸德（Marquand，1992：65）的作品。

[22] 见第190页注释[4]。

请扫描二维码查看参考文献

第七章

开幕与余波：仪式、回顾与反思

展览开幕前的几个月异常忙碌。在过去一年的大部分时间里，人们一直都在为紧迫的最后期限而加速努力工作，但现在事情又有了新的进展。虽然现在写作的"苦差事"已经完成，所有的展板也都在制作中，大部分的内容也都已经确定，但要确保最终展览中所有的东西都确实到位，似乎还需要无休止的"追逐"和无数繁杂的工作。"管理员"形容食品团队"像疯狂的床虱一样四处奔跑"——她们很快就接受了这个描述。

这只是倒数第二周发生的一些事情。希瑟忙着为她的食品柜做记录。周末的大部分时间，苏都在为她 20 世纪 20 年代的英佰瑞杂货店的瓶子盖瓶盖，她还不得不坐出租车去帕丁顿买了一袋建筑用沙，这样工人们就可以在她的英佰瑞杂货店里建一堵墙。凯茜、希瑟、简和我四个人花了一下午的时间做速冻豌豆盒。珍说她必须在床边放一个笔记本，这样当她醒来想起那些必须做的事情时，至少可以把它们写下来，然后她才能重新入睡。食品团队多次前往旺兹沃斯的某个制作公司，在展板最终完成之前检查展板内容是否正确（否则校正展板的成本要高得多）。即便如此，有些展板最终还是出现了图片遗漏或文字错误的情况。

在布置展厅之前，团队还前往科学博物馆的仓库和车间检查展品和要

科学博物馆的幕后
BEHIND THE SCENES AT THE SCIENCE MUSEUM

陈列的物品。有时，她们会和设计师一起漫步展厅——目前展厅正处于一个类似"杂货铺装修"的阶段——检查并确保所有东西都在计划之中，并尝试绘制出人工钉墙上钉子的角度，以及电线、地毯卷和展柜的位置，希望它们最终符合她们想象的展厅外观（图 7.1、图 7.2 和图 7.3）。

图 7.1　展览开幕前约五周，简、萨瑟斯先生、珍和约翰·雷德曼在展厅里检查

当然，还有"最后一分钟的灾难"、意料之外的麻烦，以及失望和紧张的神经。就在开幕前一周，大家才清楚地意识到，冷冻豌豆在管道中蹦跳的互动项目完成不了了（尽管它也可以在正式开幕后再添加到展厅里）。"我想死的心都有了，"苏愤怒地说，"事实上，我想我会［停顿］我想那该死的展厅不会准时开放的，我真这么觉得。我看到那时仍然会有承包商在干活。"氢化作用演示看起来也没有完成，尽管馆长的介入使它终于在开幕前一天的晚些时候完工了。许多正在运行的展项演示"令人恼火"。比如，牛奶装瓶流水线有滴奶、打碎牛奶瓶的可能，而事实证明很难制造出一种看起来像奶但又容易洗掉的东西来模仿代替牛奶（要不然瓶子看起来会一直脏兮兮的，国家乳制品委员会认为这令人"非常不满意"）。

开幕与余波：仪式、回顾与反思　第七章

图 7.2　从未有过的展品：苏在开幕前大约三周检查了
豌豆冷冻机的管道状况

图 7.3　成形：巨型巧克力慕斯罐在开幕前六天进入展厅

现实问题接踵而至。茶叶包装机没办法按预期齐平地安装在墙壁上，只能放在管道表面。用来展示展品的许多"不显眼"的展柜相当危险——

科学博物馆的幕后
BEHIND THE SCENES AT THE SCIENCE MUSEUM

它们从墙壁伸出的距离比预期中要长，有尖锐的拐角，并且没有使用钢化玻璃制作。此外，它们没有底座，因此所有东西都必须连接到墙后。美食家们对设计师感到十分恼火。她们还必须为面包店购置新的透明玻璃，因为要装进去的框架比预期的要小。固定视频显示器的支架也不对。尽管我开车去牛津调换了，但新的支架必须贴上难看的木头才能安装显示器。安不顾一切地用松节油、奥索利酸和咖啡来"做旧"她18世纪80年代的厨房。亨氏公司寄给苏用来做展品的罐头总是不对。苏想要的饥荒勋章也缺失了一枚。她还必须得到牙买加高等委员会的同意，给她空运一根甘蔗，因为西夫韦超市的甘蔗已经脱销了。当希瑟发现她的剪影人物不是"现实生活"中的身高时，她简直都要烦死了（平面设计师为了让它们适合可用的空间而把它们给缩小了）。她还得努力使香肠机正常运作（现在这台机器似乎需要一个额外部件）。莱昂内尔（Lionel）在参与为牙买加食品柜所做的访谈时说错了话——他谈到会从英佰瑞超市为他的特别庆祝活动购买食材。

还有一些赞助商在最后时刻也制造了困难。国家乳制品委员会的某个人在展厅开幕前一周打电话过来，说他"想有一些变化"。（然而他被告知："不幸的是，现在改已经太晚了。"）英佰瑞的档案管理员来看杂货店的复原进展如何，随后就苏费了很大劲找到的灯具和她发生了争吵。档案管理员说它们"太华丽了"。（苏后来把这变成了一个搞笑的故事，说档案管理员认为这些配件"太像男性生殖器了"。）有时似乎面对太多的争论，唯一的办法就是拿它们开开玩笑。简评论道："我相信每个问题的严重程度现在正在下降，只是问题似乎更多了。"而凯西说道："我认为我们已经到了不再在乎的地步了——我们只是希望布展能完成。我想在那之后我们才会开始担心它到底对不对。"

但这也是一个激动人心的时刻。第一个展品——一台咖啡烘焙机，在经历了一个险些放不进展柜的"令人毛骨悚然的时刻"之后，在10月3日（周二）上午11点10分被放进了展柜，当时距离正式开展还有9天。（凯西还得把其他三件本应放在这个展柜里的展品拿出来。）我们都庆祝迈向布展完成的这一重要标志。（我被告知要准确地做好记录。）最后，我们似乎可以看到布展真的要完成了，梦想将——以某种方式或其他方式——真正成为"现实"。

倒计时……

除了完成布展本身，在最后几周还有其他事情要做。一方面是与报纸、广播电台和电视台的评论家们打交道，通常是珍去处理这个问题，尽管大多数评论家也会对馆长进行访谈。她有时发现自己很难在处理展览竣工的烦琐事件和在访谈中给出乐观积极的叙述之间进行切换。正如我下面要进一步讨论的那样，处理一些评论家的评论也很困难。开幕式也还有准备工作要做，这场盛大的活动由"博物馆年"赞助人约克公爵夫人主持。邀请名单必须拟定，请柬也要特别设计，还要决定给公爵夫人什么样的"礼物"——馆长想给疯狂的和好吃的东西，而不是一块普通的牌匾。当他计划送一个用糖果做成的精美花篮时，他兴奋地问道："这品位不高吗？这庸俗吗？这不比一个火柴棒搭成的圣保罗大教堂强吗？"安全和反恐预防措施也必须到位，还有挑选学校团体，找好专门的服务人员照顾特殊客人（比如赞助商），协商清楚重要客人的安排（"我们把肯特公爵安排在哪里？"），等等。并且考虑到公爵夫人不喜欢自动扶梯和走回头路，所以她一整天的行程和路线都经过了精心的规划和演练。（"哦，不，那意味着她必须穿过农业展厅和天然气展厅！"）

展览开幕前的最后几天，食品团队几乎是昼夜不停地工作，把东西放进展柜里并打扫展厅。离开幕只剩两天了，视听设备才开始安装。直到最后一晚，人们还在抬升展板，木工还在用锯子和锤子忙活着，还有许多展品等着放进展柜。我们都在疯狂地吸尘和抛光，试图清除那些似乎不断堆积并无处不在的灰尘。每个人都在把这个展厅和他们工作过的其他展厅进行比较，几乎所有人都说这个展厅的活儿要一直干到非常晚，也有很多故事讲的是有的工作直到开幕前几分钟才完成，还有的人在开幕这个大日子里必须站在某些展项前面，来掩盖这一展项尚未完工的事实。

有时，展品最终放置完成之后，展柜和空间布置看起来格外的空旷，所以我们又得赶紧找到能做背景的东西。例如，在展览开幕前一天，我被派去为安的厨房买一个看起来像20世纪50年代的排水管，为苏的一个展柜买一个小背包（"最好是卡其色"），还要给她买一些"栀子花色"的纸来制作假标签，因为"真标签"对这个展柜来说太大了。回想起来，当时团队说不定试图摆脱我，她们说着"这些我24小时之内会处理完的"或者"这些还有17小时就做好了"来阻止我拍那些不受待见的照片（图7.4），也许是吧。但是我们都在忙着处理现在回想起来似乎难以置信的那些艰难而具体的细节，而这些细节在当时绝对是至关重要的。

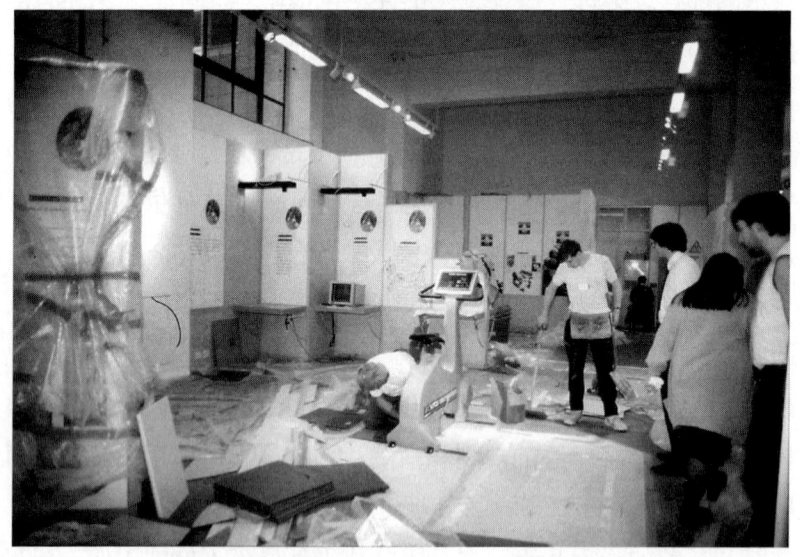

图 7.4 倒计时：开展前 24 小时的展厅

在开馆前的最后一天，英佰瑞公司也出人意料进行了干预。英佰瑞的档案管理员在前来帮助食品团队复原英佰瑞杂货店时，发现有一些展项中的食品来自另一家超市。馆长很快就收到了来自英佰瑞媒体部门和宣传经理的投诉，称该公司在给予赞助时规定，不得展示其他零售商的产品（尽管其他品牌的产品是可以接受的）。大多数团队成员似乎没有意识到这个规定或是已经忘记了,她们非常生气,尤其是因为在最后阶段又添了一个要处理的问题。凯西惊叫道:"他们已经分得了属于他们的那一杯羹。我看他们是觉得自己买下了展厅吧,因此可以为所欲为。可他们只是在把我们的科学博物馆搞得一团糟,原谅我这么说。"其他团队成员认为这与塞恩斯伯里家族无关,只是一些"无足轻重的员工在滥用职权"。后来,馆长在展厅里当着英佰瑞档案管理员的面对我说:"我很期待看到你写的东西。"我怀疑馆长这是在提醒她我作为"记者"的角色。然而,最后展厅里所有来自其他超市的食品都被这位管理员替换成了她提供的英佰瑞的包装和罐头(图 7.5)。

图 7.5 在开展前 15 小时移除非英佰瑞超市的产品

大 日 子

展览开幕的前一天晚上,工作一直持续到凌晨。珍和简住在附近的一家酒店,早上 7 点回来,我们其他人在 7 点后也很快就到了(图 7.6)。而

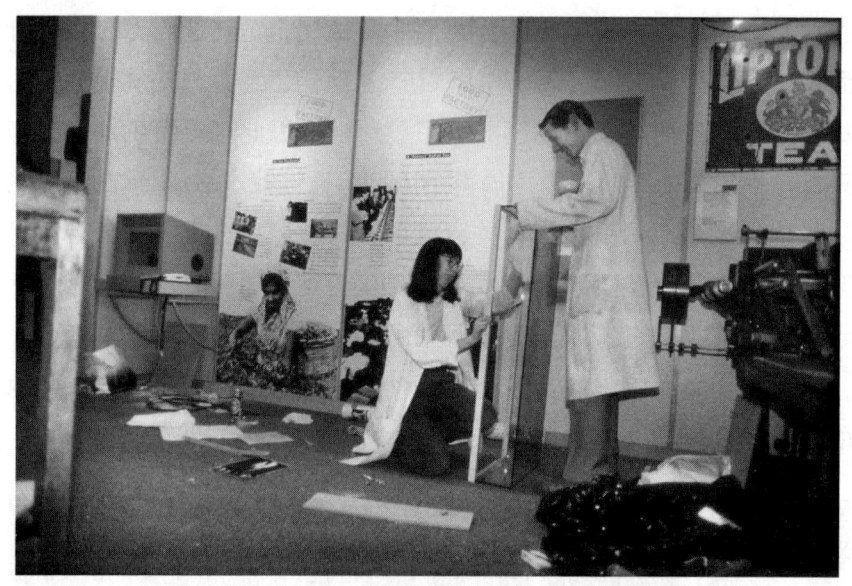

科学博物馆的幕后
BEHIND THE SCENES AT THE SCIENCE MUSEUM

图 7.6 在开馆日的上午 8 点安装一个展柜

展览开幕的一系列事务仍处于"恐慌状态"。在 9 点 30 分的新闻发布会上，人们还可以听到敲敲打打和锯子的声音（一直到 12 点的时候工匠们还在工作，一些展板才刚刚抬上去），这让我很难听清一些媒体的提问。不过从他们的回答中可以清楚地看出，馆长和珍面对的质询是关于赞助的，还有关于展览在消费者建议的各方面所采取立场的问题。我不能直接参与，因为我参与的工作已经够多了，我这会儿正忙着为一个展区做面包卷。待到媒体在发布会后来到展厅时，一些媒体人员还以为我是在为他们做示范（甚至还拍了照片）。到了午餐时间，我又得去买另一些东西——这次我要在糖类包装机旁边放一个垃圾桶（否则到处都是垃圾），还需要一些防油纸来包装安的假奶酪，以及要给凯西买一条紧身裤。我们又一次拿着吸尘器和抹布到处跑，然后冲过去准备好一切。美食家们已经开始把这个展厅称为"怪物"，正如我在笔记本上评论的那样，"它给人一种有机的感觉，它有自己的生命"。那么它能按时准备好吗？

在我们等待公爵夫人的时候，幕后仍然锤击不断，的确如此——或者至少，听起来是这样。已经熬过了疯狂时光的美食家们此时都显得格外整洁和优雅，正在展厅的各个地点等着迎接公爵夫人，并回答她可能对自己所在展区的任何疑问。我坐在观众之间，此刻正从外面看着展厅，白色屏幕之间的入口处清晰可见那巨大的巧克力慕斯罐，屏幕上有展览的标志和标题："引人深思的食品——英佰瑞展览"。公爵夫人在馆长和塞恩斯伯里勋爵的陪同下到达，他们三人都发表了演讲。馆长强调，以这样的主题举办展览对科学博物馆来说尚属首次。（据他观察，在展览开始筹备时它可没这么热门。）此次展览得到了如此广泛的支持和赞助，并且在科学博物馆内由全员女性的团队创造出了一种全新的工作方式。他并没有说这是在他的指导下从头到尾创作的第一个展览，而这其实是该展览在科学博物馆内和整个博物馆界所具备的特殊意义之一。他也成功地告诫人们，不要将此解读为代表了科学博物馆未来的发展方向。塞恩斯伯里勋爵说，他的家族慈善信托基金会对成为赞助人感到非常荣幸，提出塞恩斯伯里家族对互动展览还会有更广泛的支持，并表达了信托基金会多么希望为这项事业做出贡献，因为他认为展览实现了他们企业目标的一部分，即"让我们的客户尽可能多地了解他们正在购买的产品"。公爵夫人对博物馆的重要性发表了一些一般性评论，并说她为能开启一个她本人非常感兴趣的主题展览而感到高兴，因此她博得了观众（和食品团队）的喜爱。随着一阵闪光灯的骚动，送给公爵夫人的礼物展示在了她面前，随后公爵夫人被引入展厅，展览正式开幕。

此后，我们在同伴的房间里喝了一顿丰盛的茶饮，然后回到办公室，浑身脏兮兮的，坐在那里。其中一个约翰睡着了，安和我出于某种奇怪的冲动，做了一个填字游戏来缓解我们的疲惫。晚些时候，我们又回到展厅参加了一个晚间招待会，这次邀请的客人比当天早上的高级聚会要多得多。这一活动旨在感谢在展览的制作过程中以一种或多种方式提供帮助的人们。我筋疲力尽，再加上喝了很多酒，摔了一跤，把相机摔坏了。这给人一种奇怪的隐喻之感，就好像我自己作为观察者的角色结束了。

仪式程序

在某些方面，展览的制作似乎遵循了范·根纳普（Van Gennep）提出的一种经典的"通过仪礼"结构：仪式化的分离，紧接着是一个过渡或边缘时期（一个模棱两可的阶段），然后通常情况下仪式方面的重点是重新整合，体现出一种新的生活阶段和状态。[1] 这些美食家们就像在准备成人礼一样，通过特殊的仪式（访谈、准备可行性研究和加入特定的团队），表现出她们与科学博物馆的其他部分进行的象征性的分离。这也带来了一定程度物理上的分离：她们搬到了自己的办公室，与其他策展人的办公室分开，同时又与科学博物馆其他工作人员日常的许多琐事和活动分开。对这几位展览创办人来说，接下来的几个月，她们要完成前辈为她们设定的任务，这是一个过渡阶段，她们必须面对和克服身体和心理上的许多障碍。那是一段需要接受考验的时期，有时甚至达到了极限；同时也是一个边缘时期，在这期间美食家们的身份既非"普通"策展人，也显然不是"非策展人"。一方面，她们与科学博物馆的其他部分相分离；另一方面，她们又处于科学博物馆的核心。科学博物馆的声誉至少部分取决于她们对既定任务的处理能力。

维克多·特纳认为，边缘时期的特征通常是象征性地强调"反结构"，即强调与正常或普通结构的区别。[2] 在此期间，仪式可能会使正常的惯例或人际关系颠倒，以此来突出那些正常的结构或做法。就这个团队以及我观察到的其他展览而言，"反结构"明显地以一种普遍与"通常"（或"传统"）行事方式不同的言论方式出现。因此，通过这种言论，特别是夸张的言论，反而突出了常态。它的效果之一是在团队中产生了一种"共同体"的归属感。然而，除了"反结构"式言论，团队还肯定了文化"常态"的某些关键方面，无论其他方面是否会最终改变，这些基本原则都是至高无上的。即使在仪式开始之初这些原则被象征性地质疑过，最终它们的神圣性还是得到了肯定。就食品展览而言，这些神圣的原则包括"展品""策展控制"和"做好科学博物馆"的概念,以及所有被视为必要的原则。

展厅的开幕式既是仪式的高潮,也标志着仪式的结束。在清洁、净化仪式(我们换上智能装备疯狂地除尘和吸尘)之前,正如在启动仪式的这个阶段司空见惯的那样,在某些方面,高潮是对前几个月的工作和困难的否定或"删除"。[3] 混乱、灰尘、瑕疵、汗水、阴影——所有这些都必须在最终呈现的展览中隐藏起来。这是一种顿悟,是真理的瞬间,尽管它建立在谎言之上。这种谎言或否认的后果之一就是展现出一种无可辩驳的特性:谈判和斗争被抹去,最终结果不可抗拒。就像这些清洁机器,它不会讲述那些纠缠在早年历史中的生活。展厅呈现出来的是一张洗净了的面孔,而不是那些为了洗净这副面孔所付出的奋斗。开幕仪式(正式宣布展厅准备接受公众参观的那一刻)就是这种新的纯粹状态的标志。

仪式的高潮本身通常包含着旅程、跨越门槛和开放的象征意义。所有这些都可以在开幕式上看到:公爵夫人在如今已经像模像样的展厅中漫步,这可以看作一个变革的时刻,早期所有那些以工作为导向的展厅之旅都让位于一种新的旅程——观众的旅程。对于这第一次参观来说,为什么一切都需要尽可能完美这件事如此重要?其中一个原因是,首次参观被认为是展厅未来的预演,以后所有的展厅旅行也都会如此完美。开幕式也是对展览重要性的一种表达,它间接体现了科学博物馆本身的重要性。皇室成员和上议院成员的出席,一长串尊贵的宾客名单,时尚奢华的仪式,茶饮和晚宴都昭示着展览的开幕是一个重大事件——这些赋予了它某种魔力。

对于展厅本身来说,开幕式也是它通向新生的开始。这标志着一个崭新的开始,一个全新的阶段。然而,对于食品团队来说,这只是一部分。她们开启了漫长而艰难的旅程,她们曾与对手周旋博弈,也曾渡过种种难关。但现在呢?虽然进入了一个新的阶段——她们将不再忙于完成10月12日开幕的展览——但她们所经历的变革过程是否会带来一个新的状态还不得而知。她们会回归到以前在科学博物馆的工作和学习中吗?在这一点上,看起来她们是可能会的。凯西和安在展览开幕几天之后都收到了措辞相当生硬的信件,通知她们参加一个培训课程,因为她们在展览期间的工作是被临时调整为较高的 F 级的，而在这之前她们本来所属的岗位级别是 G 级。因此，与范·根纳普所说的一般情况下"通过仪礼"会带来更新与活力不同，在这里它带来的更多是一种泄气的感觉——简就直截了当地称之为"回归现实"。

纠缠的各种身份与著作权

在某些方面，展厅的"完工"是虚构的，而开幕式也不过是一个仪式的标记而已，因为不这样的话展厅的完工就可能无法有一个明确的终点。可一旦展厅正式开放，食品团队就得继续工作，主要是进行她们所谓的"障碍清理"（处理那些不太完善的地方，或是展览在面对观众参观时出现的新"麻烦"）。这些工作包括对一些展板进行校正，调整所有视频的颜色，修复出现故障的糖离心机，并试图找到保护展品免受观众意外不良行为影响的方法。该团队还必须给相关人员写感谢信，在某些情况下还得处理赞助商的投诉。（希瑟连续几天都不接电话，因为她认为肉类和家畜委员会会打电话来投诉香肠的颜色，这个问题她仍在努力解决。她还收到了国家乳制品委员会的一封信，信中说如果装瓶机不能改进，科学博物馆就"应该另找一种展示装瓶过程的方法"。）她们还必须为所有的展项准备文件，这包括供应商名单和其他信息，以便将她们目前掌握的知识转化为更普遍的知识，供其他人将来使用。所有这些都是重要工作，珍设法保持了目前的执行权，好让团队（以她们目前的等级）团结在一起直到圣诞节，以便完成这些工作。不过，这也是一个让她们从自己非常强烈的、个性化的参与中脱离出来的过程——这种脱离在很多方面都相当不容易。

我也参与了类似的过程。展览开始后，我继续花了很多时间和团队在一起。此时和大家在一起，对于观察展厅如何被继续"建造"是很重要的。这种"建造"不仅仅是对展厅本身，还包括科学博物馆内外关于它的新兴讨论。观察美食家们如何反思自己的经历和这项展览也很重要，并且这是一个在整理办公桌时检查文书工作的机会。我这段时间就是追着各种各样的人进行访谈，在展厅周围闲逛并思考如何对观众进行调研。但我继续留在科学博物馆的意义并不仅在于此：我已经对这个地方和这个团队有点依恋了，我不确定我是否已经准备好去面对某种程度的脱离，那种为了进入自己"尝试为这一切赋予意义"的下一个阶段而必须进行的脱离。现在展厅终于开放了，令人兴奋且忙碌的日子结束了，我几乎感到了"迷失"，或者说"沮丧"。

然而，美食家们难以理清头绪的另一个原因是，虽然她们对展览的正式工作即将结束，但无论在科学博物馆内外谈论展览，人们都会进一步将她们的职业身份与之纠缠在一起。我之前曾写过一篇文章，阐述通常情况下如何通过参考策展人来识别博物馆的展览（或藏品），或者相反。这种识别始于展览的制作过程，而展览一旦向公众开放，分歧就出现了。科学博物馆的其他工作人员再也不需要依靠那些关于展览的谣言和泄露的秘密来猜测展览，现在他们可以自己去验证他们对展览的想法，以及珍、简、苏、希瑟、凯西和安的想法。但是他们的观点当然不仅仅基于他们自己的观察，也来源于其他人的评价和媒体上出现的关于展览的评论。这些评论在科学博物馆里迅速传播，人们如饥似渴地阅读和讨论着，尤其是针对负面评论。正如希瑟所观察到的："科学博物馆的人喜欢看到我们的差评。"这其中一个原因是我们的专业身份与展览之间的纠葛。正如珍所指出的，这些反应其实是一件事带来的结果，那就是科学博物馆的工作人员"不能把他们对展览的看法与他们对我们的看法分开"。珍认为，在美食家们这件事上，工作人员倾向于希望展览表现不佳是因为：

> 作为一个团队，在筹备项目的时候，我们确实避免了遭受科学博物馆其他部分所面对的那些轻视与抨击。在进行藏品管理的时候，我们也在一定程度上与其他所有糟糕事件都隔离了开来……我们确实曾经被认为，并在某种程度上现在仍然被认为是馆长的"小伙伴"。[停顿] 有些人非常嫉妒，我猜想可能是因为我们在做这个项目的时候有

很多机会接触馆长，而他也花了很多时间和我们在一起……你知道的，对此大家都很紧张。

团队中其他成员同意这种说法，并解释了她们如何看待科学博物馆中其他人对她们的看法：

希瑟：还有一种感觉——我们是时候被打倒了。
苏：将我们打回原处："回你的屋子里去！"
希瑟：有一种感觉你绝对知道："她们已经有过辉煌时刻了——现在让她们到一边去吧。"
苏：如果我们没有升职的话，他们会更加兴奋吧。实际上相当一部分人要的就是这种快乐［停顿］，因为他们喜欢看到别人失败——这可不是什么好事。真的很奇怪［停顿］，人们天生就很嫉妒……
凯西：应该把展览看作整个体系的成功。但他们倾向于单独看待这件事："哦，她们做得很好。因此，我看起来肯定做得不好……"
苏：我的意思是，我们当然是为了机构整体的更大利益，而不是为了我们自己。当然，这就是所有这些事情的目的所在。
珍：是的，但是……这个地方缺乏协同。他们根本不认为这是集体的成功。也许，他们认为这是属于他们的。

团队成员还指出了一种更普遍的紧张局势：在科学博物馆内部进行的个体化与展览正式成为整个科学博物馆的产物这一事实之间的矛盾。（团队成员的名字不会出现在展厅入口处的荣誉名单上。）在科学博物馆里，举办展览的机会是一种宝贵而稀缺的资源。这就造成了员工之间的竞争和嫉妒，因为他们都在争夺这种机会，而这种机会的授予权在很大程度上掌握在馆长的手中。因此，到处都是对偏袒的指控，还有人试图抹黑那些受人喜爱的人，以便阻止稀缺资源的持续流动。（这让人想起一些科学博物馆的工作人员向我提起的类似伊丽莎白一世宫廷的说法。）

这里的紧张局势也是签名政治和馆内作者身份的一个体现——谁才是展览的作者，这几乎总是一个模棱两可的问题。一方面，食品团队表示将该展览视为整个科学博物馆的作品——而且我们之前已经看到了团队成员有时是如何愿意将自己的作品归还给博物馆，使展览"成为科学博物馆"的一部分，而取代她们可能曾经拥有的理想；另一方面，她们也希望自己个人的创造力得到认可。（并且她们认为自己也应该因之得到晋升。）不仅科学博物馆被定位为团队的替代作者，甚至科学博物馆的馆长也是如此——事实上，科学博物馆里发生的很多事情都被认为与他的身份有关。许多关于"引人深思的食品"展览的评论只提到了这位馆长——就好像这是他自己的作品一样。这给食品团队带来了一些麻烦。例如，烹饪作家普鲁·利斯（Prue Leith）在描述珍作为"新展览的策展人"时，文章却这样开头：

> 在博物馆界，现年50岁的科学博物馆馆长尼尔·科森算得上是一个奇迹。他反对官僚主义，他亲民并热衷于（如果不是更热衷于）让博物馆成为改善大众思想的地方，他是制作全国第一个"食品和营养"展览的完美人选。

文章总结道："科森博士不认为它会失败，因为他是铁桥背后的男人[①]，我也不认为它会失败。"苏向我描述了她对这篇评论的看法：

> 展览开幕四天后，一个人走了进来——我们不知道他的名字——他挥舞着那篇报道说道："你看到这个了吗？"我们当然看到了，我们两天前就看过了。他们进门时，那人脸上流露出的那种喜悦之情简直都藏不住了。我只是说："走开！"

[①] 科森曾任英国铁桥峡谷博物馆馆长。——译者注

科学博物馆的其他工作人员知道食品团队不想提起这篇评论——尽管它对展览本身的描述还是非常不错的——这一事实凸显了著作权和所有权的敏感性。这也表明了团队对于有时别人把团队制作展览的长期劳动说成是在培育"馆长的孩子"这种说法感到不舒服。所有这些话语结构都像是抹去了她们的投入和工作,哪怕在构建她们仅仅作为"执行任务"的角色时,都似乎掺杂了性别因素。[4] 与此同时,馆长对分配给他的角色也感到不满。在我对他进行访谈时,他似乎急于摆脱对展览过多的责任。正如我之前提到的,他认为自己是一个"非常不愿干涉他人的人"。在他的一些公开声明中,馆长似乎也想与展览保持距离。科学博物馆的其他工作人员也注意到了馆长的这一立场。(他们总是习惯从馆长的话语中解读出细微的差别和潜台词。)

在一些对展览的评论中,英佰瑞公司有时也被认为是展览的作者。当然,因为这个名字总是出现在展览的主标题下。它被解读为一种作者的签名可能并不奇怪(甚至连它的字体看起来都像签名)(图 7.7)。此外,展览主题和赞助者之间有着明显的关联,这也使得英佰瑞公司可能会以某种方式成为作者(但他们赞助的国家美术馆的一项展览就不是这样了)。事实上,英佰瑞展览的一名成员也出席了新闻发布会,并发表了关于帮助人们理解食物的重要性的声明来巩固这一点。《每日邮报》(*Daily Mail*)的一篇评论(以下是开头和结尾),很有代表性地把展览的存在和目的归因于英佰瑞公司:

图 7.7　签名的政治:展览名称

开幕与余波：仪式、回顾与反思　第七章

没有人比以超市闻名的大卫·塞恩斯伯里更清楚，我们有时会因为现代食品的可选择性和种类而感到困惑。"40年前，我们只能买到应季的水果和蔬菜。包装和冷藏也都很简陋。"他说道，"家庭主妇对自己准备的食物更加了解。现在，由于我们要购买的商品种类繁多，难度变得更大了。"解答这个问题需要一些横向思考。昨天，科学博物馆公布了一个新的计划，他们要建立一个大型展厅来专门展示科学技术对食品的影响。[停顿]大卫·塞恩斯伯里说："现在正是时候。目前的问题是缺乏信息。人们需要信心来决定他们应该吃什么。"[5]

这篇文章描述道：英佰瑞公司给了科学博物馆一个任务，让其创办一项展览，而这有助于实现超市的目标，即让人们对自己的食物选择有信心。对这位评论家来说，这似乎是完全可以接受的。然而对其他人来说，情况并非如此。对该展览的评论中也有指责称，该展览是"赞助商主导的"，唯食品工业之命是从。德里克·库珀在第四电台的《美食节目》（在展厅开幕三天前播出）中的评价是此类评论中最具谴责性的一篇。德里克·库珀质疑展厅里陈设英佰瑞和麦当劳的店铺（这两家店铺都是珍决定放进去的，因为"英佰瑞是展示20世纪20年代杂货店很好的例子……"），他还质疑展览本质上是否就在"说1989年比1889年好"。珍同意这种说法，因为1989年有更多的选择。节目最后表示：这项展览"毫无争议地展示了英国的食物。[停顿]它回避了所有问题，几乎没有提供任何真正的引人深思的食品。"这些评论家认为，展览的身份已经和超市的身份纠缠得太深了。

回应与反思

那么，美食家们对这些批评有何看法呢？展览开幕后，她们自己如何看待这个完成后的展览？她们又为什么会认为事实本应如此呢？

面对负面评论，尤其是面对来自科学博物馆其他工作人员的负面评论，美食家们往往采取防御和乐观兼有的态度,这恰恰是因为她们知道自己的身份也岌岌可危。在关于"食品展览计划"的评论出现后的第二天,苏宣布:"我将全力捍卫自己的展区。"对展览保持乐观,兼顾正面及负面评论,是持续进行印象管理的一部分。在此过程中,团队还试图影响在科学博物馆中传播的信息。

但美食家们也对展览得到的大量负面评论感到相当惊讶。在某种程度上,这是因为与以往的展览相比,此次展览的媒体报道得到了更多的关注。另外,国家和大众媒体对食品展览的报道超过了科学博物馆内大多数的展览(这些展览更多只是由专业媒体来进行报道)。其原因在于这次展览的"热门"主题:食物。这也是因为目前媒体普遍对博物馆产生了更大的兴趣,特别是在新收费标准出台的背景下,大多数评论正是在这样的背景下提出的。因此,一些探求当前食品恐慌和争议相关信息的评论,似乎希望通过科学博物馆来寻求权威答案。这一点在开幕式的新闻发布会上显而易见,所以馆长不得不反复强调"现在馆内最热门的是各种活动",因此展览不能涵盖所有最近被关注的问题(之前章节讨论的展览媒介的"惯性问题")。珍还试着指出,科学家并不总能决定这些事情,而展览本身正是代表了这种不确定性。从博物馆学角度来进行分析的那些评论很可能会指向收费(图 7.8)和赞助的存在。珍暗示不仅可能存在"赞助者偏见",还可能存在"激进的民粹主义",即对"展品力量"的简化和诋毁。[6]

美食家们经常抱怨这些评论"不公平",因为它们"没有抓住"展览试图表达的"主旨";而评论家们也未能"读懂(展览的说明文本)",并且也没有指出展览的哪些方面存在着那些被人们提出过的漏洞,甚至连哪个展区都没指明。例如,《酒店和餐饮管理》(*Hotel and Catering Management*)中的一篇批评性评论称,食品展览对经济作物只字未提。对此苏很生气,因为他们没有认可她在有关饥荒的展区中所包含的内容。珍指出,她们当然不会讨论经济作物,因为那是农业的内容,不在展览展示范围之内。希瑟感到惊讶的是,她把麦当劳列入展览引起了如此多的批评。因为在她看来,她只是单纯表达了"这一年实际发生过的事情"而

图 7.8 《收银台收费："引人深思的食品"》漫画
[科林·惠勒（Colin Wheeler）提供]

已，并且包含这些内容也不意味着就是认可这些事情（图 7.9）。食品团队还更广泛地驳斥了一些"肤浅"的指责，比如指责评论家的精英主义，以及他们未能认识到展览的目的在于"与普通人交谈"等。然而，食品团队的回应也表明她们希望展览能按照她们提出的信息和目标，像一本书一样作为文本本身而得到彻底的"阅读"。然而在大多数情况下，评论家是在"看"展览而不是"阅读"它；他们得到的"信息"不是来自写在展板上的东西，而是来自实体展项和他们从中获得的印象。此外，他们那些评论不是由相互关联的目标构成的"金字塔"来架构的，而是由外界对食品的关注或博物馆的总体发展方式来确定的。食品团队未能完全预料到这些替代性的叙述结构。

然而，正如团队所承认的，这次展览并没有把它的基本原理解释得很清楚。希瑟若有所思地说道："我们在任何场合都没有说我们的展览涵盖了 1989 年最受欢迎的食物。我想，如果我们在什么地方明确地说过……对于那些被我们选中进行强调的展区，我们也没有解释原因。"回顾展览开幕后，美食家们对展览的其他事情也持批评态度，其中之一就是展览的整体

图 7.9　展示了就代表认可？英佰瑞展览中的麦当劳餐厅

感觉。她们有时会说它"不像我预期的那么生动","有点单调","死气沉沉","我想我们觉得那里应该更刺激一些"。正如团队所描述的那样，有时候这其实是在说展览"失去了神秘感"——这是"重新思考"的主要结果。对清晰信息的需求导致布展过程中剔除了一些新奇的元素，而当初想要加入这些元素也仅仅是因为食品团队被它们所吸引罢了。但她们把这种神秘感的损失等同于展览个性和"生命"的损失（而不是质疑"重新思考"过程的其他方面）。

希瑟也解释道，开放后的展厅似乎没有她想象得那么新颖和与众不同：

> 我认为最大的问题是它看起来和其他地方并没有太大的不同。我想我们都认为它会是新颖的，然而，尽管它与科学博物馆里的其他东西大不相同，但它与其他博物馆里的东西非常类似。所以我想我的遗憾在于这里并没有太大的不同。

她们认为，原因大部分在于视觉上的问题。"尤其是，展览仍然以展板、展柜和类似装置为主。我原本不希望是那样的。"（珍）然而，似乎没有一个团队成员能够确定事情的结果是怎样的，以及她们可能会做些什么。珍认为问题出在钱上："一旦我们把整个建筑的成本计算在内，很明显，我们就没有足够的钱去做非常冒险的事情了。我的意思是我们必须回归到展板这种形式上来。"一般来说，资金是展览缺陷的最终限制因素，这种说法在美食家们的反思过程中被反复提到。它被认为是无可争辩的，而且超出了相关人员的能力范围。

但也有其他看法，一些团队成员认为设计师应该想出一些"创造性的解决方案"。"说实话，我认为这可能取决于我们的设计师，因为我不知道还有什么其他方式可以传达所有这些信息。"珍这么说道。总体来说，她们特别希望设计师不要"试图引导内容"，而且强烈反对设计师强迫她们做出预算缩减。希瑟回想一番之后说："我们最终应该由策展人主导的，但现在有点事与愿违了。"她认为，那些设计师只会说："不管你想不想，你都不能在那里设置展板。没有空间了，你必须改变你的想法。"她们认为，展厅整体上缺乏"活力感"，可能部分原因是设计师选择了"柔和系配色方案"——时尚的灰色地毯和墙壁，以及带有原色点缀的乳白色展板。她们觉得，对展厅布局"混乱"的指责，也应该针对那些没有把组织结构搞清楚的设计师。设计师们自己也不同意让展厅缺少"活力"和选择那种配色方案，但他们认为展厅应该有"更多的视觉符号"。但展示展厅的平面布局却不是一件容易的事，因为设计师们认为没有人会停下来看展厅的总体规划。在他们看来，与这么多的工作人员和这么大的展览团队打交道是一项艰巨的任务，而且"对于想创造真正能融合在一起的东西来说，这不是一个理想的方式"。尽管设计师们同意展厅里展板太多的观点，但他们的看法是：在进行"重新思考"的艰难环境里和由此产生的时间延误中，他们推动团队尽可能地减少了展板数量。

针对展览面临的一些政治批评，食品团队承认展览的某些部分，特别是购物展区，"有其自己的生命"。这一阐述再次表明了，在食品团队看来，她们自己在这一问题上的能动性被耗尽的程度。购物展区位于展览最常用的入口处，"到处都写着英佰瑞公司的名字"，这种方式特别令人遗憾。出现这种结果的部分原因是英佰瑞公司的档案管理员在复原这家 20 世纪 20 年代的杂货店时，坚持它的真实性（从而凸显出了英佰瑞的名字），还有就是用英佰瑞公司的食品标签取代了一般食品展项的展示标签。此外，为超市结账扫描仪提供的罐头和包装也来自英佰瑞公司，因为这些都是该公司免费提供的。正如苏所观察到的："这关乎成本基础——替代品的实用性问题，我们通过英佰瑞杂货店更容易做到这一点。好了，那人们也许会说，现在使用的这种折中方案保障了实用性，却有可能会失去完整性。"但她觉得这一展项的目的是解释条形码的使用，那么从这个意图来看，这个展项就是成功的。

正如我们所看到的那样，这种推理通常可以根据预期的整体目的和具体目标将存在进行合理化，这在展览的制作中很常见，在对整个科学博物馆的性质和目标进行合理化的时候也是如此。在讨论展览的运作方式时，食品团队发表了这样的评论："我们是一家科学技术博物馆，我们的工作不是告诉人们吃什么，我们必须讨论的是食品制作的过程。""'机构规划'旨在提高公众对科学的理解——那么，我们如何才能走上完全不同的道路？""说实话，我不认为我们真的考虑过任何其他方法。我不明白你怎么能在一个关于科学和工业的博物馆里……我们很想把社会历史内容加进来。"正如苏所解释的："如果我们不得不削减开支……那么科学和技术必须保留下来，因为客观地说，根据我们博物馆的性质，我们的展览必须保留科学和技术的部分。"虽然凯西对这种（理解）"科学和工业"的方式表示质疑，但她也认为展厅的这种立场是不可避免的：

> 有了赞助的话，你还能期待什么呢？这也是博物馆的展览，你不能指望说出的话会不带任何偏见。如果我们想做一个绿色版本的东西，馆长和特里永远不会让我们侥幸过关，更别说赞助商了。

无论凯西和其他人关于到底"哪些才能被允许"的看法是正确的还是错误的（这很难判定，因为它没有经过测试），她们的话所强调的是：只有某些方法在科学博物馆里是行得通的。这就是她们自己的"世俗神义论"。[7]

它从一开始就定义了思想家的视野。这也意味着，人们对展览的其他解读方式——尤其是那些未被提及或不具有代表性的看法——很少会得到支持。

在这一章，我们的讨论已经从展览筹备的最后阶段走到了开幕式的变革性时刻，再到团队和评论家对展览的一些反思。但正如食品团队有时候指出的那样（尤其是在回应将她们归类为精英或专家的评论时），像这样一个展览，真正重要的是观众。布丁的好坏，要通过吃吃看来得到检验。此次展览曾经直截了当地预设过"普通公众"类型的观众。观众如何看待展览，对于科学博物馆的公众理解科学进路和更广泛的文化变革都是非常重要的。那么，观众是如何看待食品展览的？我们将在下一章讨论这一点。

【尾注】

［1］参见范·根纳普（Van Gennep，1960）的作品，最初出版于1909年。

［2］参见特纳（Turner，1967）的作品。

［3］另请参见拉方丹（La Fontaine，1985）以及鲍克和斯塔尔（Bowker and Star，1999）的作品，尤其是后者第八章的"删除作品"。

［4］关于这种性别观念的人种学分析，请参见德兰尼（Delaney，1991）的作品。

［5］参见1989年3月23日的《每日邮报》。

［6］参见1990年7月1日《星期日通讯》（Sunday Correspondent）中迪耶·萨迪奇（Deyan Sudjic）的《科学博物馆提供引人深思的食品》（Science Museum Offers Food for Thought）。

［7］这个术语来自赫茨菲尔德（Herzfeld，1992）的作品。

请扫描二维码查看参考文献

第八章

活跃的观众与实用政治

　　有时,特别是学校团体活动"汹涌"的时候(这是博物馆工作人员经常使用的词汇),食品展厅会挤满嘈杂、"忙碌"的观众。当孩子们从收银台的货架上抢出罐头和包装袋并扫描时,到处都是手忙脚乱、你推我搡的场面:收据被从收银台扯出来,四散在地板上;一些孩子按下巧克力慕斯罐上的按钮,将一盘薯条涂成了蓝色,他们还把空气泵到面团里,让面团膨胀;而在展厅的另一头,他们疯狂地骑在健身车上"叫卖",进行按按钮竞赛,又比赛拼装显示比萨、炸鱼和薯条营养成分的拼图(图8.1、图8.2)。但在其他时候,展厅只接待少量的观众,很少像发射台甚至一楼的太空展厅那样繁忙。而且展厅的某些部分,尤其是食品生产过程的展示区,也很少出现拥挤的情况。一些手插在口袋里的观众信步走过,随意浏览着,他们只是偶尔想站得离展板更近一点,或者想看看那些复制品。另一些人则从一件吸引他们眼球的东西"飞"到另一件东西上——这种观众类型被称为"蝴蝶",而"散步者"则被描述为"鱼"。[1]有些观众一开始很认真(或许可以被称为猫头鹰?),但他们后来放弃了,就变成了"蝴蝶"或"鱼"。还有"蚂蚁"——一些观众有目的地移动,仿佛在寻找什么特别的东西。有些人走了回头路或仓促地离开,也有些人似乎茫然不知所措,还有些人显然对同伴比对展厅墙上的展项更感兴趣。

前面几章已经从民族志学的角度关注了展览的创作，而这一章将着眼于观众对展览的塑造，并询问这些在已开放的展厅中各式各样穿梭或漫步的观众，看他们是否与那些帮助塑造了展览的"幽灵观众"有任何关系。本章关注的是观众如何参与展览或与展览产生更加普遍的联系，并关注如何研究这些问题。

图 8.1　观众在收银台进行实际操作

图 8.2　"食品与身体"展区的观众

在这一章，我将阐述我和我的同事们所进行的与"引人深思的食品"展览有关的观众研究。[2] 这项研究旨在思考人们对展览的反应，以及在展览筹备过程中曾经的梦想和牵涉其中的模拟观众的情况。其实广义来看，观众们自己也参与了展览的创造。也就是说，通过研究来了解观众如何在文化上构建他们的体验：他们如何对展览进行解码和重新编码。大部分博物馆观众研究的典型特征是关注"观众学到了什么"，或关注他们是否"得到了"或"没有得到"预设的"信息"。而此时我们所开展的研究，就是在尝试超越这种一般研究中对认知的强调。[3] 这种方法的假定观众具有相对"被动"的特征。就像在第二章提到的科学素养问题一样，它是基于这样的一个"传送带"模式：无论是否成功有效地向公众传播了信息，研究的重点通常在于去发现这一进程可能的障碍（这些障碍可能包括教育能力限制或已经存在的一些"错误"想法）。很多领域的研究都具有这样的特征，并且这种方法在各个相应的领域内都已经受到了批判，包括文化和媒体研究、科学社会学（特别是对公众理解科学的研究），以及博物馆学（虽然在这一领域这种批判最近才出现）。[4]

为了回应这种批评，新的研究浪潮出现了。它预设观众是"主动的"，以多种可能的方式建设性地研究文化产品。然而，这种新浪潮中的一些研究也受到了质疑，因为它们倾向于不加批判地将观众或消费者所做的任何事情都视为"积极的"，并将其视为"能动性"甚至"抵抗性"的表现。[5] 我们在第六章讨论过虚拟观众的构建，其中概念的混淆之处在于将"主动"归结为其本身就是"民主"的一种体现。但是，正如我所说的那样，这也许涉及"主动性"或者"参与"，又或者广义来说的"选择"等理论架构。这种方式实际上不是开辟了而是限制了关键性参与活动的可能性。因此重要的是，与其仅仅从"主动性"或"选择决策"中解读出"民主"或"授权"，不如像前面的章节那样尝试理解：主动性是如何被观众概念化和执行的？他们提出了哪些问题？以及，同样重要的是，哪些问题没有提出。

新浪潮研究——有时被称为"新观众研究""新修正主义"或"大众文化项目"[6]——的另一个特点是强调受众之间个体解读的多样性，正如罗杰·西尔弗斯通所指出的那样，这种多样性本身又与主动性混为一谈。[7]人们对任何特定文化产品都很少有统一的反应，虽然这是不争的事实，但有时人们还是会忽略文化产品的独特性。[8]这种方法的另一个问题是，观众可变性的概念有时被扩展为：潜在的观众解读范围是无限的，以至于分析几乎是多余的。在科学博物馆以及我参加的其他博物馆的活动中，有时就会出现这种观点：一些博物馆工作人员认为，由于观众解读可能是无限的，所以几乎不值得考虑。

正如下文将会详细描述的那样，"引人深思的食品"中的观众研究确实揭示了观众之间的差异。然而，在各种各样的模式中也有某些模式，虽然不一定为所有研究对象所共有，但也可以看作通行解释的一部分。从我们的研究看来，这些对展览的解读以及与展览互动的方式各不相同，无法将其巧妙地映射到任何特定的社会学变量上——例如，男性观众和女性观众之间并没有显著的差异——尽管我们的研究方法可能使我们无法以这种方式去"描绘"差异（请参见下文）。然而，目前识别出来的模式既非毫无根据，也不是纯粹个体化建构的偶然结果。相反，我们需要将它们放在更广泛的文化框架类型（例如，博物馆参观活动的特征或者科学本身的性质）之下来理解，并与参观这项展览产生的更具体的文化问题联系起来，例如与主题、展览媒介、内容特性以及展示有关的问题。[9]

获取文化解读

对"引人深思的食品"展览的观众研究与对展览创作的民族志学研究大相径庭。观众对展览的体验相对短暂——他们通常只会来一次，大约待半个小时。对观众的研究同样是相对短暂的——待他们参观后，与他们讨论大约20分钟。有时，我们还会在展厅周围闲逛，观察、拜访自己的亲朋好友，并与博物馆工作人员（如保安和讲解人员，他们的任务是协助观众正确地使用互动展品，并提供更多的帮助）进行讨论。美食家们自己进行了一些观众调查，同时也努力地应对观众在展览中的不当行为所带来的后果。这也让我们了解了参观行为本身。然而总体来说，对观众的研究是基于他们与展览本身的接触，而不是观众的生活，尽管我们关注的一些问题所针对的确实是观众实际生活中参观的地点。

因为与展览的接触是三维的、物理的，而不是纯粹认知的和话语的，所以我们研究的一部分就是直接观察展厅里的观众。这包括一些非常随机的观察和更具结构化的"追踪"，即跟随观众游览展厅并记录他们的活动，记录他们花了多少时间在哪些展品上、他们说了什么（如果声音大到足以听到的话）以及他们参观的总时长。[10] 部分地由于我们认为观众之间的互动会很有趣，所以我们决定把研究重点放在观众小团体而不是单个观众身上。展览专门把"家庭团体"定为目标观众，我们进一步证明了这一点。因此，我们选择了追踪至少由一个"孩子"（看起来不到16岁）和一个"成年人"（看起来超过18岁的人）组成的小团体，目标是尽可能地扩大研究对象的范围。[11] 此外，我们还追踪了两组从不同入口（购物展区或"食品与身体"展区）进入展厅的人群，以及这些入口总体使用情况的比例（这是我们首先监测的）：接近四分之三的人是通过购物展区进入展厅的。[12]

在追踪到观众小组之后，研究人员[通常是吉利·赫伦（Gilly Heron），有时是我]会走近观众，解释说我们来自布鲁内尔大学，正在研究展览，并询问观众是否愿意接受访谈——并不是所有人都愿意接受。我们总共对42组（共123人）进行了追踪和访谈[13]，其中13组的访谈在展厅附近的一个房间里进行并录音。这些访谈平均持续19.5分钟，最短的是10分钟，最长的有55分钟。

我们以一个开放性的问题开始，旨在引出观众对自身参观体验的描述："您能描述一下您都去了哪里，看到了什么吗？"然后再问："您觉得这次展览怎么样？请随便说点什么您想说的。"当我们觉得有必要澄清问题或者需要获取进一步的信息时，我们会采用即时提问的方式，并尝试吸引组内所有观众。（因为有时会有一种趋势：每组观众中只有一名成员——通常是一名成年人——充当发言人的角色。）随后会进行半结构化的访谈，访谈问题如下（完整的访谈问题列表请见附录）：

（a）参观——我们对此的兴趣在于，了解观众如何规划他们的参观行程、他们来此的动机，以及他们参观博物馆和进行休闲活动的一般模式；

（b）展览——除了请观众叙述他们的经历外，我们还询问观众认为是谁创造了展览、展览的内容是否"科学"，以及他们如何看待本展览与其他展览的关系；

（c）科学——这方面我们会询问观众对科学的兴趣和看法；[14]

（d）观众——关于年龄、职业和正规教育水平的社会—人口统计学信息。

下面我将讨论对观众进行研究的一些成果。我的目的是集中讨论与展览紧密相关的一些问题，这些问题在之前的章节中已经提出过，但它们有更深远的含义。我将从观众如何规划他们的参观开始，因为这在一定程度上决定了他们会如何看待展览。然后，我会探讨观众谈论这个特殊展览的一些方式，以及他们如何解读展览。其中特别有趣也与展览全面相关的是，观众似乎倾向于以一种创作者没有预料到的方式来解读展览，而采用这种方式的灵感则来自展览本身。这些灵感包括展览的媒介、本博物馆的性质以及对流派和主题的看法等，我们将在下面的章节中看到。

参观："在列表上"

观众们究竟为什么会来到"引人深思的食品"展览或科学博物馆呢？他们是如何谈论这次参观的？在询问关于观众为什么来参观的问题时，我惊讶地发现，他们似乎经常采用行程列表或计划的方法。例如：

它就在列表上，不是吗？（一位来自布鲁塞尔的研究管理人员携妻儿来参观。）[15]

我们有一系列的事情要做，其中之一就是参观科学博物馆。[笑]（一个苏塞克斯男人带着妻子和三个来自加拿大的孩子来参观。）

我们安排了一个包含各种各样活动的计划。科学博物馆总是在我们的计划列表中，这就是我们将其纳入计划的方式，但这里始终都是一个确定的地点。（一位来自爱尔兰的男性经济顾问和12岁的女儿一起参观。）

就像珍·拉夫（Jean Lave）在她关于超市购物的研究中提出的，列表的概念在分析上是具有启发性的。它使我们能够尝试识别更广泛的社会文化形态，并思考在制定更加个性化的列表时观众自身所采用的策略。[16]那么，什么样的列表会将科学博物馆列为必去之地呢？从这项研究中可以确定出四种：一日游、生命周期、必去景点及教育。

一 日 游

科学博物馆的参观被描述为"一日游"的这种回答，在访谈中占据了主导地位。正如约翰·厄里（John Urry）所说，就"一日游"本身而言，它是一种有别于日常活动的休闲活动——"一种墨守成规但又非常规的活动"。[17]科学博物馆在这个含有隐喻的地点列表中，被划分给了"特殊"的时间。对于"一日游"这一活动而言，有时重要的是"家庭"的概念。这是一次"全家出游"——一个让家人团聚的机会。一些观众谈到了寻找所有家庭成员都感兴趣的活动存在困难。例如，一位来自贝德福德郡、带着妻子和两个孩子（分别是7岁和4岁）来参观的男性销售经理解释说，食品展览是一个好的展览，因为它能让不同的家庭成员都感兴趣。"我的意思是，你知道，当你去参加一场大家都感兴趣的活动时，就会感觉家庭像一个整体……"一些观众解释说，学校放假他们便来到博物馆，也许意思是说他们喜欢在假期做一些"不同"的事情。还有一些观众是为了庆祝孩子的生日，这再次表明科学博物馆作为一个特殊的场所有助于划分特殊的时间点和特殊的社会关系。这也与另一个更具体的参观动机有关，即生命周期。

生命周期

一些观众谈到，参观科学博物馆是在其生命周期的特定阶段（特别是在8—12岁）应该做的事情。在这方面，人们常常有一种紧迫感，认为这种参观是生命周期中自然应有的一部分。例如，一位女性律师在谈到带一位11岁的亲戚来参观时表示："我认为我们主要是想带A来的，因为这是他童年的一部分，我们一直在带他参观。"在我们的访谈中，有四分之三的受访者群体中至少有一位成年人以前曾经参观过科学博物馆。在许多访谈中，为孩子们提供相同体验的半怀旧动机是显而易见的。例如，一位男性房地产经纪人带着妻子、两个儿子（分别为7岁和2岁）、妻弟以及一位成年男性朋友来参观，他解释说："我们打算带孩子们参观各种博物馆。这是我们小时候做的事情，我们认为这样做对他们有好处。"正如这个例子所表明的，带孩子参观也可以成为成年人亲自参观博物馆的一个借口。

必去景点

参观科学博物馆经常被认为是来伦敦的"必做之事"之一。（有时候，这是对于海外观众来说，但其实对英国人来说也是如此）。例如，一个12岁的小女孩和她的母亲以及一个朋友来参观科学博物馆，她告诉我们："我们已经很久没来伦敦了，我们参观了各种各样的地方，这只是我们想去的地方之一。"这再一次说明了，博物馆可能是一个长长的参观清单上必去的景点之一，有时受访者还会根据不同的地点分类来进一步指明，尤其是"博物馆"或"旅游景点"。观众有时会"打卡（doing）博物馆"或去其他

科学博物馆的幕后
BEHIND THE SCENES AT THE SCIENCE MUSEUM

旅游景点（包括杜莎夫人蜡像馆、伦敦地牢、白金汉宫和伦敦码头区轻轨等）。"打卡"一词可能在这里引起人们的兴趣，它意味着在事情处理完成之后将清单上的事项一一勾掉。

教　育

虽然科学博物馆的大多数观众并没有明确地把教育作为参观博物馆的动机，但还是有一些人以此为目的。例如，一位数学老师告诉我们："这是教育性的。这才是你来博物馆的真正目的，不是吗？要学习。"此外，一些观众将科学博物馆与其他类型的休闲活动场所进行了对比，尤其是主题公园。（例如，一个女孩正在参观科学博物馆而没有参加去主题公园的校园活动。）一位来自特威克纳姆的小学教师带着两个来自爱丁堡的十几岁的亲戚来参观，他解释说："我们进行了一次有教育意义的参观，还有几次不那么具有教育意义的！[笑]"也有一些观众对食物的主题有着特别的兴趣，比如一对母女，她们认为参观这项展览有助于他们在中学和大学的学习与工作。更常见的情况是，观众们对科学博物馆里的其他主题感兴趣，比如"太空"或者"火车"，而这些人也会去参观食品展览，因为这是一个新鲜事物。对特定主题感兴趣的观众更有可能是科学博物馆的常客（他们中有些人在一年中来参观了四次），而将科学博物馆列于"生命周期"参观列表上的观众则通常是20多年以来第一次来参观。

因此，对于任何一个参观展览的观众来说，他们自己的参观动机可能综合包含了以上这些因素或者其他因素。例如，有一组观众本来打算参观隔壁的自然博物馆，但他们搞错了地点，最终来了科学博物馆。也许，这应该被指定为一种特定类型的参观（尽管还没有一个专门的列表给他们），因为一些工作人员声称科学博物馆的许多观众真正想去的其实就是隔壁的博物馆！

"阅读"展览：线索与关联

毫无疑问，观众在参观或谈论展览时，会带来许多来自自身生活和经历的"外部"信息。这使得在某些情况下，展览变成了一种个性化的道具，还通常带有怀旧的色彩。复原的厨房和商店特别容易产生这些感觉，尤其是年纪较大的观众经常站在它们面前，回忆自己熟悉的厨房和商店。健身自行车、有关饮食的信息以及哈哈镜，往往会引发观众对自己身体的评价（大多数是负面的）；"食物中毒"展区能让观众回忆起自己遭受过的多次食物中毒；还有制作果酱或面包的展项，可能会让观众谈论起自己制作这些食品的经历。然而，有时展览会为更多"远程景象"提供叙述线索，例如当一个孩子看到某个厨房里的毛绒玩具猫，便会由此谈论起一只被碾过的宠物猫；一个观众感叹，看到亨利·海因茨（Henry Heinz）在营销腌黄瓜就讨厌腌黄瓜。这些展览项目可以提供一个集体讨论的话题——尤其是在令人愉快和怀旧而非痛苦的地方——这无疑是它们的吸引力的一部分。[18] 有一天，我在展厅里遇到两名退休女性，她们回忆起展览所激发出的各种谈话主题，并解释说她们很高兴能得到这些谈话主题的提示："你看，有人提醒我们，让我们稍稍回忆一下。这很好，我们喜欢怀旧"。然而，为了避免我有其他想法，她补充道："别误解我的意思，我们不会把所有的时间都花在怀旧和回忆往事上，我们也对新事物感兴趣。但的确，偶尔有这样的机会是很好的。"

在各种各样的个性化叙述中，有一些主题反复出现，特别是关于身体和过去的主题。然而除此之外，还有一种相关性的倾向，即把展览解读为与某些主题"相关联"。后者在访谈的不同阶段都有出现，特别是会出现在观众对展览的一般性描述中，以及回答有关展览主题的问题时。前者尤其让我感兴趣，因为在很多关于展览的描述中，观众很明显会给出这样一种描述，即通过把不同的展品联系在一起而形成一种叙述，而这种叙述与他们所遇到展品的物理空间排布并无直接关系。此外，在这样做的同时，他们还在概念上把展品联系起来，而食品团队既没有把这些展品本身联系起来，也没有正式地在团队努力创建的、严谨的概念框架中把它们关联进去。在这些访谈中，有两种说法特别多见。一种是关于历史的叙述——关于从过去到现在的转变的故事；另一种是关于健康的叙述，关于哪些食物对你有好处，哪些食物则正好相反。

历　　史

在创造历史叙事的过程中，观众们经常会谈论历史场景复原——尤其是20世纪20年代的英佰瑞杂货店、送货自行车、女商贩、卖栗子的小贩、食品柜、茶馆和厨房等，通常还有那时候的"新"事物，比如收银机和麦当劳。在谈论这些东西时，就好像有一个主题从空间上映射到展厅之中，从"过去"过渡到现在。正如一位记者和她美国来访的亲戚（或许是侄女？）的感受一样，记者表示："（展览）布置得很好，从一件合乎逻辑的事情过渡到另一件合乎逻辑的事情。"她的亲戚认为："我们从现代部分开始，经历了20世纪的历史。"事实上并没有如此明晰的历史发展被直接写进展厅布局，而其他观众也感知到了这一历史发展线索，这就显示了"阅读"的力量。这也许并不奇怪，因为这是一种典型的展览呈现的方式，而且这种方式与观众选择的媒介类型有关。

虽然许多观众谈论的展览主题是"食品的古今流变"或"商店或家中食物的历史及其现状"，虽然所有人都认为展览强调了事物变化的程度，但对于展览所展现出来的这种变化究竟是好是坏却观点不一。我们自己并没有专门提出这个问题，但许多观众自发地认为：要么事情"在过去更好"（"少了所有那些加工过程"），要么随着时间的推移而有所改善（这里说的是食品柜和厨房）。这里一种可能的情况是，虽然就这次展览的性质来说，它对这个问题表达得并不完全清楚，很可能也有一些模棱两可之处；但在获取信息之前，观众们的立场就已经确定了（他们对食品发展的情况是好是坏有预先的判定）。有趣的是，观众们倾向于给出一个明确的"更好"或

"更差"的描述，而不是暗示这有可能是两者的混合。（尽管在一次访谈中，受访者也争论过到底是哪一种。）这可能是因为他们希望博物馆的展览能够对一件事提供一个单一的视角。

好食物，坏食物

在另一种流行的叙述中，"好食物和坏食物"显然是得自对科学博物馆直言不讳的陈述的解读。在这里，观众再次将来自展览不同部分的展品联系在一起，尤其是那些与添加剂有关的展品（在巧克力慕斯罐里），展示了哈哈镜、人物剪影和各种刻度的展区，以及展厅另一端关于食品营养的展区。同样，常见的展示媒介似乎促使观众去建立这些联系，这其中有许多是相当不错的互动展项。有趣的是，观众不仅从空间和概念上在展区之间建立了联系（食品团队自己都没能按照计划建立这些联系），而且根据展览具体地解读出了与食品团队希望传达的信息截然相反的含义。正如接受访谈的一个观众小组所说，这一信息是"没有一种食物可以孤立地说是'好的'或'坏的'"；有几位观众表示，这项展览是为了告诉人们"什么对你有好处"或者关于"健康饮食"的；一名来自毕晓普斯托福德的女会计说道，"展厅主要强调了健康饮食，以及什么是正确的食物"；一位来自萨里郡的12岁女孩明确表示，这次展览是关于"好食物和坏食物"的；一名来自绍森德的男性卡车司机说："什么对你有益，什么对你有害，不是吗？"

当然，展览在很多方面都有一个明显的主题，那就是健康饮食，以及一位来自亨廷顿郡的木工所说的"合理饮食"。然而有趣的是，观众并没有获得关于特定食物好坏的信息，或者在很大程度上说，并没有获得关于科学不确定性的信息（关于科学不确定性的信息，将在后文详细介绍），但是他们似乎更有可能去"阅读"展览，因为展览向观众们展示了关于应该吃什么和不应该吃什么的相当有指导性的信息。同样，这表明有一种以其他类型的展览所特有的方式来解读本展览的倾向——在本案例中，那就是健康教育展览。

科学博物馆的幕后
BEHIND THE SCENES AT THE SCIENCE MUSEUM

正在消失的技术

"引人深思的食品"展览的"官方"主题是"帮助人们理解科学技术对我们食品的影响",这一主题在"重新思考"中进一步明朗。一些观众确实也认为展厅就是关于这一主题的。最清晰的表述来自苏塞克斯的一位家庭经济学教师,他表示:"看到(食物)被加工和改变的方式,我认为这个主题明显是贯穿了各个时代的……科技是如何改变食物并让它变得更健康的。"然而,在回答有关展览内容的问题时,很少有观众提及科学、技术或食品加工。我们在很多方面都对此感到惊讶,毕竟这可是在科学博物馆举办的展览,而且展览中还展示了许多大型的加工机器。之所以没有使用这些术语来表达展厅主题,部分原因可能是展厅的主题在很大程度上也没有通过这种方式来被理解。正如上面讨论的两个故事所表明的那样,出现的替代性主题框架之所以占据了主导地位,部分是由于主题本身,部分是由一些展示媒介造成的。事实上,在后来的访谈中,我们特别询问了观众他们是否期待过这样一个主题会出现在科学博物馆里,绝大多数人表示没有期待过。

科学、技术和加工作为展览主题被提及的频率很低的另一个原因是:一半的观众样本完全错过了展览中的食品工厂展区,而另一半的观众也是匆匆而过。因此,尽管在概念上这是展览的主要信息集中所在,在物理空间上也是展厅布局的中心,但这部分在适应观众参观方式的过程中被边缘化了。还有一个可能的原因是:在剔除了曾经作为展览一部分的社会和文化元素后,科学、技术和加工的部分显得相对"死气沉沉",因而选择这条参观路线的观众越来越少。对消费者而言,经过了管理上的"巴氏杀菌"处理后,工厂加工的展品展项似乎根本没那么"美味可口"了。

选择、越界和困惑

食品生产商认为，食品展览是对"权威型"展览模式的挑战，目的是消除观众和展品之间的隔阂。让观众亲自动手的互动展品是展览的核心，但这一原则也被尽可能地扩展到了其他展品上。另一个被认为具有挑战性的领域是为观众提供选择——路线的选择、展示媒介类型的选择以及内容选择。那么，观众们对此做何反应？

我们访谈的观众经常表示他们有多喜欢"操作和触摸"，这是孩子们经常提出的一个观点（作为对常见问题——"喜欢展览中的什么"——的回答）。例如，一个 10 岁的女孩说道："这很有趣。有很多东西可以触摸和操作……自己动手之类的，所以这很有趣。"一个 12 岁的男孩告诉我们："我喜欢这样——在这里你可以做东西，也可以触摸东西。"一些观众，比如一个 17 岁的女孩，将互动操作与阅读做了明确的对比："这很好，你可以做很多事。比如可以参与其中，而不仅仅是一种阅读，这样真的很好。"还有一些观众，例如一位 43 岁的男子，将"更传统的"科学博物馆展览与之进行了比较："看到人们可以与展品互动，参与操作，而且亲手触摸展品，真是耳目一新。这与我童年时代的科学博物馆完全不同，那时所有的东西都装在玻璃柜里，你必须阅读很多很小的文字才能了解它们。"然而，对于另一些观众来说，并没有什么可以参与的，一些人还特别抱怨"文字信息"实在太多了。一位女士在谈到她 10 岁和 12 岁的孩子时说道："他们必须站那儿阅读文字，但他们不想这样。他们想要进一步接触和参与展项。我认为这是一个很大的缺陷。"

具有讽刺意味的是，展览动手实践层面的受欢迎程度是食品团队成员感到震惊的主要因素之一。在制作过程中，她们把互动性和允许触摸视为至关重要的事情。问题是有些观众太活跃了。在一个保护措施不那么严密的展览中，一些行为似乎可算是公然的盗窃和破坏了，诸如展览中的刀子、叉子以及食品模型都"不见了"，一些展品被打碎，胡萝卜模型被塞进了复原的英佰瑞杂货店人物模型嘴里，等等。但更大的问题似乎是展品本身的混搭，所有团队成员都认为这"根本行不通"。苏认为，所发生的一切都是"人们被鼓动了……所以他们开始尝试互动，开始破坏一切"。她还描述了一些观众爬上茶叶包装机，"像猴子一样挂在上面"。当我们进行观众调研时，展览已经在一定程度上进行了改动，尝试抵挡过度热情的观众，比如设置了隔离带和有机玻璃面板以保护一些常被损坏的展品，某些展品还进行了重新摆放。然而，食品团队并没有在这些展品上贴上"请勿触摸"的标示或"红色叉号"，尽管她们在特别绝望的时候也曾考虑过要这样做。

我们并没有专门询问观众关于参观路线选择的想法，但是在访谈中还是有一些与此相关的有趣内容可以来解读一下。在描述展览的过程中，许多观众不仅把它重新"改造"成我们上面讨论过的样子，而且许多人似乎也因为找不到清晰的路线和叙事逻辑而感到困惑。此外，除了那些把展览重新塑造成"食品历史"或"好食物和坏食物"的展示之外，还有许多其他的叙述，无序地从一件事跳到另一件事，与展厅的布局也没有关联。例如，一位实习教师和她9岁的儿子对展览的描述如下：

男孩：我们转了一圈，在电脑上看到了如何制作斯蒂尔顿奶酪。我认为这很好。我们四处逛了逛，我很喜欢麦当劳展区，那里展示了麦当劳的食品和其他东西。

女士：你感知自己身体的方式非常有意思，它们都是由肥胖的体型变化而来的。是的，看着旧厨房很有趣，但更有意思的是参观有关科技和利乐食品包装的产品。你知道，我经常去英佰瑞超市购物，在这里看到超市货架上的一些东西，以及添加剂和其他东西，也很有趣。

一些观众形容自己在展览中的行为"完全不稳定"，是"逍遥漫步""一掠而过"，或"只是在四处游走"，反映出他们的描述是一种明显的"自由联想"。我们自己的观察笔记中也有很多这样的描述，比如"偶尔'漂移'""有点飘忽不定"或"徘徊"等。有些观众认为他们搞错了参观顺序。例如：

> 我觉得有点混乱，可能是因为我们是从出口处进来的，并没有明确的方向指示你应该从哪一边进入展厅。显然，在展厅里走动最好是从基本的营养和食物开始，以食品营销和输出作为最后一个展区来结尾，而现在这样的布局有点令人困惑。也许可以有一个明确点的标识，指示你应该按照顺时针方向参观展览，那会有所帮助。（一位当地政府官员如此说道。）

其他人也发现缺乏方位感会让人迷失路线：

> 我很难从头到尾抓住主题。所以不是……没有一条预先确定的路线来进行参观，而我可能更喜欢他们带领我经历某种有序的展览。也许别人可以，只是我没有那么容易理解它。（一位空军雇员如此说道。）

> 你感到有点困惑，有点像迷宫里的老鼠，不知道该走哪条路。（一位木雕师如此描述。）

这种"困惑"的感觉，即不太确定到底发生了什么，似乎影响了观众自己对展览发表评论的能力。有各种各样的观众使用了"深"和"浅"这两个词语，表示自己无法进行"深度阅读"。其中一个隐含的原因是他们参观的整体性质——他们在那里待了一天，可能是为了庆祝生日或重温之前的一次参观，所以并没有特别的动机去深入探索展览的内容。例如，一位律师解释道："我们来的时候并没有想过要了解食物。它就在那儿，我们就进来看看，它很有趣，然后我们离开。所以我们不是一个对展览主动产生兴趣的案例。"不过他也表示，展览本身也并没有特别吸引人们深入参与："它没有那么深奥。你可能会想，'哦，行吧，也就那样啊'。"对其他观众来说，展览的"繁忙"在于不断要求人们做出选择，这似乎与对任何事情都要寻根究底的思考习惯背道而驰。布鲁塞尔的一位研究管理人员解释道：

我仍然认为在这种展览方式中，传达信息是有问题的——因为你必须做出选择。到最后，你会昏昏欲睡，因为你拥有的信息太多了。所以你会寻找一些吸引你眼球的小事。

他接着解释了在展览中偶然吸引他的一些展品。其他观众还讲述了类似的"不停移动"或"转得晕头转向"的经历。

如此多的选择，却没有一个一目了然的框架或叙事技巧，那么，看来这次展览似乎并没有引起观众太多的思考。当然，这在一定程度上也是参观行为本身的内在属性所决定的。正如我们在接下来的章节中要看到的，一些观众确实对展览主题表征的政治事项发表了评论。此外，一些观众对科学本质的思考与对科学博物馆和赞助的看法相结合，进一步加剧了这种逆向思考的趋势。

科学、确定性和常识

正如我们所看到的关于"好食物和坏食物"的叙事构建一样，观众倾向于将食品展览解读为：为这个主题提供的明确的"答案"。虽然这与其中一个展板上的说法正好相反，但许多展项——比如拼图展项——可以说其想法都是为了引出单个问题的正确答案。总体来说，从观众对这次展览的描述中可以看出，他们几乎只谈论实物展品，很少谈论他们在展板上读到的东西。我将在下面再次谈到这一点。食品团队的其他尝试，尤其是珍对科学不确定性的强调，从未被观众提及。此外，对于展示出的科学技术的本质或其代表的政治立场，观众也只是偶尔提出疑问罢了。

事实上，吉利注意到，在食品展览中提及科学和技术时，观众往往将其等同于"健康和安全"。例如，当被问及展览是否在任何方面改变了她的观点时，一位家庭主妇回答："是的，我想是有影响的。因为我意识到，很多研究确实涉及我们所吃的食物——尤其是关于现在的食品添加剂。我很高兴得知我们所吃的食物是安全的。一位销售经理评论道:"我认为,许多人担心方便食品的包装和制作方式,我想这项展览能让你更好地了解在制作这类食品时使用的高标准。"在此类讨论中,最常被提及的是加工机械和有关食品添加剂的互动部分,即"干净的区域"(部分原因是应国家乳制品委员会等赞助单位的要求)。

有趣的是,在随后的访谈中,当我们直接询问观众有关科学的问题时,出现了更多的质疑性观点。没有人认同"100年后所有的科学理论都将被接受"[19]这一说法,尽管有些人认为许多领域的科学基础仍会存在。许多观众指出,科学家也会犯错误(在这里,"他们也不过是人类"这句话时常被提到)。还有一些观众明确提出:商业和政治利益会影响科学工作。例如,一位正在攻读应用生物学理学硕士学位的女性指出:"如果他们(科学家)涉足产业,那么无论为谁工作,他们都可能会从利润的角度出发,你知道的。"在回应"科学与技术使我们的生活更健康、更轻松、更舒适"的陈述时,许多观众指出了科学的"坏处"和"益处",并从商业和政治层面对科学生产进行了详尽阐述。例如,一名经济顾问回答说:

> 他们有能力做到这一点。由谁控制决策,或者由谁控制科技成果的使用,这又是一个问题。我对关于某些技术应用的商业决策感到怀疑。我认为它们给了我们——科学技术给了我们——处理这些事情的能力,但有时候决策并不总是由科学家来做的。具有决定性意义的通常只是那些政治或商业决定。

然而,在思考食品展览时,似乎很少有受访者对展览的内容提出这样的问题。在某些方面,这是非常令人惊讶的,因为我们将在下一节看到:大多数观众认为英佰瑞公司才是展览的作者。他们没有提出媒体研究中所谓的"操纵意图"的问题,除了前面提到的观众没有深入参与展览的原因,可能还有其他原因。[20] 其中一个原因是,许多观众并没有真正把食品展览视为一项科学展览(这是我们特别提出的一个问题)。例如,"当你想到食物时，你不会自然而然地认为它是一种科学"（来自一位空军雇员）。对那些把食品展览主要看作一项历史展览的观众来说，"历史"与"科学"（许多科学博物馆的工作人员也这样划分）形成了对比："我个人认为它更具有历史性，而不是科学性。"（一位教师这么说。）然而对许多人来说，科学与常识形成了对比，而"引人深思的食品"展览则被认为对后者涉及的更多。例如，在回答"你觉得这是一场科学展览吗？"这一问题时，一位装潢师回答："有一些，是的。其他的，都是常识。"一对夫妇协商的结果如下：

> 男士：不完全是，不。它没分析到那种程度，它……
> 女士：不，基本上不是。
> 男士：如果科学可以看作日常生活的话，那么，是的。
> 女士：这不属于以往那种纯粹的科学。

尽管这样的展览有可能会使观众挑战自己的想法，但显而易见的是，科学的"类型"或"层次"（观众自己使用的术语）有所不同。然而一般来说，观众倾向于把其他一些内容看作"真正的"科学——比如"化学和物理学"。这种"真正的"科学往往被认为是难懂的——用一个7岁男孩的话说，就是"你实际上并不知道的事情"。关于"油不溶于水这一事实是科学还是常识"这个问题，一对夫妇产生了争论。丈夫认为这是常识，因而不是科学；妻子争论说这是科学，因为很多人不知道这个事实。这一争论也凸显了这种区别。科学被理解为无法凭直觉或在日常活动的范围内掌握的知识。值得注意的是，当上面的男士承认他在学校学过油和水不能相溶时，他的妻子便赢得了这场争论。

由于食物通常被认为是与日常生活最相关的，这可能使观众更容易接受他们在食品展览中所接触到的知识。通过熟悉的和日常的东西来展示科学这种策略似乎使观众难以提出问题——他们被误导了，以为这里展示的都只是常识而已。因此，布展人员面临着一个两难的局面。如果观众认为日常生活是理所当然的而不去质疑，那就是说他们认为科学对于普通人来说应该是不可理解的，这也就意味着他们不太可能对展示在他们面前的科学或技术提出质疑。然而，其他关于公众理解科学的研究表明，虽然普通人很少质疑科学知识，但他们可能会提出关于信任、责任和社会关系的问题，就像许多观众在回答我们的某些问题时所提出的一样。[21] 换句话说，普通人在提出有关科学的问题时，倾向于采用的框架通常不是认识论的，而是社会性的。对受访人员的可能行为及其可靠性的估计，为非专业的判断提供了依据，这对公众理解科学有一些有趣的启示。公众理解科学的许多政策和方案旨在提高公民的"科学素养"，换句话说，就是提高公众的科学知识水平。正如第二章所指出的那样，这不仅不一定能促使公众更加信任科学（这是该项目一些参与者的希望之一），而且也没有认识到做出判断的基础的可行性。由于缺乏足够的科学知识，公众常常被认为是在"非理性"的基础上得出关于科学的结论的。然而，我们可能会认为，通过增加关于如何判断社会可靠性以及到哪里获取可能的商业或政治利益等信息的知识，可能会更好地实现公众理解科学这一项目强调公民身份的目标。

悬疑小说？作者、赞助和有眼光的消费者

关于信任和可靠性的判断，直接把我们带到了观众认为谁创造了"引人深思的食品"展览的问题上。对于我们的问题"您认为是谁策划了这项展览？"，最常见的回答是"英佰瑞"，几个观众说是"塞恩斯伯里先生"（还有一个说是"塞恩斯伯里先生的孙子"），"在英佰瑞工作的人"，"和英佰瑞的企业有关，我猜是他们的公关部门"，"很明显是英佰瑞、麦当劳和兰克·霍维斯里面某个想推广公司的人"。很少有观众认为这次展览是科学博物馆策划的。

观众将英佰瑞公司误认为展览作者主要是因为展厅的名字："嗯，是英佰瑞，不是吗？我认为它叫作 J. 塞恩斯伯里展厅。是的，是的，我一开始就注意到了。是的，我第一个想到的就是英佰瑞。"展览的内容也起到了推

波助澜的作用，观众几乎总是把复原的杂货店和结账扫描仪（程度较轻）与英佰瑞超市联系起来。许多认为英佰瑞公司是展览作者的观众也认为，这意味着展览将是"英佰瑞的广告"或者"英佰瑞的公关行为"。但是，只有少数观众基于这一假设去思考这将如何影响展览内容。以下是我们研究中仅有的几个坚持思考的例子：

一位攻读应用生物学理学硕士学位的女性（上文引用了她对科学的怀疑态度）批评我们对集约化农业以及食品添加剂的展示方式缺少关注："我认为这种表达方式有所偏颇，因为它倾向于指出我们所拥有的所有这些令人讨厌的东西的益处。"当被问及她是否认为这次展览会因赞助而有所不同时，她回答说："按说不应该有什么不同，但这可能就是它具有偏见的原因。"

一位与妻子经营运输业务的男人评论说："她认为这种影响很多——这明显偏向英佰瑞了。我们进来时还没发觉（他们曾进入'食品与身体'展区），直到走到这里，我们才意识到这是英佰瑞的展厅。我们认为这更像是关于食物的一些一般想法。确实，我知道它是由英佰瑞赞助的，显然这就是原因。但很明显，这更像是走进英佰瑞旗下的一家杂货店，而不是详细告诉你到底有什么食物，尽管它确实在试图做到这一点。"

一位科研管理人员表示，他认为这次展览"可能存在偏见"。他补充说道："可能潜在的主题是让超市和食品总体上有一种不错的……偏向于减少争议而不是增加争议。我想，你们本可以往里面加一些'反食品'的东西，你知道，就是有机食品和人们往食品里面添加的可怕的东西。"在随后的访谈中，他还说道："不过，我不认为问题已经解决了，比如大规模生产的问题。是的，我想这才是主要的……我的意思是，大多数的科学技术都是为了这个目的，以及为了生产大量价格较低的产品而设计的。"他的妻子是一名教师，她指出："很多现代技术领域都没有展示出来，比如如何剥肉。"对此，他评论道："是的，好吧，它没有，它没有触及任何有争议的东西。所以这是一个安全的主题。"

然而，即使在最后一次访谈中，受访者也倾向于调和他们的批评。接续以上所述，讨论的过程如下：

> 男士：嗯，很难在公共场合说这些有争议的话题，因为你会被人排挤……我认为这里更加公平，它可能不是那么刻意地"反食品"，它更多的是针对现在实际发生的事情，而不是条形码之类的东西……
>
> 女士：但是英佰瑞超市有着非常受人尊敬的声誉，我的意思是它非常……
>
> 男士：嗯，无论怎样，我对展览得到赞助没有任何意见。我认为这"很美国"，但我对此没有异议。
>
> 吉利：您认为举办这次展览的人希望您收获什么？
>
> 在场的一名男孩（12岁）：我想展览是在提醒你注意食物，但告诉你它不是有害的，它只是有不好的方面，要注意它们。但总的来说，是展示了食物的良好形象。

在以上访谈中提到的一点是英佰瑞超市的声誉。既然观众们已经认定了是由英佰瑞超市负责这次展览，那么就算假设英佰瑞是在为自己做广告，他们也不会特别担心。如上所述，他们经常做出这种判定的原因是英佰瑞的声望。例如，前面提到的一位经济顾问告诉我们：

> 像一些大的博物馆这样的机构不得不寻求赞助。我想你们必须谨慎选择……但是英佰瑞家喻户晓，确实有着相当可靠的质量保障，所以我认为这是个很合适的合作商。因为我认为它以高质量为宗旨，这是一个关于食品的相当真诚的宗旨。显然，赞助商不应该在这方面有问题。我认为食品行业的一些公司可能遭受严重诟病，但英佰瑞在国际上享有盛誉，所以我认为它是一家很合适的赞助商。

科学博物馆的幕后
BEHIND THE SCENES AT THE SCIENCE MUSEUM

另一些受访人也做了类似评论。以下是一位带着儿子来参观的文职人员的评论：

> 这是一个大多数人都知道的名字。它是一个购物的场所，人们总是可以期待在英佰瑞买到高标准货品……是的，我认为它是的，我的意思是，英佰瑞是最合适的，不是因为它最负盛名，而是因为人们总是把它与食品工业联系在一起。

除了对这家赞助商的信任感，还有其他几个原因也使观众对赞助商的角色感到相当放松。大多数观众都是从资金供应的角度来考虑赞助的：

> 我敢肯定所有的博物馆都有现金流问题。你要知道，以正确的方式使用任何你能得到的赞助一定是一件好事。因为我认为你们总是会去尝试提升你们的任何一项展览，所以这一定是件好事。（来自一位销售经理。）

> 我敢说如果没有赞助，他们不可能真正完成这项展览。这对科学博物馆有好处。现在这些东西都很贵，而这项展览是收门票的。[①] 所以如果没有赞助，我想这项展览可能都不会出现在科学博物馆里。（一位电脑设计师说。）

他们认为赞助商用他们的钱换取的是广告，而他们对广告的评价往往是"粗俗的"（一位国民卫生服务经理说）或"美国式的"（上文提到过）。这也是为了让公司的名字尽可能为人所知。"这是英佰瑞的事情，展览中的确有一些英佰瑞超市的商品，但我也并不觉得英佰瑞这么做很过分……我

[①] 科学博物馆常设展览一般是不收门票的，只有像食品展览这种特别展览或者临时展览才会收取入场费用。——译者注

并不觉得那是在说：'我是英佰瑞的，我是不是很好？——买我！'"（一位实习教师说。）"我知道展览是有赞助的，但它并没有强迫你去买。"（一位兼职电脑工作者说。）"我不会说他们太过分了。"（一位电表抄表员说。）而如果将赞助视为广告，在有人试图说服他们购买英佰瑞公司的产品时，观众就会构建出"操纵意图"：

问题：你认为赞助与否有什么区别吗？

男士（数学老师）：嗯，我想这是英佰瑞的广告。嗯，可能是因为人们认为……

男孩：……我真的不介意……

男士：嗯，"食品"和"英佰瑞的"是同义词。但我不认为它有不好的影响，不会的。我认为它有一个相当中性的效果。我不认为人们会因为在这里看到了英佰瑞的东西，就会突然冲出去买。所以这样就不一定是广告了。

女士（木雕师）：嗯，任何罐装食品的展览都不可避免地要带着一些广告，不是吗？但我的意思是，这是现代生活的一部分，对吧？比起这里，我更反对在体育运动中植入广告。品牌效应是我们购买食物的方式，不是吗？所以，你知道的，你必须能够从它们中找到你真正想要的东西。

访谈中得出的结论是，观众们认为自己眼光独到或是那种"具有现代生活智慧的"消费者，了解广告且能够自己决定是否购买产品。赞助方本可能会用更多的方法去塑造展览内容，但这一设想要么是没有被考虑到，要么就是由于科学的存在以及展览地点在受人尊敬的科学博物馆这一事实，从而受到限制。几位观众讨论了赞助是否会对展览产生影响的问题，他们认为科学家——也许是营养学家或保健专家——或者科学博物馆的工作人员会参与其中。一位教师告诉我们："我认为应该有足够的监察员来确保展览的商业方面受到严格的监督。"另一位教师表示："我知道它是由英佰瑞公司赞助的,但你知道,我想他们应该会聘请专家吧。"

我们在这一章看到的是,观众确实很活跃——从科学博物馆的角度来看,有时甚至过于活跃了。他们建设性地把展览纳入自己的文化清单,并根据自己的生活和兴趣来讨论它。然而,这并不能保证他们会对展览进行任何形式的批评。相反,在某种程度上,正是这种活动的结果——观众将展览纳入一种休闲框架,并将自己定位为某种类型的消费者——使得他们相对不太可能提出批评性或政治性问题。

观众参与展览的方式也受到展览本身的影响。就"引人深思的食品"展览而言,在某些方面,正是对这项活动的现实要求——"忙碌"(正如一些人所说的那样)——导致观众不能"深度阅读"。他们不断地被要求进行选择,必须互动和"持续移动",似乎很难停下脚步来思考——尽管一些观众表示他们以后可能会深入思考。在很多方面,观众都是策展人所期望的那种积极消费者:他们"很忙",而且大多数都很开心。然而,这与经常被称为公众理解科学项目目标的积极的公民身份却不太一样。我们几乎没有感觉到,在离开展览时,观众与展览主题之间的关系变得更强。事实上,对一些观众来说,似乎还产生了相反的效果,参观食品展览给了他们一种安全感,即科学、专业知识和名望都在食品生产中起了作用,并使其安全和"健康"。

很多关于消费的研究都集中在阐释观众的主动性上。这种工作有时被认为在道德上优于那种试图考虑"操纵意图"的研究。在二元主义的刻板印象中,人们注意到"民众"这个概念本身具有多样性,并认识到其阅读行为中的复杂性和微妙的反作用力;而其他立场的读者或观众则是"文化的傀儡",仅仅被动地接受生产者操纵。在这里,我们已经看到,"主动性"本身就是一个更为复杂的问题。并且事实上在某些方面,观众必须在展览中以某种方式不断地体现"主动",但这反而似乎使他们在对他人进行批判性反思时变得更加难以"主动"了。同样,观众倾向于认为自己对广告有相当程度的认识,而且很难被广告所影响。这似乎意味着他们不在乎赞助商的影响力,而只是关注赞助商的名字。

在考虑关于"引人深思的食品"展览的观众研究材料时，特别重要的似乎应该是超越"主动"和"被动"的分类，来更全面地理解观众可能参与展览的方式。本次展览的特点还不仅仅是这些。食品展览很可能与其他展览（实际上还有其他文化产品）共享"文化清单"的类型——一日游、生命周期、必去景点和教育，至少在一定程度上是这样的。通过对一系列展览类型的研究，可以得出一套更完整的清单，这些清单或多或少都会发挥作用。同样，这种倾向于以某种特定方式理解展览的趋势——寻找一个故事，期望这项展览具有说明性，并能够给出明确的"正确答案"——可能会被广泛地推广（特别是在类似的媒介中和具有权威的国家级身份的背景下）。进一步的研究可以确定更广泛的文化框架，这些框架可能用于某些类型的展览（例如介于科学和艺术之间的展览），也可以帮助展览主办方更好地与观众互动。然而，我所说的"与观众互动"并不仅仅是指"试图满足……的渴望"——这是当下流行的公共文化中的一个典型的省略句。相反，了解可能的前提和假设也可以为创建展览提供基础，这些展览可以从其中的某些方面获得动力、挑战或反思。

【尾注】

[1] 参见韦龙和勒瓦瑟（Veron and Levasseur，1982）的作品。
[2] 这项研究是由罗杰·西尔弗斯通、吉利·赫伦和我共同设计的。它是基于我们在自然博物馆的一次地质展览中进行的初步研究。吉利进行了大部分的访谈和初步分析。
[3] 关于博物馆观众研究的叙述和评论，请参阅：例如，比克内尔和法梅洛（Bicknell and Farmelo，1993）、胡珀-格林希尔（Hooper-Greenhill，1994，1999a），以及劳伦斯（Lawrence，1991，1993）的作品。
[4] 请参阅：例如，克拉松等人（Claeson et al.，1996）、胡珀-格林希尔（Hooper-Greenhill，1999）和麦基（MacKay，1997）的作品，以及西尔弗斯

通（Silverstone，1994）的作品，特别是第六章。

[5] 请参阅：例如，昂（Ang，1991）、麦圭根（McGuigan，1992）、莫利（Morley，1995）的作品，以及西尔弗斯通（Silverstone，1994）作品的第六章、史蒂文森（Stevenson，1995）作品的第三章。

[6] 它有时也被称为"新受众研究"（Morley，1995）。康纳（Corner，1991：268）使用了"大众文化研究项目"（popular culture project）这个术语。他将此与"公共知识研究项目"（the public knowledge project）进行了对比，后者涉及公共知识、定义权、信息政治和公民身份等问题。

[7] 罗杰·西尔弗斯通（Silverstone，1994：153）写的是电视研究，但他的观点具有广泛的相关性："社会或个人差异与主动性之间的等式一直是电视研究的一个永恒主题。这已被重复得都老掉牙了……这意味着评论者（是指所有评论者吗？还是根据定义所指向的所有评论者？）用他们对共同文本的个人经验来建构自己的意义。这种'主动性'的概念与差异的概念有关：不同的评论者创造不同的意义。与此相关的是，我们可以共享意义，或者我们从电视中获得的意义必然是共同的（在某种意义上这是确定的），这暗示了一种被动性。"

[8] 这被称为文本消失的问题（Silverstone，1994：150）。它与第一章提到的"正在消失的科学"问题有着相似之处。

[9] 在卢茨和柯林斯对《国家地理》（*National Geographic*）读者的研究中（Lutz and Collins，1993：224），他们使用"文化话语"（cultural discourses）一词来描述读者谈论杂志内容的各种方式。他们还发现，社会变量在这些话语的运用中似乎并不重要。

[10] 我们在展厅的入口处竖立了标语，表明现在正在进行观众观察研究。尽管如此，我们还是打算谨慎行事。在实际操作中，一般很难进行偷听。

[11] 也就是说，就年龄和性别而言，范围越广越好。我们有意识地努力让非白人观众参与进来，但这些人在我们的样本中并没有得到很好的体现。首先是因为他们只占了科学博物馆观众群体的一小部分；其次是因为如果一群人不说英语，我们就没法继续观察。由于研究是在夏季进行的，科学博物馆里有许多来自英国以外的观众。尽管我们没有特别询问他们彼此之间的关系，但事实上，我们访谈的许多人并不属于一般意义上的"家庭团体"。

[12] 只有极少数人从展厅的第三个入口进来，所以我们没有把这个地方包括在研究里。

[13] 总共完成了87次追踪。

[14] 我们在这类问题中还包括了一些来自全国科学素养调查的问题，当时该调查是由科学博物馆协助进行的。最初，我们打算将我们的观众样本与国家样本进行比较，出于这个原因，我们使用了被调查组织者认为是"优秀辨别者"的问题。然而有趣的是，我们的尝试失败了。观众们通常不是简单地单独回答问题，而是集体讨论问题，有时还会对问题或者可能会做出的回答提出不同的解释。

[15] 观众的职业是根据其本人陈述来记录的。省略号表示访谈材料的一部分在这里被删掉了。

[16] 拉夫（Lave，1988：152）将清单描述为"结构化的……对购物过程和他们（购物者）会买什么的预期"。购物之旅是"角色表演和被构建出来的舞台之间的一个衔接点"。

[17] 参见厄里（Urry，1990：10）的作品。

[18] 波莱特·麦克马纳斯（Paulette McManus，1987，1988）关于博物馆参观的研究很好地阐述了这一点。

[19] 这是来自全国科学素养调查的一句表述。它的目的是以封闭问卷的形式评估人们对科学的"态度"。然而，我们发现它所引发的讨论非常有趣。

[20] 参见理查逊和康纳（Richardson and Corner，1986）的作品。

[21] 参见厄文和温（Irwin and Wynne，1996）、厄文等人（Irwin et al.，1996）、温（Wynne，1996）的作品。

请扫描二维码查看参考文献

第九章

展览幕后与展厅之外

在凯特·阿特金森（Kate Atkinson）的《博物馆的幕后》（*Behind the Scenes at the Museum*）中，露比（Ruby）讲述了她的人生故事——从"孕育"开始，通过"出生""事物命名"到"智慧"（她的葬礼）和"救赎"（所有这些都是章节标题）。与露比的叙述交织在一起的是长达一章的附注。这些附注探究了露比的亲属们错综复杂的过往生活。通过这部小说，她学会了，我们也学会了：去解读"博物馆"的表面——她的神奇家庭。我们开始理解为什么露比的母亲会像她一样有这样的感觉；我们了解到，露比的母亲在寻找她的名字时所表现出的语言上的轻微犹豫是有历史原因的，而这个小小的口头暗示也暴露了露比自己生活中意义重大的事情。

有一天，当我在"引人深思的食品"展览中漫步的时候，我遇到了一位策展人，他正在策划另一项展览。他是来参观新展厅的，看看他喜欢什么、不喜欢什么，他想模仿什么、想避免什么。他一边进行着关于展厅的思考，一边对我说道：

我想一旦事情完成，你会看着它想："怎么花了这么多时间？怎么做了这么多工作？"你会想："我本可以那么做的。"但你不会看到实现目标所需要做的全部工作。你看不到你必须忽略的所有东西，和所有的会议，以及那些痛苦的投入——那些血汗与泪水。你再也看不到那些东西了。就像你以为你要生育一头大象，但其实它更像一只老鼠。

在这本书中，我讲述了一个作品的故事——血汗与泪水——它隐藏在最终展览的背后。这是一个基于亲身经历的故事，但这并不是唯一可以讲述的东西。我自己的故事本来可以庞大得多。在一个科学博物馆发生剧变的时期讲述展览的制作和馆内工作时，我一直关注于重现展览背后曾经开展过的某些工作、遭遇的困难以及复杂性——某些在完成的展览中已经被整理好的杂乱局面。在此过程中，我还试图去理解：为什么事情会变成这样？为什么大象会变成老鼠而不是其他，比如鼹鼠？为什么将有些东西删除掉很重要，而有些则被保留下来？这让我特别关注那些似乎对结果起到决定性作用的事物——那些有时看起来微不足道或显而易见的事件或决定，以及它们在之后留下的痕迹，就像露比的母亲在选取女儿名字时的犹豫。我也关注那些已完成的、精雕细琢的、满是痕迹的文化产品是如何被解读的，以及观众对自己的梦想、犹豫和沉默本身进行表达、衍射和忽略的不同方式。

特殊性和超越性

这是一个发生在特定机构（科学博物馆）、特定时间、特定展厅的故事。正如我在开始时所说的，这种特殊性以及这种时空位置都很重要。但是，正如一部小说不仅仅是讲述特定的虚构人物和情节那样，一部民族志也会讲述更为广泛的主题和困境。"引人深思的食品——英佰瑞展览"是不是一个"好展览"（无论我们选择如何定义"好展览"），一个人是否喜欢它，与它的"缘起"是好是坏并不存在必然联系。当然，在很大程度上，民族志学家在塑造自己的叙事时会试图找到"缘起"（尽管这在很大程度上是含蓄表达的），并且正如布鲁诺·拉图尔（Bruno Latour）所观察到的那样,"时机把握得好"无疑也有助于这种能力的获取。[1]在一个科学博物馆自认是"文化变革"的时刻,看着馆内一项可能令人不安地成为"文化变革先锋"的展览,感觉就像偶然走进了一个常规做法和长期存在的假设受到质疑的时代。这是一个参与者必须为他们所做的事情提出想法和理由的时代,人们不再依靠熟练的专业知识来满足这些需求,取而代之的是重组、修正、再思考、再培训和重新呈现。

这并不是说以前一切都是稳定的,也不是说没有什么是假定的、没有什么是一成不变的。只是这些变化带来了新的假设。与此同时,许多博物馆工作人员坚守着一些长期以来神圣不可侵犯的原则,而某些经久不衰的做事和思考方式则根本没有被注意到。在讲述这本书中的故事时,我的目的是让人们看到我能做到些什么。下面,我将回到其中的一些事件上来——这是民族志学家能找到的最接近"发现"的事件——我会试着针对这些事件再讨论得更深入一些。但首先,我想简单地谈谈话题的"缘起"——有些人可能会称之为"普遍性"(尽管在我看来,通常"它和其他问题有多类似?"这样的描述方式忽略了话题"缘起"的一些潜在力量和精神内涵)。

当我开始对食品展览发表第一次评论时,科学博物馆里的一些人就热切地向我指出,下一个即将开幕的展览将"实实在在大不相同"。当然是这样的。乔治三世收藏的科学仪器摆放在展柜里白色的基座上(这是一种旨在"把展品放在首位"的极简主义),与食品展览几乎没有任何相似之处(图9.1)。乔治三世收藏的科学仪器既不是互动式的,也不能上手操作;对它们来说,"有趣"和"忙碌"都不是恰当的形容词,它们针对的显然是比食品展览更博学、更专业、更成熟的观众。[2]"是拉克汉姆!"一位策展人对我打趣道。拉克汉姆百货公司是一家高档百货商店,虽然也没有那么高档,但也许它想要表现出来的是比自己的实际水平更加高档的商店形象。(在一个脱口而出的比喻中,就可能存在了许多微妙的价值判断!)这一切都与巧克力慕斯罐、麦当劳和超市的隐喻大相径庭。所以在这个时候,科学博物馆选择展示一批珍贵的、以实物为主的收藏品,并不像一些人预期的那样让我感到惊讶。

图 9.1　一个不一样的答案：乔治三世藏品系列

但情况却恰恰相反。我在科学博物馆里看到的是把注意力从收藏品转移到观众身上的普遍尝试。这是在尝试从鉴赏力方法（展品由成熟的专业知识决定）转向鉴证的方法（展品必须以观众所想为依据）。[3] 但它绝不是毫无争议的或完全可实现的。例如，当我观察展厅的规划过程时，我看到科学博物馆有一个实力雄厚的展品大厅。从某种程度上说，这是来自策展人的"展品之爱"和有修养的"展品感"，这种感觉甚至渗透到了食品展览当中。但这些展品被认为是科学博物馆的独特所在，也是科学博物馆与其他休闲或教育场馆以及科学中心的不同之处。一如当时的营销术语所说，它们是展馆独特卖点的一部分。此外，正如我们所看到的，工作人员充分认识到，如果不展示历史实物，那么这本身就存在严重的公共责任问题。如果绝大多数的藏品都是为了存储在仓库里，那么他们怎么能证明花在继续维护藏品上的费用是合理的？更不用说增加藏品了。针对这些担忧，展出具有重要历史意义的藏品，如乔治三世的收藏，是有意义的，尤其是在像食品展览这样相对缺乏历史展品、带有平民主义的互动展览开幕之后。这是展品模式的一种回归，但它本身并不比食品展览更能代表科学博物馆未来发展的方向：现在已经不是那种时代了。相反，就像食品展览一样，这只是对持续、强烈的内部变动所带来的一系列难以摆脱的困境的回应罢了。

有一位资深策展人，每次我见到他，他总是笑着对我说："夏兰，我们又开始重组了。"我认为，他这样做一方面是承认结构性变化的实用性；但另一方面，他认为我观察到的、我所描述的重组只是短暂的，很快就会被新的结构所取代。当然，他是对的，不断重组已经成为公共机构的特色。人们总是希望新的管理结构可以解决目前存在的问题，并能适应机构所必须面对的不同需求和赞助人。但是，除了结构实验主义，还有充足且日益丰富的证据表明了解剖学方法①的存在。虽然人们将会尝试去恢复一些已经消失了的象征性和文字性的展示领域，而且满足新的和意想不到的需求也很有必要，但取消观众的优先位置似乎已不太可能了。虽然这也可能采取新的形式，但已经不可能再走回头路了。

社会戏剧和热点形势

在第一章，我提到了维克多·特纳的观点，他认为"社会戏剧"——局面紧张的公共事件——可以很好地表达出来，因为正如特纳描述恩敦布人时所写的那样，它们"揭露……当前派系之间的阴谋诡计，迄今为止都是秘密进行的……隐藏在下面的是可塑性弱、耐用性强但逐渐改变的基本……社会结构，是由高度稳定并一致的关系所组成的"。[4]特纳认为，"社会戏剧"遵循一种特定的过程结构：破坏、危机、补救行动和重新整合。[5]在20世纪80年代末的科学博物馆里，有一种明显的**破坏感**，这从"背离""变化""新奇"的语言以及无处不在的前缀"re-"②就可以看出。在特纳对第二

---

① 此处是指由事物表面深入内部以揭示更多的复杂性的方法。——译者注
② 前缀"re-"在英文构词中代表"重新，再，又"及"反对"。——译者注

阶段进行分析所使用的术语中，"危机"一词也具有语境特征，因为此处隐含着一种危险和悬念感，还有一种派系分歧感和一种深深的困境感。同时，"危机"也是一个本地词汇，有着其本地化的（内部专有）同义词。**补救行动**也很明显：重组、展厅计划、机构规划和媒体声明都属于这种行动的一部分。但与特纳的结构不同的是，在科学博物馆里，这些情况似乎一直都伴随着危机，而且人们也不清楚它们是否会重新安定下来，**重新整合**。另一方面，对各种可能的未来进行重组、暂停和规划的工作也丝毫未曾减少。[6]

这种不间断的重组现象是当今许多机构（当然也包括大学）的特征，也是米歇尔·卡隆所称的"热点形势"的典型特征。在这样的情况下，试图将某些事件或机构彼此"框在一起"或"分开"是极其困难的：它们既无法"重新整合"，也不能"关闭"。无论建立什么样的"框架"，都会有"溢出"现象，即总会有事情超越边界，因此"一切都变得有争议"，而这些争议又总是"先倾斜于一个方向，然后倾向另一个"。[7] 尤其是"事实和价值观……纠缠在一起，以至于两个连续的阶段让人无法区分：第一阶段是信息或知识的生产和传播，第二阶段是决策过程本身"。[8] 换句话说，关于公共影响、特定知识和消费信息的有用性等问题的思想，在其生产和传播过程中是纠缠不清的。我们不可能从社会的角度来定义某种可以作为"知识库"的东西。[9] 社会生活的任何一部分都不能被贴上"无私"的标签，而毫无争议的权威也变得越来越难以找到。我们在食品展览中看到的例子就是：科学家以他们希望公众接受的形式向食品团队展示了"事实"，而食品团队则完全由公众可能想要什么的概念以及虚拟观众和现实观众的存在来决定了自己的"传播"任务。这一切都使得在热点形势下，"难以就事实或应采纳的决定而达成……共识"。[10]

卡隆认为，"这样的热点形势不仅变得越来越普遍、越来越明显、越来越流行……而且更重要的是，让它们平静下来变得极其困难"。这是"工业社会日益复杂的结果，其复杂度在很大程度上是由于技术—科学的运动，这种运动导致了事物之间联系和相互依赖的增强"。[11] 其他人也以不同的语言和不同的侧重点提出了同样的建议。[12] 因此，我们看到的并不是像特纳想象的那样，会回到一个相对稳定的社会结构，而是一场无情的争论。这场争论利用了现有的"既定条件"，或许还有一些经久不衰的主题，去讨论社会的发展方向和可能的未来。至少在短时间内，人们还是会去寻找能够阻止溢出现象的前景、结构和框架。

框架、包含与透明

卡隆借用了高夫曼（Goffmann）的术语"框架"来描述那种试图去划分不同背景、领域或交互集的尝试。[13]这种框架涉及场景的设置，这样就会产生某些特定的而非其他的联系。这一框架是关于试图引导流动和防止溢出的，这也是西尔弗斯通的电视科学研究中的那些电视制片人在谈论"框架"时的含意：他们希望在节目的前五分钟就建立一个"框架"，以便节目的其余部分能被理解——他们希望在电视观众一定会看的节目里设定这样的框架。[14]

框架可以是相对常规的、被社会行动者视为理所当然的，这在高夫曼的叙述中尤为明显，或者在某种程度上对电视制作人来说，它可能是更为明确、更有争议的事情。制作展览，就像制作其他文化产品一样，可能也需要一定程度的明确框架。然而，我所观察到的这种热点形势的特点，似乎是不断地试图将框架正式化，使其明确、清晰和规则化。从许多方面来说，这都是对危险的溢出、扩散和多种可能出现的联系的一种毫不奇怪甚至合乎逻辑的反应。图像管理、任务陈述、目的和目标、机构规划和严格的概念性框架都是为了在日益祥和的氛围中去定义和构建这种框架所做出的努力。

然而有一个问题是，框架制作得越严格或越死板，框架中的内容似乎就越容易出框——或者说，越重要的东西就越难被容纳。以"重新思考"的会议为例，食品团队将她们的计划修订为一个"严格的概念框架"，它由一个整洁有序的巢状层次结构组成，这样她们本来特别想要包含进来的一些内容就不适合于这个框架了。就其本身而言，考虑到展览扩增的方式，这并不是一件坏事。但我们失去的不仅仅是"古怪"（如美食家通常所说的那样），还有对沉默、对那些未提出的和未被承认的问题的质疑。框架成了她们自我辩护的手段：只要一切都能在规定的条件下证明是正确的，并且整整齐齐地列出整体目的和具体目标，那么这项工作就能以适当的方式得以完成。

或者我们可以拿电视节目的前五分钟做个最贴切的类比，这犹如观众对展厅的第一印象。在这里，团队的想法是如此专注于她们自己的定向信息和"完成工作"这一任务，以至于她们没有充分探索如何在入口处布置展品会对展览带来一种视觉上的框定。她们之所以没有这样做，部分原因是她们感到时间紧迫（日程表产生了自己的框架效应），还因为她们所设计的语言性定义信息，降低了人们关注可能出现的非语言性信息和其他展厅"阅读"方式（超越既定目标信息的阅读方式）的可能性。但是英佰瑞的杂货店、收银台、包装和展览的名字都向观众明确呈现：这是一家超市零售商举办的展览。当然，这里有各种各样的务实甚至美学上的原因，其中一些事件无疑超出了团队的控制。（为什么会变成这样？）但这里的重点是，很不幸地（在许多方面也是可以理解的），关于展厅可以放什么和为什么要放这些东西的非常严谨的思考，与那些针对被排除在外的内容所进行的思考相比，并没有得到同样严格的审视，而这也远远超出了用术语定义的"信息"。这里我们也可以注意到，在完成的展览中有数量如此之多的展板，令团队成员们自己都感到惊讶，而这在很大程度上正是以语言为基础的"信息"被概念化所带来的结果。

在这种框架中还涉及一种明确或"透明"的尝试，这被认为对"问责制"至关重要。例如，萨瑟斯先生告诉团队，必须明确展览想要传达的信息，其中一个重要原因是：这些信息可以用于日后评估观众对展览的反应。现在，针对既有的状况提出问题，并尝试去思考为什么某些决定的做出肯定会是值得的。民族志学研究包含了很多这方面的内容，它通常假设通过了解事情的过程以及意识到那些理所当然的事物，我们就能够更好地去做我们希望完成的事情。然而，管理主义者所采取的使之（那些理所当然之事）明确可见的做法通常并不完全符合这种精神。它往往被用来作为一种限制性和合法化的手段，而不是突出备选方案，或者让我们意识到某些特定选择的相对性。成功或"有效性"（这是当时的语言环境中我们比较喜欢用的术语）是根据框架定义的术语来判断的，这些框架的建立部分地是为了评估的实现。例如，定义"目标观众"，在某种程度上成为一种捍卫展览不受其他被排斥在框架之外的人批评的方式。因此，随之而来的往往是一种创建紧密的自循环而互联的网络的动力，在这种互联的网络中，"出框"以及质疑框架本身合法性的潜在可能是被剔除掉的。就其本身而言，试图在文化框架内创建内部一致性的过程并不罕见，也不一定存在问题。例如，迈克尔·波兰尼（Michael Polanyi）强调了推理的循环形式，这些形式有助于维护系统并保护基本假设免于审查，这其中包括了阿赞德巫术（Azande witchcraft）、化学史和政治意识形态等一系列的例子。[15] 然而，这个案例的特点是：这种结构的创造就在我们眼前进行（就像它本来那样），具有高度的自我意识、精确性，以及透明性和可见性的修辞学阐释。此外，（然而？因此？）它还会产生内部矛盾或者"非理性"。[16]

这不仅体现在展览的制作和展厅的规划上，也体现在当时科学博物馆和其他机构整体管理的重组上。许多机构都在以建立一种完全类似展览"信息"的巢状层次结构的方式，忙着编制工作规范，以确保所有被定义为"多余"的任务陈述或确定的目标都会按此操作。然而，这产生了一种矛盾效果，即一些受到官方尊崇的主权消费者的需求再也无法得到满足。因此，正如博物馆和美术馆委员会关于全部国家级博物馆的报告（见第二章）中指出的那样，也正如一些科学博物馆的工作人员所观察到的那样，个别观众的咨询往往得不到回应，各种具有教育意义的方案例如外展服务（博物馆与学校建立联系）也必须削减或受到限制。"有效性"可能会提高，目标也会实现，但前提是：必须在一个框架内充分明确这里的有效性和目标到底是什么。

企业、消费者和作者主权

科学博物馆中的许多甚至是所有的工作人员都很清楚这种问责制是一

种假象（各个公共服务领域的工作人员肯定都很熟悉这种假象）。但他们也知道，让自己看起来像是一家"濒临倒闭"的机构可能是危险的，而看起来"运行良好"对确保资金的持续流动至关重要。用那个时代反复出现的新达尔文主义企业语言来说，那些失败的人本来就是注定要失败的，适者生存。"竞争"乃是口号之一，撒切尔政府认为公共机构——特别是国家机构（那些具有学术志向的机构）——尤其需要受到所谓的鼓舞。很明显，如果能够设计出业绩指标，那么它的其中一项功能将是对各个机构进行比较，以便对它们进行排名，并确定其中一些机构是"无效"的。政府认为后者是机构个体的责任问题，即管理不善或缺乏进取心。在以前，需要更多的资金或员工来更好地完成工作这种说法，被政府认为是"娇生惯养"（被保护着以免于"面对现实"），但现在却可能会被描述为"牢骚满腹"（毫无道理地抱怨）。科学博物馆的工作人员继续提出这样的论点，甚至有时他们还赢得了某种胜利（如第二章中受托人抗议的例子）。但是，向他们提供替代方案的方式以及这些方案所造成的严重后果，导致他们与"主权消费者"一样，并没有无限选择的余地。

然而，博物馆对于要求它们做的事情并没有简单地付诸实施，部分原因是这几乎不可行，实现这一目标的路途还很遥远。科学博物馆的工作人员尝试以各种方式构建详尽的绩效指标（而不是特许权），其中包括（而不是附加）奖金和教导等事项，甚至引入了参观收费作为试图摆脱政府控制的手段。为了加强而不是削弱自己的力量而试图使用占主导地位的言论和结构这种做法，在很多方面也都有着令人钦佩的案例。尽管这些策略（在某些方面有些胆大妄为）冒着可能会适得其反的风险，但它们也让一些参与其中的人能够去尝试给科学博物馆带来真正的、有价值的改变。许多博物馆的馆长和工作人员都有一个值得称赞的抱负，那就是改善当前状况，使博物馆能够更加开放和响应公众。

在 20 世纪 80 年代末和 90 年代，同样的具有企业家精神的言辞被用于有关机构和个人的事务上。两者都被概念化为本质上的自主代理，其命运由当事人自主选择决定。这在很多方面都算是一个"强有力"的实体框架：

愿景是一个固有的单位，它抵制（外部的）流入，流入的方向将由它们所选择建立的筛选性关联所决定。国家是另一个经常以这种方式进行表达的实体。在一个稳定的、边界似乎在减弱或被认为减弱而流动性和流动现象都在增强的"高潮"时期，基于一种强大愿景框架的政治纲领开始显现优势，这也许并不令人惊讶。但就像问责制和透明度一样，这种主权实体的愿景也有一些虚构之处。在这个关于选择和独立的讨论中，剔除了很多对所提供的选择以及个人和组织做出这些选择的能力施加影响的因素，尤其是为定义和监督效率与绩效而引入的一整套机制。

正如我们所看到的，"引人深思的食品"展览在许多方面扮演并代表了作为主权决策者的个人。它也可以被理解为具有与企业视角相同的某些虚构行为和事实删节。提供选项的框架本身并不明确，因此人们很难发现那些已经内置于选项中的限制（例如，展览将最初准备展示的那些成果排除在外）。在某些事情上，观众比他们原本被认为的具有更多主动性（例如在食物中毒事件上）。而且，尽管说法不一，但构想中的观众与他们实际在展览中最终表现出来的样子，有一种趋同的态势。就后者而言，展览不同区域之间的多样性以及该展览与其他展览之间的不同之处都没有团队所期望的那么多——我认为，这两种结果在一定程度上都是共同的文化预设造成的。语言信息和团队讨论的问题在一定程度上与此有关，但团队也雄心勃勃地想和作为普通观众的受众进行交流，而不去管他们的公民身份所带来的乐趣和互动性。

从幕后工作可以清楚地看出，这些美食家们拥有着令人钦佩且协同一致的运营理念。这里涉及一种框架的"聚合效应"，在这其中，团队的愿景是为"普通人"举办一场民主化、赋权化的展览。她们对自己在科学博物馆中的性别和结构地位的明确表达，却与一种不同的政治言论殊途同归了。从某种意义上说，她们发现自己被框死了：团队的愿景和工作被置于一种始料未及的环境中。然而，这并非是任何人有意或无意为之，而她们本身也不是简单地融入其中。她们确实可以为权威发声，也确实有代表性，但这些都不是绝对（排他）的。正相反，不同的政治抱负和观点其实是能够共享同一种语言的，例如"公众理解科学""参与""互动"和"问责制"。正如特纳所讨论的和我们前面提到的在其他语境中共享的符号，它们产生不同政治影响的可能性很小。[17] 此外，在展览制作的背景下，这些内涵常常被嵌入非语言的环境中——展览的布局、特定的展品组织方式、展品组合以及它们之间特殊化的并置。美食家们可能会以一种方式来解释这些——例如，非线性是一件好事，因为它让观众们"自己做决定"——但其他问题也是显而易见的。如果没有对这一点的批判性认识，也没有"矫正行动"，美食家们就会很容易发现自己和自己的劳动成果被框死在一个范围内，至少有时是以她们根本不想提起的方式被框住的。我认为，这是一种比普遍公认的经历更为常见的过程。此外，当时的"引人深思的食品"在很多方面都算是一场实验性展览，正如我一开始所说的，它是所有参与者（包括我在内）的一次学习经历。当时我并没有预料到这种两难境地——我没有绝望地与公司或其他机构进行谈判，也没有为了赶在最后期限前完成展览而工作。即使是现在，写下这本书的一个原因还是想利用"后见之明"和时间的优势来反思，试图提出问题——那些我们大多数人在慌慌张张地试图把事情做完时，很少有机会去解决的问题。

同样清楚的是，展览没有固定的作者：塑造出展览成果的行动者分布在多个参与者之间——人类和非人类，既有概念上的，也有物质上的。然而，它们并不是平均分配的。事实上，参与其中的人没有一个是独立自主的，也没有谁强大到令人生畏的程度——甚至那些有时被认为是独立自主的人（团队、馆长、政府、预算……）也没有这么强大——他们都或多或少地对最终产品负有责任。责任也可能是分散的，但它不会消失。现在，展览的著作权属于那些被正式赋予了代理权的人，从这个意义上来说，作者的身份也是一种对责任的认可，甚至是一种坚持。

科学与公民身份

"引人深思的食品"在很多方面都是一项非常成功的展览。因此，详述其政治上的含糊不清、沉默和变化，可能是一种与公众理解科学这一重要业务并无多大关联的学术活动。观众们并没有对展览表示不满，许多人表示他们非常喜欢动手操作的方式，认为这比传统博物馆的展览风格更可取。这次展览似乎也能够激发一些观众对科学的期望：他们看到科学可能是一种日常之事，它可以是被熟悉的和可接近的。

公众理解科学项目的最终目标通常是使公众以公民的身份更充分地参与科学（见第二章）。为了做到这一点，人们认为公众更好地理解科学是至关重要的，因为科学在当今世界正变得越来越重要。因此，"让科学变得更容易接近"被视为一种提供"理解"的途径，反过来，这也是让公众做出理性选择的一种方式。虽然"更容易接近"可能意味着很多，但它经常等同于使科学"有趣""令人愉快"和"易于使用"。动画经常被认为特别擅长"传递信息"，而动手操作的互动性则往往令人联想到玩具。（科学博物馆工作人员有时会管发射台叫"儿童游戏围栏"，而科学博物馆的观众则经常将互动展项视为可以"玩"的东西）。在食品展览中，让科学变得"触手可及"也被认为是在让科学变得"熟悉"，并将其植入日常生活和家庭生活的安全世界之中，所有这一切都在生活中有一席之地。然而，科学并不一定是以任何一种方式一定能获得的，它可能是困难的、复杂的、有风险的，并且是相当不友好的，理解这一点也是理解科学的一部分。要想让公民能够评估科学并做出明智的选择，就需要他们能理解其潜在利益和风险。人们需要注意到科学在日常生活中的存在、它对人们间接的影响，以及对全球的影响，但对他们来说，这些可能就远非那么显而易见了。

在食品展览的制作过程中，我们发现团队努力解决的那些有争议的问题很少与关于"事实"的分歧有关。因此，这些问题不能通过"澄清事实"来解决。此外，一个明显的事实是：科学家们之间也存在着差异，他们并不一定能从公众理解科学的角度使用那些我们经常假定会对社会有益的和公正的声音说话。因此，就算公众能更好地了解科学家们所说的话，那他们是否能够做出明确的决定也很难确定。理解科学技术也不一定能使他们在涉及科学的争议性问题上做出抉择。很多时候，可能影响公众观点的重要因素不是已经被定义的"科学本身"，而是它所处的环境。换言之，是科学所涉及的社会和周遭环境的问题，例如在某些地点产生的特定结果和可能有关的各方面的利益。如我们所见，观众有时似乎倾向于以这种方式来评判和思考科学。因此，正如我所建议的那样，只有为他们提供更复杂的手段来实现这一点，并提供去哪里获取资源进行评估的信息，公众理解科学这一项目才可能得到引导。

"引人深思的食品"是一项具有潜在的高度社会性和争议性主题的展览，它的观众之所以没有对展览主题或展览的呈现提出追根究底的问题，原因之一是他们的活动框架与团队为之设定的活动框架融为一体了。观众发现自己在展览中"十分忙碌"，他们玩得很开心，也开展了一些休闲活动，还认出了一些熟悉的事物，并且（就像他们面对赞助时的"现代生活智慧"一样）把自己定位为熟练的主权消费者。然而，正是这一点导致他们不去深入质疑。展览在大多数情况下并没有使他们摆脱其预设，并转向新的视角和问题。当然，那样的展览可能不那么有趣，也不那么令人愉快。我们不要想当然地认为一项展览一定是那样的，但观众的"满意度"和"享受度"已然成为衡量一项展览是否成功的最重要指标，有时甚至是唯一的指标，而且在提供这些指标的最便捷途径上，可能并不需要提出挑战性或高难度的问题。这绝不局限于本次展览或博物馆领域，例如，在大学工作的读者可能会发现他们处于同等境地。仅举一个例子：在一些大学的院系中，"你觉得这门课程整体上有多有趣？"这类问题的量化结果被视为衡量课程是否成功的累积指标，也是评价授课人员的指标，就像策展人与其策划的展览之间的那种纠缠一样。毫无疑问，我们大学面对的是被精心挑选甚至"培养"出来的受众，比起博物馆，能找的借口就更少了。

当然，享乐很重要。但这里的重点是，我们不应该把所有的事情都简化成享乐，或者让它掩盖其他重要的事情，也不能掩盖享乐与其他事物（比如学习、政治和展品）的联系。科学博物馆及其展览都是复杂的体系，不能被简化为仅具有单一功能。它们不仅仅是娱乐工厂，也不只是供奉神圣物品的神龛、三维教科书或公民培训班，它们当然也不是超市或百货商店。

博物馆，也许尤其是国家级博物馆，承载着各种各样的公众理想和希望。它们被期望表征国家及其成就，告诉我们"我们"是谁，为后代识别和保存重要的物质文化物品，从事有关藏品的学术工作，并给尽可能多的人带来教育和启发。它们还被期望提供美好的一天，让我们看到那些我们想看的特定展品——出于这样或那样的原因，让我们知道我们发现的东西是否重要，以及这是不是一个适合来庆祝生日或选择礼物送给朋友的地方。这是一项重要的工作，也是一项艰巨的任务。

多年来，有各种各样关于博物馆消亡的预言。有人认为，它将被电子和虚拟技术取代——正如查尔斯·索莫里兹·史密斯（Charles Saumerez Smith）所说，这是技术爱好者的梦想。[18]也许，电视更能传达一种情境感、动态感和戏剧性——那么为什么不坐在沙发上欣赏呢？或者，与其亲自去博物馆，我们不如在网上参观。以科学博物馆为例，人们也对其中的科学中心①感到焦虑。这些实践互动中心不受"展品"这一概念的束缚，它们有时被认为比（传统）展览更善于解释科学，更容易让人接触到科学。[19]主题公园也引起了人们的不安——仅仅是这些就如此令人兴奋，以至于再也没有人想去参观那些穷酸的老博物馆了吗？又或者，参观博物馆将被全国日益流行的购物消遣所取代。

正是为了应对这些我们已经感觉到了的威胁，博物馆引进了视听和计算机化技术、互动装置、动画游乐设施、王牌咖啡馆、礼品店和邮购目录。在我看来，博物馆能对文化趋势保持警惕、寻找新创意并从中借鉴，是它们的优点之一。但与此同时，他们不应该——在大多数情况下它们也没有——试图成为那些其他的场所，就像它们不应该把自己的角色看得太过单一一样。博物馆不应该忘记它们多年来积累的大量藏品，也不应该忘记它们的公共文化地位。博物馆是一种被赋予了相当独特的文化权威、财产和专业知识的综合体。也许最重要的是，它们需要保护，以防有人试图把它们削减到更有限、更缺乏文化氛围的规模。

---

① 这里不是指科学博物馆这种载体的下一个阶段，而是特指设立在科学博物馆内部以互动展品为主要特征的一个名为"科学中心"的展区。——译者注

在过去的十年里，科学博物馆举办了许多新的展览，并推出了一个令人印象深刻的、具有创新性和反思性的互动项目，以吸引公众参与。这些工作包括研究公众对于科学各方面的观点，建立公共信息"热线"，召开会议让公民与科学家一起讨论有争议的问题，邀请艺术家驻馆，展出科学主题的艺术作品，并在现有的展览中允许艺术和政治干预，还在科学博物馆新建一座侧翼大楼主要用作医学展览，又在一楼创建了一个新的展厅"现代世界的形成"以展示数千件具有重要历史意义的藏品，针对有争议的主题举办临时展览来让公众的评论成为展览本身的一部分，在线展示藏品以及展厅的实时建设过程甚至通宵举办活动。[20] 这其中一些活动一直对展项、收藏和学术有着持续性助益。其他人似乎愿意与观众更加亲密，甚至愿意给观众更大的活动机会。他们还建议改变观众的配置，包括引入更多的公民参与，并加强观众就科学和科学类博物馆的各种性质提出探索性问题的意愿。现在，从现象而不是从本质来看的话，我为这种发展的普遍性和多样性感到鼓舞。从我的幕后经历中，我知道它们应该是极具能力和奉献精神的博物馆工作人员之间，以及博物馆工作人员和参与公共文化生产的其他多个角色之间谈判和斗争的结果。

当我写完这本书时①，科学博物馆宣布将取消门票收费。这感觉就像一个让人欣慰的结局。但是，尽管在我的书里我可以这么说，但其实无论从分析角度还是从历史角度来看，都并非如此。这个故事并不是关于门票收费影响的（收费只是一个合乎逻辑且意义重大的因素，但仍然是可选的，是一场更大运动的组成部分而已），取消门票收费也不会让科学博物馆回到以前不收费的状态。我们也许会看到科学博物馆生活的新篇章，但博物馆工作人员面临的许多两难境地——给展品多少空间、如何理解观众、哪些人员和展品会参与到展览制作中去，这些都会延续下去，接下来发生的任何事情都必定与我们在这里看到的变化相适应或相抵触。我对幕后工作留下的最深刻的印象之一就是许多科学博物馆工作人员的活力、激情和敬业

---

① 指 2000 年。——译者注

精神。这可能会使他们成为"顽固的家伙",并导致"派系斗争"——就像我一开始被警告的那样。但这也在这个地方创造了一种能量,并使它足够复杂多样,好去抵制那些想把它框得过于狭窄的企图。出框才是它的魔力。

【尾注】

[1] 参见拉图尔（Latour, 1987：2）的作品。格尔茨（Geertz, 1973：448）将巴厘岛斗鸡比赛的分析与阅读《麦克白》(*Macbeth*)进行了比较,并就"关于某事说点什么"这一问题进行了富有洞察力的讨论。

[2] 该展览还试图讨论将科学知识作为一种过程的想法,实际上是有意识地将它与科学本身作为对象而呈现并置于一起。有关讨论,请参见阿诺德（Arnold, 1996）的作品。

[3] 参见吉本斯等人（Gibbons et al., 1994）的作品。

[4] 参见特纳（Turner, 1974：38, 39）的作品。

[5] 参见特纳（Turner, 1974：33）的作品。

[6] 请参阅:例如,谢尔顿（Shelton, forthcoming）的作品。

[7] 参见卡隆（Callon, 1998：260, 261）的作品。

[8] 参见卡隆（Callon, 1998：260）的作品。

[9] 参见卡隆（Callon, 1998：260）的作品。卡隆在扩展示例中讨论了牛海绵状脑病（疯牛病）。

[10] 参见卡隆（Callon, 1998：261）的作品。

[11] 参见卡隆（Callon, 1988：262, 261）的作品。

[12] 请参阅:例如,贝克（Beck, 1992）、卡斯特利斯（Castells, 1996）以及赫尔德、麦格鲁、戈德布拉特和佩拉顿（Held, McGrew, Goldblatt and Perraton, 1999）的作品。

[13] 为了检验经济学家定义特定经济领域的尝试,卡隆借鉴了戈夫曼（Goffman, 1971）的作品。最近,卡隆（Callon, 1998, 1999）和拉图尔（Latour, 1999）都强调了"框架"的重要性,认为它可以纠正他们以前对

"行动者网络理论"的误解。后者绝不意味着这种通过网络的移动是无中介的和瞬时的（拉图尔将这种"双重"误解归咎于互联网）。相反，其目的是强调通过网络进行的运动所涉及的"转变"或"变形"，正如卡隆在早期的论文（Callon，1986）中指出的那样，转译必然叛逆。因此，应该把注意力放到去尝试着安排和限制行动者的运动上来。另见巴里（Barry，2001）的作品。

[14] 参见西尔弗斯通（Silverstone，1985：108）的作品。

[15] 参见波兰尼（Polanyi，1982）的作品（初版于1958年）。托马斯·库恩（Thomas Kuhn，1962）也有类似的说法。格尔茨（Geertz，2000）的作品第七章对库恩的作品进行了有趣的人类学评价。

[16] 波兰尼指出了这一现象，尽管是从其他角度。马克斯·韦伯（Max Weber）于1978年在其对合理化的论述中使用了"非理性"这一词，这与此处的论点十分相似。

[17] 有人认为，撒切尔主义成功的一个原因是，它能够以这种方式控制语言传播，相较于"天然"选民，它能够吸引其他人，或成为一种更普遍主题的表达手段。参见霍尔（Hall，1980）的作品和西尔弗斯通（Silverstone，1995）作品的第一章。

[18] 参见索莫里兹·史密斯（Saumerez Smith，2000）的作品。

[19] 法梅洛和卡丁（Farmelo and Carding，1997）的作品以及林德奎斯特（Lindqvist，2000）的作品一道为此提供了讨论材料。

[20] 有关其中一些讨论，请参阅科森（Cossons，2000）、甘蒙和马兹达（Gammon and Mazda，2000）以及乔斯和杜兰特（Joss and Durant，1995）的作品，以及科学博物馆网站。

请扫描二维码查看参考文献

附　录

观众调查问卷

自我介绍

您好，我来自布鲁内尔大学。我们正在开展一项有关参观博物馆的研究。我可以问您一些问题吗？

一、关于展览

1. 我对您刚刚看过的展览很感兴趣。您能描述一下您都去了哪里，看到了什么吗？
2. 您觉得这次展览怎么样？请随便说点什么您想说的。
   您喜欢／最喜欢什么内容？
   您有不喜欢的内容吗？
3. 您认为展览有一个整体的主题吗？
   您认为这里面有故事吗？
4. 您认为本次展览是为什么样的人设计的？
   这里面包括您吗？

5. 您认为是谁策划了这次展览?

   您认为举办这次展览的人希望您收获什么?

   您是否注意到展览是被赞助的? 由谁赞助?

   您认为这带来了什么区别吗?

6. 这是否会像一个科学展览一样吸引您?

   您对在科学博物馆中看到这个展览感到惊讶吗?

7. 这是您喜欢的展览类型吗?

   您喜欢哪种类型的展览?

8. 参观展览的经历是否改变了您关于科学对饮食影响的看法?

   以什么方式?

9. 关于展览中没提到的食物,您还有什么想知道的吗?

二、关于参观

1. 您今天是从哪里来的?

   那是您居住的地方吗?

   您来到这里花了多长时间?

2. 是什么促使您今天来参观? 您是专程来看这项展览的吗?

   您是来看什么的? 您在来之前知道这项展览吗?

   您对这项展览的主题有特别的兴趣吗?

   您以前来过科学博物馆吗? 大概多久来一次?

   您已经参观过或者打算参观科学博物馆的其他展览吗?

3. 您经常参观博物馆吗?

   上次参观是什么时候?

   去的是哪个博物馆?

   您在 1989 年参观了哪些博物馆?

4. 您在闲暇时间还喜欢做些什么?

三、关于科学

1. 现在我有一个关于您对各种事物感兴趣程度的问题。对于以下每一项，我希望您可以告诉我您是非常感兴趣、一般感兴趣还是根本不感兴趣：

   新的医学发现

   新发明和新技术

   新的科学发现

   科幻小说

2. 您读过有关科学技术发展的杂志吗？

   （如果读过）您读的是哪一本？

   还读过其他的吗？

3. 关于一些电视节目（询问下面列出的每个节目），您是经常看、偶尔看还是从来不看？

   《电视新闻》

   《夜晚的天空》(*Sky at Night*)

   《地平线》(*Horizon*)

   《明日世界》(*Tomorrow's World*)

   《证明完毕》(*Q.E.D*)

   《技术诀窍》(*Know How*)

   《第四维度》(*4th Dimension*)

   其他科学节目（请具体说明）

4. 我这里有一份陈述清单。对于每一个问题，我希望您可以告诉我您赞同或反对的程度：

   可以相信科学家会做出正确的决定

   科学技术使我们的生活更健康、轻松和舒适

   如果可以清楚地解释科学知识，大多数人将有能力理解它

   普通人对科学家的工作了解得不充分

所有今天的科学理论将在 100 年后被接受

对我来说，了解日常生活中的科学并不重要

四、关于您本人

现在我想问您几个关于您本人的问题（以便我们开展研究分析）。

1. 我可以问一下您的年龄吗？
2. 您的职业是什么？（如果失业或退休，可以的话请说明以前的工作）
3. 您什么时候离开学校的？

    在那以后您有学习吗？
4. 您是否通过了任何科学学科的考试或取得了资格证书？

    （如果有）是哪个学科？

注：有关此内容的完整分析，请参阅麦夏兰（Macdonald，1993）的作品。

译 后 记

1992年，麦夏兰女士在结束对伦敦科学博物馆的考察后，完成了研究报告的初稿撰写。

2002年，《科学博物馆的幕后》在英国出版。

2012年，博士一年级的我经过检索找到这本专著，并辗转买到一本二手书。

2022年，本书中文版译稿初步完成。

从发现、理解到最终翻译完这本专著的过程中，既有与惠萍博士在英期间共同研读文献、互相扶持开展田野研究的经历，也有最初与麦夏兰教授邀约和偶遇兼具的简短会面。麦夏兰教授在得知我正在翻译此书后，不厌其烦地对我们不解之处进行反复解答。希望到2032年，这本书仍然可以激发读者新的思考。

感谢中国科协创新战略研究院颇具远见地大力支持这样一本看起来并不"前沿"的专著翻译；感谢创新院刘萱老师对书稿严谨、细致的审读；感谢冯宇琼女士帮忙从国外购回这本专著，使我可以第一时间学习；感谢每一位提供帮助的老师和朋友，我还没有来得及一一道谢。

麦夏兰教授不仅在人类学、民族志学的研究中拥有很多独到的见解，而且在行文中不乏个性化的语言风格，在传神表达的同时也的确增加了翻译的难度。虽然我们尽心竭力地投入翻译工作中，并且吸收了众多专家学者的宝贵意见，但最终的成稿仍然难免存在疏漏，不当之处还望同行学者多多海涵并批评指正。

译者